2판

다이어트와 건강

DIET & HEALTH

2판

다이어트와 건강

손숙미 · 이종호 · 임경숙 · 조윤옥 지음

교문사

2판 머리말

우리나라는 풍족해진 먹을거리와 기계 문명의 발달로 인한 운동량 부족으로 지난 10년간, 신체활동수준을 나타내는 걷기실천율이 약 20% 감소하였으며, 비만유병률은 약 2% 증가하였다. 특히 남자 비만유병률이 크게 증가하여 이제는 성인 서너 사람 중에 한 사람은 비만이 되었다. 비만은 각종 만성질병인 당뇨병, 고혈압, 고지혈증 등의 위험률을 높이고 궁극적으로 높은 사망률과 연결되므로 현대 의학은 비만을 암보다도 더 무서운 질병으로 규정하였다.

때마침 우리 사회에 불어 닥친 외모지상주의는 비만인 사람을 게으르고 자기 통제가 제대로 되지 않는 사람으로 호도되면서 날씬한 몸매에 집착하는 현상을 낳아 온 국민이 다이어트 열풍에 휩싸여 있다고 해도 과언이 아니다. 매스컴에서는 하루가 멀다 하고 날씬한 몸매를 얻는 데 특효약인 것처럼 검증되지 않은 각종 다이어트, 건강보조식품, 약 등을 소개하고 있다. 특히, 대학생들은 무분별하게 다이어트를 실시하다가 건강을 해치는 경우도 많다.

따라서 《다이어트와 건강》은 올바른 다이어트법과 더불어 운동방법을 소개하고 학생들의 멋진 체형 유지에 도움이 되도록 함으로써 건강한 삶을 사는 데 도움이 되고자 집필하였다.

이 책은 비만의 정의 및 판정방법과 더불어 식사요법, 행동수정요법, 운동요법, 약물 및 수술요법 등의 다양하고 적절한 다이어트 방식을 제시하였고, 요즘 화두가 되고 있는 아름다운 몸매를 위한 체형관리 부분도 소개하였다. 또한 다이어트에 사용되는 건강기능식품에 대한 이해와 다이어트 할 때 올 수 있는 부작용까지도 다루어 보았다.

특히 금번 개정은 초판이 출간된 이후 제정된 '한국인 영양소 섭취기준', '국민건강영양조사' 등을 비롯한 우리 국민의 식생활과 관련된 최신 자료 및 각종 다이어트, 건강보조식품, 약 등에 관한 내용의 수정 보완에 중점을 두었다.

이 책이 나오기까지 수고를 아끼지 않은 많은 분들께 감사드리며 교문사의 류제동 사장님과 편집부 여러분들께도 감사드린다.

2017년 2월
저자 일동

머리말

우리나라는 풍족해진 먹거리와 기계 문명의 발달로 인한 운동량 부족으로 지난 5년 동안 비만 인구 비율이 해마다 3%씩 증가하여 이제는 성인 서너 사람 중에 한 사람은 비만이 되었다. 비만은 각종 만성질병인 당뇨병, 고혈압, 고지혈증 등의 위험률을 높여 궁극적으로 높은 사망률과 연결되므로 현대 의학은 비만을 암보다도 더 무서운 질병으로 규명하였다.

때마침 우리 사회에 불어 닥친 외모지상주의는 비만인 사람을 게으르고 자기 통제가 제대로 되지 않는 사람으로 간주하면서 날씬한 몸매에 집착하는 현상을 낳아 온 국민이 다이어트 열풍에 휩싸여 있다고 해도 과언이 아니다. 매스컴에서는 하루가 멀다 하고 날씬한 몸매를 얻는 데 특효약인 것처럼 검증되지 않은 각종 다이어트, 건강보조식품, 약 등을 소개하고 있다. 특히, 대학생들은 무분별하게 다이어트를 실시하다가 건강을 해치는 경우도 많다.

따라서 《다이어트와 건강》은 올바른 다이어트법과 더불어 운동방법을 소개하고 학생들의 멋진 체형 유지에 도움이 되도록 함으로써 건강한 삶을 사는 데 도움이 되고자 집필되었다.

이 책은 비만의 정의 및 판정방법과 더불어 식사요법, 행동수정요법, 운동요법, 약물 및 수술요법 등의 다양하고 적절한 다이어트 방식을 제시하였고, 요즘 화두가 되고 있는 아름다운 몸매를 위한 체형관리 부분도 소개하였다. 또한 다이어트에 사용되는 건강기능식품에 대한 이해와 다이어트 할 때 올 수 있는 부작용까지도 다루어 보았다

이 책이 나오기까지 수고를 아끼지 않은 많은 분들께 감사드리며 (주)교문사의 류제동 사장님과 편집부 여러분들께도 감사드린다.

2010년 8월
저자 일동

차례

유행 다이어트

다이어트와 식사 장애

다이어트와 부작용

CHAPTER 12 스트레칭을 통한 체형관리

CHAPTER 13 체형관리와 영양

CHAPTER 14 체중 조절용 건강식품 선택

CHAPTER 15

약물과 수술요법

CHAPTER 16

체중 유지 전략

DIET &
HEALTH

01

영양소

식품은 우리 몸에 필요한 각종 영양소를 공급해 줌으로써, 에너지를 공급하고 우리 몸을 구성하며, 여러 생리 조절기능을 하여 정상적인 건강을 유지할 수 있도록 해준다. 영양소에는 에너지를 제공하는 탄수화물, 단백질, 지방과 생리 조절기능이 있는 비타민, 무기질, 물 등이 있다.

CHAPTER 1

영양소

탄수화물

탄수화물의 종류

단당류

- 포도당 : 곡류의 전분이 소화 · 분해되어 만들어지며, 혈당 성분이다.
- 과당 : 과일이나 벌꿀에 주로 있으며, 단맛이 가장 강하다.
- 갈락토오스 : 모유나 우유에 들어 있으며, 두뇌 구성 성분이다.

이당류

- 설탕 : 포도당과 과당으로 구성되며, 과일에 많이 들어 있다.
- 맥아당 : 포도당 2분자로 구성되며, 전분이 가수분해되어 만들어진다.
- 유당 : 포도당과 갈락토오스로 구성되며, 모유나 우유에 주로 들어 있다. 과량 섭취하거나 유당분해효소가 부족하면 소화가 잘 안 된다.

알 아 두 기

우유를 마시면 소화가 안 되나요?

- 유당을 분해하는 소화효소인 락타아제가 부족한 사람은 우유를 마시면 속이 거북하고, 복통, 설사 등의 증세가 나타날 수 있다.
- 유당불내증이라고 한다.
- 치즈나 요구르트와 같이 유당이 유산으로 발효된 유제품을 섭취하거나, 저락토오스 우유를 먹도록 한다.

올리고당

- 설탕과 비슷한 단맛을 가진 저에너지 감미료이다.
- 1g당 1~2kcal
- 프락토올리고당, 이소말토올리고당, 갈락토올리고당 등이 있다.

알 아 두 기

올리고당이 대장을 건강하게 하나요?

- 대장에서 유산균(비피더스균) 증식을 도와 대장을 건강하게 한다.
- 혈당을 높이지 않아서, 당뇨병 치료에 도움을 준다.
- 칼슘 흡수를 도와주기 때문에 유제품과 함께 섭취하면 좋다.
- 소화효소에 의해 분해되지 않지만, 유산균에 의해 분해되어 일부는 흡수된다.

다당류

- 보통 수천 개의 단당류로 구성된다.
- 전분, 글리코겐 등의 소화성 다당류와 식이섬유소 등 사람은 소화시키기 어려운 난소화성 다당류가 있다.

전분(starch)

- 식물에 들어 있는 저장형 다당류로서 포도당으로 구성되어 있다.
- 아밀로오스와 아밀로펙틴 두 종류가 있다.
- 곡류, 감자, 콩 등에 많이 있다.

글리코겐

- 동물의 근육에 들어 있는 저장형 다당류로서 포도당으로 구성되어 있다.
- 근육에 에너지를 공급한다.

식이섬유소

- 대부분의 식물성 식품에 들어 있다.

- 도정하지 않은 전곡류와 채소에 다량 함유되어 있다.
- 셀룰로오스, 헤미셀룰로오스, 리그닌, 펙틴, 검 등이 있다.
- 사람은 셀룰로오스 분해효소(셀룰라아제)가 분비되지 않아서 소화시키기 어렵지만 소, 염소 등의 초식동물은 이 효소가 분비되므로 소화시킬 수 있다.
- 일부 식이섬유소는 대장에서 분해되어 흡수되며, 1g당 2~3kcal의 에너지를 낸다.

탄수화물의 체내 기능

1g당 4kcal의 에너지를 낸다

- 하루에 섭취하는 에너지의 60~70% 정도는 탄수화물로부터 얻는다.
- 적혈구, 뇌세포 및 신경세포는 주로 포도당을 분해하여 에너지를 얻는다.
- 근육 등 다른 세포에서도 식사 후에는 포도당을 사용하여 에너지를 얻는다.

신체단백질 보호작용

- 적절한 양의 탄수화물을 먹어야 우리 몸의 체단백질이 보호된다.
- 탄수화물을 매우 적게 섭취하거나 굶으면, 근육이나 간, 신장, 심장 등 여러 기관에 있는 단백질이 분해되어 포도당 합성에 쓰이게 된다. 합성된 포도당은 적혈구나 뇌세포에 에너지로 쓰인다.

지방이 완전히 산화되도록 도와준다

- 지방이 산화되어 에너지를 내려면 탄수화물이 꼭 필요하기 때문이다.
- 만일 탄수화물을 아주 적게 섭취한다면, 지방이 분해될 때 완전히 산화되지 못해서 케톤체가 만들어져 혈액과 조직에 많이 축적되는데, 이를 케톤증이라고 한다.
- 적어도 하루에 50~100g의 탄수화물 섭취를 해야 케톤증이 예방된다.
- 이는 밥 $1\frac{1}{2}$ 공기에 해당된다.

음식에 단맛과 향미를 준다

- 독특한 단맛이 있어서, 식품의 맛과 기호도를 높인다.
- 천연 감미료 역할을 한다.

알 아 두 기

어린이는 벌꿀을 먹이지 마세요

동 · 서양을 막론하고 오랫동안 사랑받아온 감미료인 벌꿀! 그러나 어린이는 먹지 않는 것이 좋다. 그 이유는 벌꿀에 클로스트리디움 보툴리눔(Clostridium botulinum)이란 균이 있어서 소화장애를 일으키기 때문이다. 어른은 위산이 강하여 이 미생물의 번식을 막을 수 있지만, 어린이는 위산이 약하여 건강에 위협적이다.

표 1-1 탄수화물 함유 식품

식품명	눈대중량	중량(g)	탄수화물(g)
고구마	큰 것 1개	245	74.2
라 면	1인분	120	73.7
쌀 밥	1공기	210	65.5
식 빵	3조각	100	46.8
콜 라	1캔	250	30.0
초코파이	1개	38	25.0
사 탕	1개	5	4.7

지방

지방의 종류

지방산

- 포화지방산 : 주로 동물성 지방에 들어 있다. (예 : 팔미틱산, 스테아릭산)
- 단일불포화지방산 : 올리브유에 많이 들어 있다. (예 : 올레인산)
- 다가불포화지방산(오메가 6-지방산) : 콩기름, 옥수수기름 등에 많이 들어 있다. (예 : 리놀레산, 아라키돈산)
- 다가불포화지방산(오메가 3-지방산) : 생선기름, 들기름 등에 많이 들어 있다. (예 : 알파-리놀렌산, EPA, DHA)

중성지방

- 식품이나 생물체를 구성하는 지방산의 95%는 중성지방의 형태로 들어 있다.
- 글리세롤 1분자와 지방산 3분자가 결합되어 있다.
- 피하조직의 지방은 주로 중성지방 형태로 저장되어 있다.
- 동물성 지방은 포화지방산 비율이 높아서 실온에서 주로 고체상태이다.
- 식물성 지방은 불포화지방산 비율이 높아서 실온에서 주로 액체상태이다.

인지질

- 유화제 역할을 한다.
- 세포막과 신경조직 등에 많이 분포되어 있다.

콜레스테롤

- 식물에는 없고, 동물에 들어 있다.
- 신체의 뇌, 신경조직에 높은 농도로 있다.
- 콜레스테롤은 동물성 식품을 섭취하여 얻을 수도 있으며, 우리 몸의 간과 소장에서 새로 합성되기도 한다.

좋은 콜레스테롤, 나쁜 콜레스테롤이란 무엇인가요?

지방이 혈액을 통해 운반되려면, 물에 잘 섞일 수 있어야 하기 때문에 인지질, 콜레스테롤, 단백질 등과 함께 지단백질을 만든다. 지단백질 중 LDL(저밀도지단백질)은 콜레스테롤 비율이 높으며 심혈관계 질환을 높일 우려가 많아서 LDL-콜레스테롤을 나쁜 콜레스테롤이라고 한다. 반면 HDL(고밀도지단백질)은 콜레스테롤 비율이 낮으며 혈액의 콜레스테롤을 간으로 이동시켜 혈관을 청소하므로 HDL-콜레스테롤은 좋은 콜레스테롤이라고 부른다.

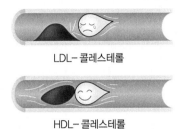

LDL-콜레스테롤

HDL-콜레스테롤

지방의 체내 기능

중성지방

- 피하조직 등 체내에 저장된 지방은 대부분 중성지방 형태이다.
- 신체의 장기를 보호하고 체온 조절작용을 한다.
- 생체 내 성장, 유지, 생리적 기능에 꼭 필요한 필수지방산 공급
- 필수지방산 : 리놀레산, 리놀렌산, 아라키돈산 등
- 지용성 비타민 흡수 촉진
- 맛과 향미, 포만감을 제공한다.
- 1g당 9kcal의 에너지를 낸다.

인지질과 콜레스테롤

- 세포막과 신경조직의 주요 구성 성분
- 에스트로겐, 테스토스테론, 코르티코스테로이드 등의 스테로이드계 호르몬이나 담즙산의 전구물질이다.
- 피부에서 자외선에 의해 합성되는 비타민 D도 콜레스테롤로부터 합성된다.

오메가-3 지방산

- 생선 섭취량이 많은 그린란드 에스키모인이나 일본인들이 서구인에 비해 심장순환계질환의 발병률이 낮다.
- 등푸른생선에 들어 있는 EPA나 DHA를 오메가-3(ω-3) 지방산이라고 한다.
- 오메가-3 지방산은 심장병이나 암의 예방에 도움이 된다는 연구가 많다.
- 어린이의 두뇌발달과 노인 치매예방에 효과적이다.

표 1-2 지방 함유 식품

식품명	눈대중량	중량(g)	지방(g)	에너지(kcal)
삼겹살	5조각	100	28.4	331
소갈비	1조각	100	24.4	307
닭고기	1조각	100	10.6	180
고등어	1토막	100	10.4	183
버 터	1스푼	20	16.9	149
마요네즈	1스푼	20	14.9	147
우유	1개	200	6.4	120

단백질

단백질의 특징

- 단백질의 어원은 우리 몸에 가장 중요한 영양소라는 뜻이 있다.
- 20종의 아미노산으로 구성되어 있다.
- 필수아미노산 : 체내에서 합성되지 않아서 반드시 섭취해야 하는 아미노산을 말한다.
- 좋은 단백질 : 필수아미노산이 골고루 들어 있는 단백질이 좋은 단백질이다.

알 아 두 기

단백질의 보충효과

- 일부 필수아미노산이 부족한 식품에 다른 식품을 함께 넣어 단백질의 질을 높이는 것
- 예를 들어, 콩밥의 경우 라이신, 트레오닌 등 일부 필수아미노산이 부족한 쌀밥에 이러한 아미노산이 풍부한 콩을 넣어 단백질의 질을 높인다.
- 일반적으로 동물성 단백질이 식물성 단백질보다 우수하다.

단백질의 체내 기능

- 뼈, 근육, 손톱, 발톱, 머리카락의 대부분을 구성한다.
- 인슐린, 글루카곤, 성장호르몬, 갑상선호르몬 등 화학적 정보전달물질인 호르몬을 합성한다.
- 대사를 신속하게 수행하는 효소를 합성한다.
- 질병으로부터 우리 몸을 지켜주는 항체를 합성한다.
- 수분평형을 유지해서 부종을 방지한다.
- 산·염기평형을 유지하는 완충작용을 한다.
- 1g당 4kcal의 에너지를 낸다.
- 포도당을 합성하여 제공한다. 혈당이 떨어지면 근육단백질이 분해되면서 포도당을 합성하여 뇌와 적혈구에 포도당을 공급한다.

알 아 두 기

미남, 미녀를 위한 영양소, 단백질

- 근육조직은 피하지방보다 밀도가 높기 때문에, 같은 체중이 라면 근육이 많을수록 날씬해 보인다. 근육은 단백질을 충분 히 섭취해야 만들 수 있다.
- 단백질 섭취가 부족하면 얼굴, 팔, 다리 등에 부종이 생긴다.
- 건강하고 윤기나는 머리카락, 피부, 손톱, 발톱은 단백질로부 터 만들어진다.
- 단백질이 부족하면 성장장애가 일어나서 키도 덜 자란다.
- 단백질은 항체를 만들고 면역기능을 높여서 질병을 예방하 고 건강하게 지낼 수 있게 한다.

표 1-3　단백질 함유 식품

식품명	눈대중량	중량(g)	단백질(g)	에너지(kcal)
쇠고기(안심)	5조각	100	20.8	148
돼지고기(안심)	5조각	100	14.1	223
닭고기	1조각	100	19.0	180
명 태	1토막	100	17.5	80
달 걀	1개	50	5.9	69
검은콩(대두)	1/2컵	100	35.2	382
우 유	1개	200	6.4	120

비타민

지용성 비타민

비타민 A

특 징

- 우리나라 사람들에게 부족하기 쉬운 영양소이다.
- 동물성 식품에 들어 있는 레티놀과 식물성 식품에 들어 있는 주황색 색소인 카로티노이드 등이 있다.
- 카로티노이드는 체내에서 비타민 A로 전환되며, 그 중 가장 활성이 높은 것은 베타-카로틴이다.

기 능

- 시각기능 : 눈의 간상세포에서 약한 빛을 감지할 수 있도록 하는 물질을 만들어, 어두운 곳에서의 시각 기능에 필수적이다.
- 세포분화 : 특히, 배아단계에서 중요하다. 비타민 A가 결핍된 배아는 제대로 발달되지 못해 기관의 분화가 일어나지 못하므로 기형 또는 사산으로 이어질 수 있다.
- 항암작용 및 항산화작용을 한다.

표 1-4 비타민의 종류와 구분

구 분	지용성 비타민	수용성 비타민
종 류	비타민 A, D, E, K	• 비타민 B군 : B_1, B_2, 니아신, B_6, B_{12}, 엽산, 판토텐산, 비오틴 • 비타민 C
특 징	지방에 녹는다.	물에 녹는다.
과량섭취 시	체내에 축적된다(특히 A와 D는 간 독성).	대부분 소변으로 배설된다.

결핍증

　야맹증, 안구건조증, 피부 이상, 성장부진, 면역기능 약화, 성기능장애

함유 식품

- 동물의 간, 달걀 노른자, 시금치, 파프리카, 당근 등 녹황색채소

1일 권장섭취량

- 20세 성인 남자 : 800㎍ 레티놀활성당량
- 20세 성인 여자 : 650㎍ 레티놀활성당량

비타민 D

특 징

- 비타민 D 활성을 지닌 가장 대표적인 화합물인 비타민 D_3는 자외선에 의해 피부에서 7−디히드로콜레스테롤로부터 만들어진다.
- 햇빛을 충분히 받지 못하여 신체에서 필요한 비타민 D를 합성할 수 없는 경우에는 식품으로부터 비타민 D를 섭취하여야 한다.

기 능

- 부갑상선 호르몬과 함께 혈장 칼슘의 항상성을 유지한다. 뼈의 대사에 중요하다.
- 세포나 신경의 기능을 유지한다.
- 혈액 응고작용을 한다.

결핍증

- 구루병 : 어린이에게서 발생한다.
- 골연화증 : 어른에게서 발생하는 구루병으로 골반 또는 갈비뼈의 골절이 쉽게 발생하게 된다.
- 골다공증 : 특히 폐경기 이후 여성에게서 자주 발생한다.

비타민 D 과잉증

- 많은 양의 비타민 D를 장기간 복용하면 고칼슘혈증(혈청 칼슘 농도 12mg/dL 이상)이 나타나고, 체내 연조직에 칼슘이 축적(특히, 신장, 심장, 폐, 혈관계 등)된다.
- 신장과 심혈관계가 손상되거나, 고칼슘뇨증, 신장결석 등이 발생할 수 있다.
- 구토감, 허약감, 변비, 흥분 등의 증상이 나타날 수도 있다.
- 어린이들은 비타민 D의 과량복용으로 성장이 저해될 수도 있다.

함유 식품

달걀노른자, 우유

1일 충분섭취량

20세 성인 남자 · 여자 : 1일 $10\mu g$

비타민 E

특 징

- 식품에 함유된 비타민 E 중 알파−토코페롤의 활성이 가장 크다.
- 생체 내에서는 혈장 · 간 · 지방조직에 다량 존재하고, 인지질이 풍부한 세포막과 같이 다량의 지방산을 포함하는 구조에서 특히 중요하다.
- 식품 가공 시 항산화제로 첨가되는 경우가 많아 가공식품 중에 함유되어 있다.

기 능

- 항산화기능 : 산화스트레스에 의한 세포막의 산화를 차단하여 세포를 보호한다.
- 노화방지 : 과산화물의 생성에 의한 노화를 지연시킬 수 있다.
- 빈혈방지 : 비타민 E가 부족하면 적혈구 세포막이 산화되어 파괴됨으로써 빈혈증상이 발생할 수 있는데(용혈성 빈혈), 이를 예방할 수 있다.

결핍증

- 비타민 E는 계속 순환되어 결과적으로 소모되지 않기 때문에, 성인의 경우 임상적인 비타민 E의 결핍증은 거의 나타나지 않는다.
- 유아기에 비타민 E 흡수 이상이 있는 경우에는 발달 중인 신경계에 영향을 미치게 되어, 조기 치료하지 않으면 신경장애가 나타날 수 있다.

함유 식품

식물성 기름, 밀배아, 아몬드, 땅콩, 아보카도 등

1일 충분섭취량

20세 성인 남자 · 여자 : 1일 12mg 알파-토코페롤당량

비타민 K

특 징

- 우리나라 사람들의 비타민 K 섭취량은 비교적 충분하다.
- 장내 세균에 의해서도 비타민 K가 합성될 수 있다.

기 능

혈액응고에 필수적인 비타민으로서, 간에서 혈액응고인자의 합성에 관여한다.

결핍증

- 비타민 K는 조리과정에서 별로 파괴되지 않으므로, 성인의 결핍증은 흔하지 않다.
- 신생아, 지방 흡수 불량증 환자, 항응고제나 항생제를 장기간 복용하여 장내 세균총에 이상이 생긴 경우 결핍증이 발생한다.

함유 식품

간, 시금치, 무청, 브로콜리 등의 녹색채소, 콩류, 콩기름

1일 충분섭취량

- 20세 성인 남자 : 75 μg

- 20세 성인 여자 : 65μg

수용성 비타민

비타민 B$_1$(티아민)

기능
- 탄수화물 대사과정에 필요하다. 따라서 에너지섭취가 많을수록 많이 필요하다.
- 신경자극전달 : 신경전달물질인 아세틸콜린 합성을 도와주고, 신경자극 전달에 관여한다.
- 지방산과 핵산 합성에 필요한 오탄당 합성에 관여한다.

결핍증
각기병(증상 : 심부전증, 근육 약화, 식욕부진, 신경조직 퇴화, 부종)

알 아 두 기

쌀밥과 각기병
- 쌀에는 탄수화물이 풍부하며, 이 탄수화물대사에 필요한 비타민 B$_1$은 쌀겨와 쌀눈에 다량 함유되어 있다.
- 백미로 도정하는 과정에서 쌀눈과 쌀겨가 제거되면서 비타민 B$_1$이 부족하게 된다.
- 따라서 각기병은 주로 백미(흰쌀밥)를 먹는 사람에게 발생할 수 있다.
- 알코올 중독자, 오랜 투병 생활로 인한 정맥으로 포도당을 과잉 공급할 때에도 발생이 가능하다.

함유 식품
현미, 통밀, 돼지고기, 참치, 쇠간 등

1일 권장섭취량
- 20세 성인 남자 : 1.2mg
- 20세 성인 여자 : 1.1mg

비타민 B$_2$(리보플라빈)

기 능

- 에너지 대사과정에 필요하다. 따라서 에너지섭취가 많을수록 많이 필요하다.
- 글루타티온 과산화효소의 활성 유지에 관여한다.

결핍증

설염, 구각염, 지루성 피부염, 구내염, 신경계질환, 정신착란 등

함유 식품

쇠간, 닭간, 고등어, 돼지고기, 우유 등

1일 권장섭취량

- 20세 성인 남자 : 1.5mg
- 20세 성인 여자 : 1.2mg

니아신

기 능

- 세포 내 산화환원 반응에 관여한다.
- 알코올 대사에 관여한다.

결핍증

펠라그라(증상 : 피부염, 설사, 정신적 무력증, 우울)

함유 식품

참치, 닭고기, 고등어, 쇠간, 완두콩, 수수, 녹두, 메밀, 표고버섯

1일 권장섭취량

- 20세 성인 남자 : 16mg
- 20세 성인 여자 : 14mg

니아신이 부족하기 쉬운 사람

- 알코올 중독자
- 다이어트 중독자
- 스트레스 · 외상 · 암환자
- 갑상선 기능항진자
- 당뇨환자

비타민 B_6

기 능

- 단백질 분해와 합성과정에 관여한다.
- 적혈구 합성, 신경전달물질 합성, 면역계의 정상적인 기능에 필수 요소이다.

결핍증

피부염, 설염, 우울증, 정신혼란, 경련, 우울증

함유 식품

통밀, 연어, 닭고기, 바나나, 당근

1일 권장섭취량

- 20세 성인 남자 : 1.5mg
- 20세 성인 여자 : 1.4mg

엽 산

기 능

핵산 합성과 세포 분열, 적혈구를 형성시킨다.

결핍증

- 거대적아구성빈혈
- 태아의 뇌신경관 손상

TIP

엽산과 뇌신경관손상

- 임신 초기의 엽산 섭취 부족
- 신경조직의 분화과정에 영향을 미쳐 무뇌증(출생 후 곧 사망), 이분척수 등 뇌손상 발생
- 뇌손상 증상 : 마비, 배변실금, 뇌수종, 지능장애 발생
- 미국에서는 매년 2,500~3,000명 정도가 발생한다.

함유 식품

닭간, 쇠간, 완두콩, 밀배아, 시금치, 상추, 배추, 바나나

1일 권장섭취량

20세 성인 남자 · 여자 : $400\mu\text{g}$ 식이엽산당량

비타민 B_{12}

기 능

- 핵산 합성과 세포 분열을 한다.
- 신경섬유의 마이엘린 파괴를 방지한다.

결핍증

- 악성 빈혈
- 신경 손상

함유 식품

- 동물성 식품에만 들어 있다. 예외적으로 김, 해조류에도 소량 함유되어 있다.
- 닭간, 쇠간, 조개, 고등어, 우유, 김

1일 권장섭취량

20세 성인 남자 · 여자 : $2.4\mu\text{g}$

비타민 C

특 징

- 아스코르빈산(ascorbic acid)
- 산화, 광선, 고온, 알칼리 및 금속이온에 의해 파괴되기 쉽다.
- 식품을 자른 표면이나 주스에 들어 있는 비타민 C는 실온에서도 공기 중의 산소에 의해 쉽게 파괴된다.

기 능

- 콜라겐을 합성한다.
- 카르니틴을 합성하여 지방의 산화를 돕는다.
- 항산화제로서, 비타민 E와 함께 세포 내 산화스트레스 제거 기능을 한다.
- 철분 흡수를 증가시킨다.
- 면역 기능, 질병을 예방한다.

결핍증

- 괴혈병
- 치아, 잇몸 변형, 뼈의 통증과 골절, 설사, 우울증

함유 식품

딸기, 오렌지주스, 키위, 귤, 풋고추, 브로콜리, 깻잎, 무청

1일 권장섭취량

20세 성인 남자·여자 : 100mg

무기질(미네랄)

다량 무기질

하루에 100mg 이상 필요로 하는 무기질로 칼슘, 인, 마그네슘, 소디움, 포타슘, 염소, 유황 등이 있다.

칼 슘

특 징
- 인체 내 무기질 중 가장 많이 존재한다.
- 성인의 칼슘 보유량은 약 1,200g 정도이다.
- 99%가 치아와 골격에 존재한다.
- 1%는 혈액, 세포 내 조직에 들어 있다.

기 능
- 골격을 구성한다. 인과 함께 칼슘염을 형성하여 뼈와 치아를 만든다.
- 혈액 응고작용을 한다.
- 신경자극을 전달한다.
- 근육 수축 및 이완 작용을 한다.
- 고지방식사를 할 때, 지방산에 의한 자극을 차단하여 대장암 발생률을 낮춘다.
- 고혈압 발생을 낮추며, 혈청 LDL-콜레스테롤을 낮춘다.

알 아 두 기

칼슘 흡수를 높이는 요인, 낮추는 요인

- 흡수 증진 요인 : 비타민 D, 칼슘과 인의 비율(인 비율이 높지 않을 것), 유당, 포도당, 비타민 C, 위산, 부갑상선호르몬
- 흡수 방해 요인 : 과량의 인, 철분, 아연 섭취, 피틴산, 수산, 탄닌, 식이섬유소, 비타민 D 결핍, 폐경, 노령

알 아 두 기

- 부갑상선호르몬 : 뼈의 칼슘이 녹아나오도록 하고, 신장에서는 비타민 D를 활성화하며, 소장에서는 칼슘흡수를 높여 혈액 내 칼슘 농도를 높인다.
- 칼시토닌 : 혈액 칼슘 농도가 높을 때 분비되며, 뼈로부터 칼슘이 빠져나오지 않도록 하여 혈액 칼슘을 낮춘다.

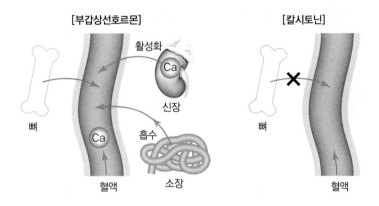

결핍증

- 성장부진
- 골감소증, 골다공증, 근육경련

함유 식품

건새우, 건멸치, 두부, 달걀, 꽁치통조림, 검은깨, 케일, 고춧잎, 우유

1일 권장섭취량

20세 성인 남자 : 800mg

20세 성인 여자 : 700mg

인

특 징

- 인체에서 칼슘 다음으로 많은 무기질이며, 이중 85%는 뼈와 치아에 칼슘과 결합되어 존재한다.
- 성인 남자는 체내에 660~700g의 인을 가지고 있다.

기 능

- 골격과 치아를 만든다.
- 산, 염기 평형을 조절한다.
- DNA, RNA 등 핵산 구성 성분이다.
- 효소의 활성화를 돕는다.

결핍증

- 거의 모든 식품에 들어 있어서 결핍증이 없다.
- 조산아의 경우 부적절한 칼슘, 인 공급에 의해 결핍증이 발생한다(구루병).

함유 식품

단백질 식품, 어육류, 난류, 우유, 곡류에 많으며, 가공식품, 탄산음료에도 많다.

1일 권장섭취량

20세 성인 남자 · 여자 : 700mg

나트륨(소디움)

특 징

- 세포 외액의 주요 양이온이다.
- 체중의 0.15~0.2%, 성인 남자는 105g 정도 들어 있다.

기 능

- 삼투압 유지

- 산, 염기 평형 조절
- 근육의 자극 반응을 조절, 근육의 흥분성과 과민성을 유지
- 신경자극의 전달

결핍증

- 매우 드물다. 채식주의자, 심한 구토나 설사가 지속될 때, 고온지역에서 과도한 운동을 할 때 발생 가능하다.
- 증상 : 식욕부진, 성장감소, 근육 경련, 메스꺼움, 설사, 두통
- 열사병 : 지나치게 많은 땀 배출로 인해 체내 염분 고갈, 물과 함께 전해질 공급이 중요하다.

함유 식품

소금, 멸치, 간장, 라면, 빵류, 김치, 찌개

1일 충분섭취량

20세 성인 남자 · 여자 : 1.5g

1일 바람직한 섭취량

20세 성인 남자 · 여자 : 2g 이내(소금으로 5g 정도)

칼륨(포타슘)

특 징

- 세포 내액의 주요 양이온
- 성인 남자는 135~250g 들어 있다.

기 능

- 수분, 전해질의 평형을 유지한다.
- 산, 염기 평형 조절 작용을 한다.
- 근육의 수축, 이완작용에 관여한다.
- 단백질 합성에 관여한다.

결핍증

매우 드물다. 알코올 중독이나 구토, 설사가 지속될 때 발생 가능하다.

함유 식품

채소류, 감자, 고구마, 견과류

1일 충분섭취량

20세 성인 남자 · 여자 : 3.5g

미량 무기질

철, 아연, 구리, 불소, 요오드, 불소, 망간, 셀레늄, 크롬, 몰리브덴 등이 있다.

철 분

특 징

- 성인의 철분 보유량은 약 3~4g 정도이다.
- 70%가 적혈구에 헤모글로빈으로 들어 있으며, 5%는 근육에 미오글로빈 형태로, 20%는 간, 지라, 골수에 저장되어 있고, 나머지 5%는 효소 구성 성분이다.

기 능

- 헤모글로빈의 구성 성분으로 산소를 혈액 내에서 이동시킨다.
- 미오글로빈의 구성 성분으로 근육에서 산소를 일시적으로 저장한다.
- 효소의 보조 인자로 작용
- 신경전달물질, 콜라겐 합성에 관여

결핍증

- 철분결핍성 빈혈(피로, 허약, 호흡곤란, 체온조절 이상, 식욕부진)
- 성장부진, 학습장애

알 아 두 기

철분 흡수를 높이는 요인, 낮추는 요인

- 흡수 증진 요인 : 헴형 철분(육류의 헤모글로빈, 미오글로빈 형태), 비타민 C, 유기산, 위산, 철분이 부족할 때
- 흡수 방해 요인 : 피틴산, 수산, 탄닌, 식이섬유소, 다른 무기질, 위산분비 저하, 위장질환, 저장철분이 충분할 때

함유 식품

- 맛조개, 굴, 닭간, 쇠고기, 검은콩, 두부, 들깨, 달걀
- 쑥, 무청, 근대, 미나리, 시금치

1일 권장섭취량

- 20세 성인 남자 : 10mg
- 20세 성인 여자 : 14mg

아 연

특 징

성인의 아연 보유량은 약 1.5~2.5g 정도이다.

기 능

- 조절 효소의 구성 성분으로 단백질 분해, 탄수화물 대사에 관여한다.
- 산화적 손상을 방지하여 생체막의 정상적인 구조와 기능을 유지시킨다.
- DNA, RNA 등 핵산 합성에 관여한다.
- 단백질 대사와 합성 조절을 한다.
- 상처의 회복을 돕는다.
- 성장, 면역기능을 활발하게 한다.

결핍증

- 아동 : 성장, 근육발달 지연, 생식기 발달 지연, 면역력 저하, 상처회복 지연, 식욕부진, 미각 후퇴
- 성인 : 거식증, 저영양상태, 수술 직후에 주로 발생

함유 식품

굴, 돼지간, 쇠고기, 검은콩, 두부, 귀리

1일 권장섭취량

- 20세 성인 남자 : 10mg
- 20세 성인 여자 : 8mg

셀레늄

기 능

- 항산화작용 : 글루타티온 과산화효소의 구성 성분, 세포의 산화적 손상 방지
- 비타민 E 절약작용
- 갑상선 호르몬 활성화

결핍증

근육손실, 성장저하, 심근장애

함유 식품

밀아아, 통밀, 가재, 참치, 게, 굴, 대구, 닭고기, 땅콩, 우유

1일 권장섭취량

20세 성인 남자 · 여자 : 60μg

물

필수 영양소
- 생명 유지에 필수적이다.
- 다른 영양소는 먹지 않아도 몇 개월씩 버틸 수 있지만, 물은 단 며칠만 마시지 않아 도 생명유지가 어렵다.

체내 기능
- 신체 조직의 구성(근육의 76%, 치아의 7%)
- 세포 내 화학반응이 일어날 수 있도록 한다.
- 영양소를 운반한다.
- 노폐물을 수송하고 신장을 통해 배설되게 한다.
- 중요 장기(뇌척수액 등)를 보호한다.
- 윤활유 역할(침, 관절액 등)을 한다.
- 체액의 전해질 농도와 pH의 평형 유지를 한다.
- 체온을 유지한다.

수분 평형

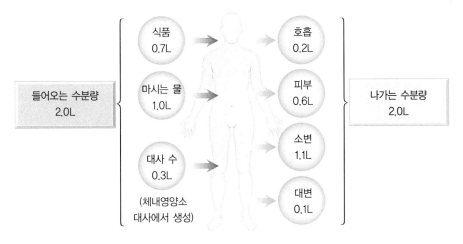

그림 1-1 수분평형

- 들어오는 수분량 : 식품을 통해 0.7L + 마시는 물 1.0L + 대사 수(체내 영양소대사에서 생성) 0.3L = 2.0L
- 나가는 수분량 : 호흡 0.2L + 피부 0.6L + 소변 1.1L + 대변 0.1L = 2.0L

수분 섭취 기준

- 고열, 설사, 과도한 발한이 장기간 계속될 때 수분 섭취가 모자라면 탈수가 된다.
- 체수분의 2%가 소실되면 갈증을 느끼고, 4%가 소실되면 근육이 피로해진다.
- 20%가 손실되면 생명을 잃게 되며, 일단 심한 탈수를 겪으면 신장 기능에 영구적 손

 TIP 하루 2~3L 이상 물을 섭취해야 할 때

날씨가 더울 때

땀이 날 때

열이 날 때

겨울철 난방을 많이 할 때

설사나 구토가 있을 때

운동할 때

장시간 비행기를 탈 때

상이 발생한다.

- 성인 남자 1일 충분섭취량 : 2,600mL(물과 음료수로 1,200mL)
- 성인 여자 1일 충분섭취량 : 2,100mL(물과 음료수로 1,000mL)

쉬어가기 목마를 땐 맹물이 최고다

더운 여름날 목이 말라 시원한 사이다를 마셨는데, 갈증이 더 심해진 경험이 있나요?
커피나 녹차를 마시고 고속버스를 탔는데, 화장실 문제로 고생한 적이 있나요?
술을 많이 마시고 잔 후, 다음날 새벽 갈증으로 잠을 깬 적이 있나요?
탄산수나 주스 등의 단맛이 나는 음료수에는 당이 상당히 들어 있어서 혈액으로 흡수되면 그 당을 희석하기 위해 세포 내액이 빠져 나오면서 세포는 더 목마르게 된다. 따라서 갈증이 더 날 수밖에 없다. 알코올과 카페인은 이뇨작용을 하는 호르몬에 영향을 주어 마신 양보다 더 많은 물이 몸 밖으로 빠져나가게 한다. 알코올 농도가 높은 술일수록 이뇨작용이 더 심하다. 알코올 농도가 4~5%로 낮은 맥주는 물의 함량이 훨씬 높아서 알코올의 이뇨작용이 문제가 되지 않는다.

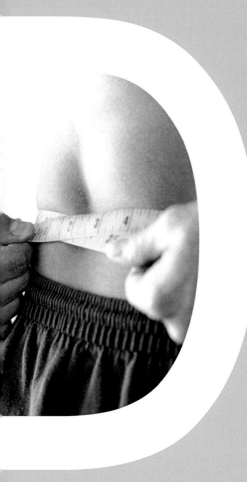

DIET&
HEALTH

비만의 개요 및 증상

우리나라의 비만 인구 비율은 계속 증가하고 있다. 먹거리만 풍부해진 것이 아니라 맛있는 음식의 유혹도 많아졌다. TV를 켜면 예쁜 탤런트들이 라면을 후루룩거리면서 맛있게 먹고 스낵을 바스락 소리 내어 먹으며 맛있다는 표정을 짓는다. 2015년 국민건강영양조사에 의하면 성인 남자의 39.7%, 성인 여자의 26%가 비만 혹은 과체중으로 나타났으며 10대들의 비만이 심각해져 초등학생들도 다이어트를 하는 시점에 이르렀다. 세계보건기구인 WHO는 비만을 치료가 필요한 하나의 질병으로 선포했으며 2004년에는 비만과의 전쟁을 선포한 바 있다.

비만의 개요 및 증상

비만의 정의

비만은 지방이 과도하게 축적된 상태를 말한다. 겉으로 보기에 체격이 우람한 사람이라 할지라도 근육이 발달하고 큰 골격을 가지고 있는 경우에는 비만이라고 보기 어려우며, 겉으로 날씬하게 보이는 사람이라도 작은 골격을 가지고 있으면서 체지방 비율이 높다면 비만이다.

체중은 비만을 판정하는 가이드로 쓰일 수 있다. 만약, 체중이 이상체중의 10~15% 정도 많다면 비만인지 아닌지 판별하기 힘들다. 그러나 체중이 이상체중의 15% 이상으로 넘어서기 시작하면 거의 틀림없이 몸에 과다한 지방이 축적되어 있다고 봐야 한다.

2015년 국민건강영양조사에 의하면 우리나라의 19세 이상 성인의 33.2%가 비만으로 밝혀졌다. 비만 비율은 나이와 성별에 따라 다르게 나타난다. 남자의 경우 20대에 32% 정도지만 40대까지 비만 비율이 계속 증가하다가 50대 이후 감소되는 경향을 보인다. 이

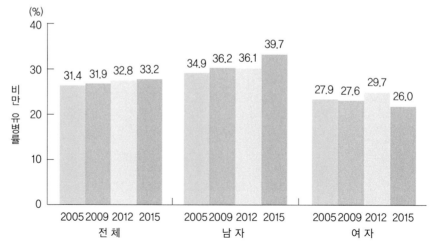

그림 2-1 국민건강영양조사에 나타난 비만 유병률 추이(19세 이상, 2015년)

에 비해 여자의 경우에는 20대에 비만 비율이 13.4%로 매우 낮다가 50세 이후 급격히 증가하기 시작하여 60대 중반까지도 계속 증가하면서 비만 비율이 약 41%인 최대치에 달하는 현상을 보인다.

우리나라의 경우 에너지 섭취량은 과거에 비해 오히려 낮아졌으나, 동물성 식품의 섭취 증가로 인해 지방으로부터 섭취하는 에너지 비율은 상당히 높아졌다. 사무직의 증가와 교통수단의 발달로 인해 걷는 시간이 감소했으며 TV 시청과 컴퓨터 사용이 증가하면서 에너지 사용량이 감소하여 비만 비율이 증가하고 있다. 미국의 경우, 성인의 61%와 청소년의 14%가 비만이며, 매년 120조 원 이상을 비만치료 비용에 지출하고 있는 실정이다. 전 세계적으로 보면 비만 관련 비용은 천문학적으로 늘어나고 있는 추세이다.

쉬어가기 **미의 기준변화**

1950~1960년대 먹거리가 부족하던 무렵에는 마른 여성은 가난한 사람, 병이 있는 사람, 측은한 사람으로 인식되었다. 그러나 1970~1980년에 급속한 경제발전이 이루어지면서 먹거리는 풍부해지는 대신 교통수단의 발달로 인해 운동량이 줄어들면서 비만형이 늘어나자 젓가락같이 마른 여성을 미인으로 선호하게 되었다. 최근에는 날씬할 뿐 아니라 적당한 근육이 있어 건강미까지 갖춘 여성을 선호하고 있다.

1950~1960년   1970~1990년   1990년대 이후
풍만한 여성   젓가락같이   날씬 + 건강미
                     마른 여성

알 아 두 기

체지방과 비지방

체지방
- 필수지방 : 뇌, 신경조직, 골수, 심장조직 등 세포막을 구성하는 지방, 에너지로 쓰이지 않음, 여자(12~15%, 생식기관에 지방 많음), 남자(3%)
- 저장지방 : 여분의 에너지가 지방세포에 저장된 형태, 저장지방의 약 50%가 피하에 존재

비지방
- 물 : 체중의 60~65%
- 단백질, 무기질 : 체중의 20~25%

체지방은 무용지물인가?

체지방은 식량창고, 털코트, 쿠션!
사람에 있어서 체지방은 저장 에너지원으로 쓰이며, 한편으로 몸을 둘러싸서 보온하는 역할(털코트)을 하고, 푹신푹신하고 부드러운 쿠션 역할을 하여 충돌로부터 몸을 보호한다.

체지방 = 식량창고 = 털코트 = 쿠션

여성의 생식작용에도 필요
여성의 경우 체지방이 약 20%에 도달하는 나이가 되면 초경이 시작된다. 이만큼의 체지방은 배란과 임신을 위해서 필요하다. 임신기에 체지방이 많이 늘어나는 것은 수유기 때 모유를 위해 쓸 에너지를 미리 비축하는 것이다.

체지방이 적어야 좋은 사람, 많아야 좋은 사람
육상선수의 체지방은 남녀 각각 5~10%, 15~20% 정도로 낮으며, 근육이 움직일 때 체지방이 부담을 주지 않아야 하기 때문이다. 그러나 알래스카 어부들은 체지방이 많으며, 추운 곳에서 체열이 밖으로 발산하지 않도록 도와준다.

체지방이 너무 낮으면?
체지방이 너무 낮으면, 여자의 경우 불임이 오기 쉽다. 또한 우울증이 잘 오고 공복감 조절이 잘 되지 않으며 체온 유지가 힘들게 된다.

비만의 종류

비만이 된 시기에 따른 분류

소아 비만(지방세포 증식형)
- 생후 1년간과 사춘기에 지방세포의 수와 크기는 급격히 증가한다.
- 생후 1년까지 과량의 에너지가 공급되었을 때 : 생후 1년까지는 생리적으로 지방세포의 무게가 늘어나기 때문에 이 시기의 비만이 꼭 성인 비만으로 연결되지는 않는다.
- 4~11세에 과량의 에너지가 공급되었을 때 : 이 시기는 지방세포의 증식기로서, 과량의 에너지가 공급되면 지방세포의 수와 크기가 모두 증가되어 성인 비만으로 연결될 가능성이 크다. 증가된 지방세포의 수는 다이어트로도 잘 줄어들지 않고 비만이 재발하기가 쉬워 소아 비만의 경우에는 체중 감량이 어렵고 평생 동안 비만으로 살아야 하는 경우가 많다.

성인 비만(지방세포 비대형)
- 나이가 들어가면 기초대사량 저하로 소비하는 에너지가 감소하면서 남자는 35세 이상, 여자는 45세 이상부터 체지방이 축적되기 시작한다.
- 성인이 되어 비만이 된 경우에는 지방세포의 크기가 20배까지 증가한다. 지방세포의 크기만 증가한 경우 다이어트 시에 비교적 체중 감량이 쉽고 재발의 위험성도 적다.
- 성인이 된 후에 비만해져도 체지방량 증가량이 30kg 이상을 넘어서면 지방세포가 커지다 못해 분화되어 지방세포 수도 늘어나는 형태를 보이게 된다.

체지방의 분포에 따른 비만의 분류

남성형 비만
- 복부 비만, 중심성 비만, 상체형 비만, 사과형 비만이라고도 한다.

- 체지방이 복부의 내장기관 주변에 침착되면서 흔히 배가 나오게 된다. 이런 복부 비만은 전체적으로 비만이든 아니든 상관없이 심장병 · 뇌졸중 · 당뇨병 · 고혈압 · 암과 같은 만성질병 위험을 높이게 된다. 복부 비만이 왜 만성질병을 일으키는지 그 과정은 확실하지 않다. 복부에 쌓여 있는 지방은 유리되어 나오면 일부는 간을 통해 저밀도지단백(LDL)이라는 나쁜 지단백을 만들어 혈액으로 내보내게 되어 고지혈증을 잘 유발한다.
- 복부 비만은 남자 혹은 폐경 후 여자에게 흔히 나타나며, 남자들은 여자들에 비해 내장에 더 많은 지방을 축적한다. 복부 비만인 사람들은 그렇지 않은 사람에 비해 흡연, 음주를 더 많이 하는 편이다.
- 복부 깊은 곳에 있는 지방은 크고 대사적으로 왕성하기 때문에 다이어트 및 운동 시에 잘 반응한다. 운동 시에는 에피네프린(epinephrine)의 분비가 증가되어 지방조직에서 지방을 유리해 내어 에너지원으로 쓰게 된다. 그러므로 운동은 복부 비만을 줄이는 데 도움이 된다.
- 복부 비만은 다시 내장형 비만과 피하형 비만으로 나뉜다. 복부 비만 중에서도 배꼽 위가 나오면 내장형 비만이고 남성에게 많다. 배꼽 밑이 볼록한 경우에는 피하형 비

그림 2-2 남성형 복부 비만의 유형

만이고 여성에게 많다. 복부 비만 중에서도 내장형 비만이 제일 질병 위험도가 높다.

- 남자의 허리둘레가 90cm 이상이면 건강 위험 신호이고, 102cm 이상이면 건강 위험도가 증가한다.

여성형 비만

- 둔부 비만, 하체형 비만, 말초형 비만, 서양배형 비만이라고도 한다.
- 여성의 지방은 둔부나 허벅지에 많이 저장되며, 다이어트나 운동에도 잘 반응하지 않고 비교적 건강에 덜 해롭다고 알려지고 있다.
- 여성형 비만인 사람도 다이어트를 반복하여 체중 변화가 심해지면 나중에 복부 비만이 될 가능성이 높아지면서 점점 건강 위험도가 증가한다.
- 여자의 허리둘레가 80cm 이상이면 건강 위험 신호이고, 88cm 이상이면 건강 위험도가 증가한다.

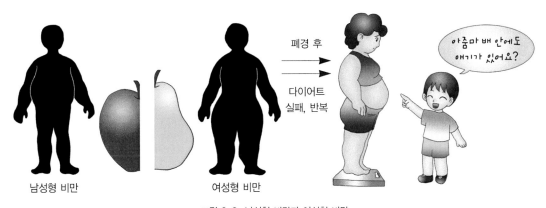

남성형 비만   여성형 비만

그림 2-3 남성형 비만과 여성형 비만

비만 유전자가 있다?

TIP

유전성 비만 쥐에서 비만 유전자가 발견된 바 있다. 비만 유전자는 렙틴(leptin)이라는 식욕 억제 단백질을 만드는데, 이 렙틴의 작용이 잘 안 되면 식욕 억제가 힘들어져 비만이 된다.

비만의 원인

유전적 원인

유전이 비만 발생에 얼마나 중요한 역할을 하는지는 일란성 쌍둥이 간의 체중 혹은 자녀와 부모 체중 간의 상관관계를 보면 잘 알 수 있다. 입양한 아이의 체중은 양부모보다는 친부모의 체중과 상관관계가 높다. 양쪽 부모가 모두 비만이면 자녀가 비만이 될 확률이 80%이고, 한쪽 부모가 비만일 때는 40%, 양쪽 부모 모두 비만하지 않을 때는 7% 정도이다. 비만이 되기 쉬운 체형인 내배엽형(endomorphy)도 부모로부터 유전된다.

내배엽형(endomorphy)　　　중배엽형(mesonorphy)　　　외배엽형(ectomorphy)

그림 2-4 체형에 따른 분류

자녀들은 식사, 생활습관, 운동량에 있어서 부모의 영향을 많이 받으므로, 자녀와 부모 체중 간의 상관성에 유전적인 인자만 관여한다고 보기는 어렵다. 비만의 요인은 일반적으로 유전 30%, 환경 70%로 알려져 있으므로 생활습관을 개선함으로써 비만을 상당 부분 극복할 수 있다.

비만은　　유전요인 30%　　+　　환경요인 70%　　→　극복할 수 있다는
　　　　(바꿀 수 없는 요인)　　(바꿀 수 있는 요인)　　　자신감을 갖자!

그림 2-5 희망을 갖자!

열 발생 저하

신체는 외부의 스트레스, 즉 온도, 식사량, 감정 변화, 영양상태 등에 변화가 있을 때 이에 적응하기 위해 열을 발생한다. 예를 들어, 과식 시에는 교감신경의 작용이 활발해지면서 열량 소모가 많이 일어난다. 그러나 비만인 사람은 교감신경의 작용이 둔화되어 과식 시에도 열량 소모가 잘 일어나지 않는다.

대개 외부의 변화에 적응할 때에는 갈색지방조직에서 저장된 갈색지방을 산화시켜 열을 발생시킨다. 비만인 사람은 갈색지방세포가 많지 않아 과식할 때에 열로 소모되는 에너지가 적은 편이다.

그러나 갈색지방의 양은 전체 체중의 1%밖에 되지 않아 전체적으로 비만에 얼마나 영향을 미치는지는 알기 힘들다.

기초대사량 저하

생명 유지에 쓰는 에너지를 기초대사량이라고 한다. 나이가 들면 체지방이 증가하고 근육이 감소하게 되는데, 이러한 체구성비 변화에 의해서도 기초대사량이 줄어든다. 중년 여성의 경우, 특히 폐경 후가 되면 신체 기능이 저하되면서 기초대사량이 더욱 감소된다. 이때 에너지 섭취량을 감소시키지 못하고 계속 젊었을 때의 식사량을 유지하면 여분의 에너지가 지방으로 쌓이게 되는 것이다.

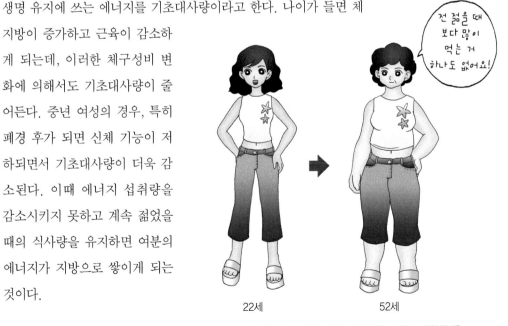

22세   52세

그림 2-6 나이가 들면 뚱뚱해지는 이유는 무엇일까?

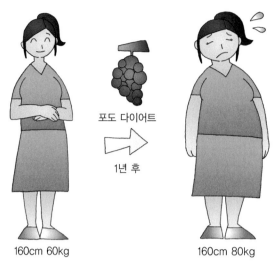

포도 다이어트

1년 후

160cm 60kg

160cm 80kg

그림 2-7 너무 잦은 다이어트는 비만의 요인

너무 잦은 다이어트로 인해 저열량 식사를 자주 하거나 단식을 자주 하다 보면 몸의 에너지 절약장치가 가동되면서 기초대사량이 줄어들어 옛날 식사로 돌아갔을 때 더 뚱뚱해지기 쉽다.

과 식

과식은 에너지 과량 섭취를 가져와 체지방 축적을 증가시킨다. 그럼, 과식했다는 것은 어떻게 알 수 있는가? 식후에 몸이 가볍지 않고 식곤증이 오며 숨쉬기가 거북하다면 그 것은 과식했다는 증거이다. 실제로 비만인 어린이의 70~80%는 과식하는 경향이 있다. 그렇다면 과식을 하는 원인은 무엇일까? 이에 대해서는 여러 가지 가설이 있다.

섭식조절중추의 장애

뇌의 시상하부에는 공복감을 느끼게 해주는 섭식중추(feeding center) 혹은 공복중추(hunger center)와 만복감을 느끼게 해주는 포만중추(satiety center)가 있어서 식욕을 조절하게 된다. 그러나 포만중추가 잘 자극이 되지 않거나 공복중추가 지나치게 자극이 되면 끝없는 공복감에 시달려 과식하게 된다.

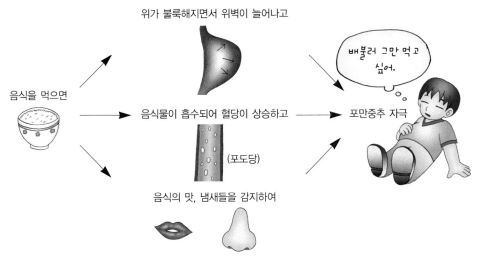

그림 2-8 만복감을 느끼게 되는 과정

비만인 사람들은 내부의 공복감에 의해 음식을 섭취하기보다는 눈에 보이는 외적인 것, 즉 냄새, 모양, 맛, 다른 사람들의 먹는 행위, 스트레스 등에 의해 영향을 많이 받는다. 다시 말해, 비만인 경우에는 정상적인 공복감, 만복감을 느끼지 못하는 경우가 많고 배가 고파서 먹는 것이 아니라 그냥 음식이 눈에 띄기 때문에 혹은 스트레스를 달래기 위한 수단으로 먹게 된다.

지방세포 수의 증가

어릴 때 비만으로 혹은 성인이 된 후에 지방세포 수가 한번 증가되면 그 지방세포들의

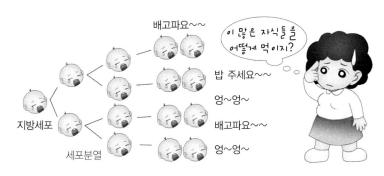

그림 2-9 지방세포 수와 과식

유지에 많은 에너지가 필요하게 되어 과식하게 된다.

인슐린 과잉 분비

비만이 되면 인슐린에 대한 저항력이 높아지면서 인슐린이 잘 작용하지 못한다. 이런 경우 우리의 몸은 인슐린을 더욱 과잉 분비하게 되는데, 과잉 인슐린이 공복중추를 자극하면 공복감을 심하게 느끼게 되어 과식하게 된다. 즉, 비만 그 자체가 섭식조절중추에 이상을 일으켜 더욱 과식하게 만드는 것이다. 이때 다이어트나 운동을 통해 체중을 감소시키면 섭식조절중추가 정상적으로 작용하여 공복감, 만복감을 모두 느끼게 된다.

| 비만 | 인슐린 과잉 분비 | 과도한 공복감 | 과식 더욱더 비만 |

그림 2-10 비만인 사람이 더욱 비만이 되기 쉬운 이유

높은 고정점

사람은 체중에 대해 타고난 고정점(set point)을 가지고 있다. 비만인 사람은 이 고정점이 높게 정해져 있어서 그 높은 점을 유지하기 위해 과식을 한다고 한다. 이러한 고정점 이론은 매우 비관적인 것으로 다이어트 무용론을 불러일으켰다. 즉, 다이어트를 해서 아무리 체중을 감량시켜도 일정 기간이 지나면 옛날 체중(고정점)으로 되돌아가게 된다는 것이다. 죄수들을 대상으로 한 실험에서 억지로 많이 먹게 해서 체중을 증가시켰으나 그후에 자유스럽게 먹게 했더니 얼마 후 옛날 체중으로 되돌아갔다는 것이다.

　고정점은 유전적인 영향을 많이 받긴 하지만 최근에는 식이요법이나 운동에 의해 고정점이 변할 수도 있다고 알려지고 있어 이제는 그렇게 비관적인 이론만은 아니다.

사회 · 경제적 요인

옛날에 비해 주변에 먹거리가 풍부해졌다. 과거에는 하루 종일 일을 해도 세끼 걱정하지 않고 살기가 힘들었으나, 요즘은 아르바이트로 1시간을 일을 해도 한 끼를 먹을 수 있다. 그만큼 소득에 비해 먹거리 값이 저렴해지면서 누구나 손쉽게 음식을 구입할 수가 있게 되었다. 더군다나 패스트푸드점이 증가하면서 우리가 전통적으로 섭취하던 한식에 비해 지방이 많은 음식을 손쉽게 접하게 되었고, 1인 1회분 분량도 증가하고 있다. 따라서 환경적으로도 과식이 쉬워지고 있는 실정이다.

흔히 사람들은 다이어트를 한다고 하면서도 같은 돈을 지불했을 때 음식이 많이 나오는 식당을 선호한다. 그리고 1인 1회분으로 나오는 음식을 다 먹는 것을 당연하게 생각한다. 실제로 패스트푸드 세트 메뉴의 경우에는 칼로리가 하루 권장량에 육박하는 것도 있다.

1960년대
콜라잔

1980년대
콜라잔

2000년대
콜라잔

그림 2-11 시대에 따른 콜라잔의 변화

스트레스의 영향

우리 사회는 음식에 다른 의미를 부여할 때가 많다. 착한 일을 했을 때 상으로 맛있는 과자를 주고, 축하연을 위해 케이크와 떡을 마련하고, 애정의 표시로 초콜릿과 사탕을 선물하기도 한다.

그래서 사람들은 지루하거나 우울, 불안, 외로움, 신경과민 등의 스트레스로부터 벗어나고 싶을 때 음식을 찾는다. 이때는 음식을 영양 보충의 수단이 아니라 자신에게 애정을 주고 자기 자신을 달래 주는 쾌락의 도구로 사용하게 된다. 실제로 식후에는 혈당이 상승하면서 우리의 마음을 편안하게 해주는 신경전달물질인 세로토닌(serotonin)의 합

그림 2-12 음식의 사회적 의미

성이 늘어나게 된다.

대표적인 경우가 '기분전환 먹기'와 '조마조마 먹기'이다. 기분전환 먹기는 배고프지 않아도 기분전환을 위해 스낵, 청량음료, 달콤한 음식 등 주로 고탄수화물 식품을 먹는 것을 말한다. 저녁 식후에 TV를 보며 자신을 편안하게 달래기 위해서 먹는 군것질거리, 맥주 1~2잔 등이 바로 과영양의 원인이 된다. 조마조마 먹기는 식사를 충분히 하고 나서도 끝마치지 않고, 음식을 조금씩 계속 먹는 것이다.

밤에 집중적으로 많이 먹는 야식 증후군도 스트레스에 의한 것이라 할 수 있다. 밤에 먹는 대량 식사는 인슐린 분비를 더욱 증대시켜 지방 합성을 촉진하게 되므로 밤에 먹는 여분의 에너지는 체지방으로 축적된다.

음식의 영양소 구성

비만의 주범은 지방?

같은 칼로리라고 할지라도 고지방식이 고탄수화물식에 비해 비만을 더욱더 잘 일으킨다. 왜냐하면 탄수화물이 체지방으로 축적되는 데는 섭취한 열량의 23%가 소모되지만, 지방이 체지방으로 축적되는 데는 섭취한 열량의 2%만 소모되고 나머지 부분은 저장되기 때문이다.

또한 고지방식은 식이 섭취를 억제하는 작용이 적다. 지방이 많은 음식은 맛이 있기 때문에 식욕 억제가 잘 안 되며, 에너지에 비해 부피가 작아 위를 잘 팽창시키지 못하여 만복감이 늦어진다.

2012년도 국민건가영양조사에 의하면 우리나라 사람들의 평균 지방 에너지 비율은

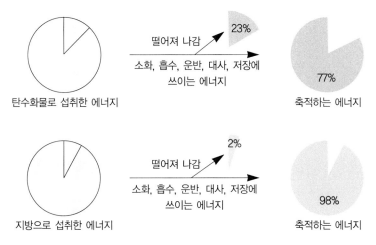

그림 2-13 영양소의 자가대사에 쓰이는 에너지

20.4% 정도로 서구의 34%에 비해 낮다. 그러나 이러한 수치는 짧은 기간 동안에 급격히 증가한 것이다. 외국인에 비해 수치가 낮기는 하나 오랫동안 저지방식을 해온 우리나라 사람들의 경우에는 20~25% 이상 넘어가서는 곤란할 것이다. 실제 우리나라 비만인 사람

그림 2-14 지방과 탄수화물의 "네 탓이오"

들이 섭취하는 지방의 에너지 비율은 23~24%로 얼핏 보기에는 높은 것 같지 않으나 과거에 비해서는 매우 높은 수치임에 틀림없다.

2012년도 우리나라 사람들의 주 지방 급원은 돼지고기, 콩기름, 쇠고기, 라면, 우유, 달걀, 참기름 등이다. 돼지고기와 콩기름을 합하면 26% 정도이고, 이 7가지 음식들은 우리가 섭취하는 지방의 약 49%를 차지한다.

비만의 주범은 탄수화물?

인슐린 분비를 높이는 당질의 과잉 섭취가 비만을 가져온다는 이론도 제시되었다. 당질의 과잉 섭취 시에 인슐린 분비가 증가되며, 이 인슐린이 지방 침착의 주 요인이 된다는 것이다.

2012년도 우리나라 사람들의 평균 당질 에너지 비율은 65% 정도로서 서구에 비해 높은 편이다. 특히, 여성들의 경우는 밥뿐만 아니라 떡, 빵, 국수, 과자, 케이크, 도넛, 라면, 커피 등의 탄수화물 음식을 간식으로 자주 섭취한다.

단순당질은 복합당질에 비해 혈당을 빠른 시간 안에 많이 높이므로 인슐린 분비가 그만큼 높다. 그러나 단맛이 있는 당질만 비만에 관계하는 것은 결코 아니다.

식생활 습관

식사시간

같은 음식인데도 아침에 먹을 때와 저녁에 먹을 때 우리 몸 안에서 지방으로 쌓이는 정도는 차이가 있을까? 최근 보고에서는 저녁에 많이 먹는 것이 문제이지, 저녁에 섭취하는 음식이 특별히 더 잘 저장되지는 않는다고 보도되어 사람들을 더 혼란스럽게 하고 있다. 그러나 많은 연구에서 아침에 섭취하는 것보다 저녁에 섭취하는 에너지가 몸에 더 잘 저장된다고 한다.

음식은 크게 두 가지 얼굴이 있다. 첫 번째는 우리에게 에너지를 주는 것이고, 두 번째는 자신을 소화, 대사시키는 과정에서 에너지를 일부 쓰는 것이다. 후자는 식사에 의한 열 발생(TFF : Thermic effect of food)이 일어나는 과정으로서 음식물의 소화, 흡수, 운반, 대사, 저장 등의 과정에서 열량을 소비하게 된다.

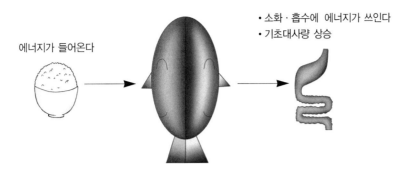

에너지가 들어온다

• 소화 · 흡수에 에너지가 쓰인다
• 기초대사량 상승

그림 2-15 음식의 두 가지 얼굴

보통 식사를 하고 난 뒤에 산소 소비량이 10~30% 증가하며, 식사에 의한 열 발생은 식후 60~90분 후에 가장 높다. 식사에 의한 열 발생은 아침에 높고 저녁에는 낮기 때문에 같은 에너지를 가지는 음식이라고 할지라도 저녁에 먹으면 열로 소모하는 에너지가 그만큼 적어 여분의 에너지가 저장된다. 그러므로 아침을 거르고 점심은 가볍게 하며 저녁에 한꺼번에 다량의 음식을 먹거나 밤참을 많이 먹을 경우에는 비만이 되기 쉽다.

식사 횟수

하루에 소식을 여러 번 하는 것(예 : 3번의 식사, 2번의 간식)과 하루에 한두 끼를 대량으로 먹을 경우, 같은 에너지 섭취인데도 불구하고 한두 끼를 대량으로 먹을 때 저장하는 에너지가 더 많다(그림 2-16).

소량의 식사를 여러 번 하게 되면 공복시간이 2~3시간 미만이기 때문에 배고픈 상태

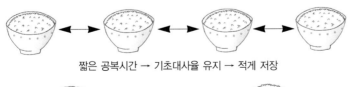

짧은 공복시간 → 기초대사율 유지 → 적게 저장

긴 공복시간 → 기초대사율 저하 → 많이 저장

그림 2-16 식사 횟수에 따른 여분의 에너지 저장

에서 과식하는 일이 적어지며, 음식에 의한 열 발생이 상승함으로써 사용하는 에너지가 많아진다. 이에 반해 하루에 1~2끼를 먹게 되면 과식하기 쉽고, 오랫동안 계속되는 공복시간으로 인해 교감신경의 작용이 둔화되면서 기초대사량이 저하되어 몸에서 사용하는 에너지가 줄어들게 되고 여분의 에너지가 저장된다.

식사속도

비만인 사람은 식사속도가 빠르고 잘 씹지 않는 특유의 섭식 행동을 보인다. 빨리 식사하면 식욕조절장치가 가동되어 포만감을 느끼기도 전에 계속 많은 양을 먹게 되며, 잘 씹지 않는 경우에는 소화 흡수가 더디게 되어 혈당 상승이 천천히 일어나 포만중추자극이 늦어져서 계속 식사하게 된다.

활동량 저하

운동과 육체적 활동량이 부족하면, 열량 소비 감소로 인해 체중이 증가하게 된다. 우리

그림 2-17 비만은 전염병?

나라 만1세 이상의 경우 1970년에는 하루 평균 에너지 섭취량이 2,150kcal 이상이었으나, 2012년 국민건강영양조사에서는 1,994kcal로 감소했다. 그런데도 전체적으로 비만 인구 비율이 늘어난 것은 활동량이 많이 줄었기 때문이다. 승용차의 보급으로 걷는 시간이 크게 줄었고, 각종 기계의 발달로 인해 집이나 가정에서 노동력 사용이 저하되었으며, 육체적인 직업보다는 사무직이 늘어나 직장에서의 활동량도 많이 감소했다.

특히, 청소년의 경우 비만인 학생은 정상 체중 학생들에 비해 운동량이 상당히 적다. 이들은 운동시간에도 함께 참여하지 못하며 친구들과 거의 어울리지 않아 활동시간은 점점 줄어든다. 초등학생들의 경우에도 비만 아동은 쉬는 시간에 운동장에 나가기보다 자거나 앉아 있는 경우가 많으며, 책 보기, 친구들과 시간 때우기, 엎드려 있기 등을 더 많이 한다. 활동 중에서도 특히 가벼운 활동, 중등도 활동시간이 적었다.

내분비 요인

때로는 질병이 비만을 부른다.

- 갑상선 기능 저하증 : 모두 비만한 것은 아니지만 부종에 의한 체중 증가가 나타난다. 기초대사량 저하로 인해 식사량은 예전과 비슷한데도 체중 증가가 일어나게 된다.

표 2-1 비만한 사람과 마른 사람들의 활동 특성

비만한 사람의 활동 특성	많이 먹는데도 마른 사람의 활동 특성
• 돌아다니는 것을 싫어하고 한 장소에 오래 앉아 있는 것을 좋아한다. • 독서, 음악 감상 등 취미가 정적이며 누워서 책 혹은 TV를 보거나 라디오 듣는 것을 좋아한다. • TV 시청시간이 길거나 컴퓨터 앞에 오래 앉아 있고 맥주나 간식을 먹는 경우가 많다. • 대중교통 이용을 싫어하고 특히 계단이 많은 전철 이용을 싫어한다.	• 돌아다니는 것을 좋아하고 특히 걷는 것을 좋아한다. • 한 장소에 오래 앉아 있지 못하고 앉아 있을 때도 몸을 많이 움직이거나 다리를 떠는 습관이 있다. • TV 시청시간이나 컴퓨터 앞에 앉아 있는 시간이 짧고 스낵을 먹지 않는다. 주로 물을 마신다. • 대중교통 이용을 좋아하며 특히 전철을 많이 탄다. • 걸음걸이가 경쾌하고 빠르며 몸을 많이 흔들면서 걷는다.

- 쿠싱증후군 : 코티솔 등의 스트레스 호르몬의 과잉 분비 및 섭취 등으로 인해 생기며, 주로 중심성 비만이 된다.
- 다낭성 난소증후군 : 난소가 과다하게 남성 호르몬인 안드로겐을 분비하면서 난소에 작은 물혹이 차는 증상이다. 비만, 무배란성 불임, 다모증, 월경 불순 등을 동반한다.
- 고인슐린혈증 : 인슐린 과다 분비에 의한 저혈당이 생기고 그로 인해 열량 섭취가 많아지면서 지방이 축적된다.

약 물

스테로이드는 식욕 항진으로 비만을 일으킬 수 있고, 항우울제(아미트립틸린)도 체중 증가를 유발한다. 에스트로겐 계통은 지방 축적을 일으키지는 않으나 부종으로 인해 체중이 늘어날 수 있다.

비만의 증상

각종 질병 위험도, 사망률의 증가

비만은 협심증, 뇌졸중, 대사증후군, 골관절염, 요통, 고요산혈증, 통풍, 각종 암(유방암, 자궁내막암) 등 다양한 질병과 관련이 있다. 미국인의 경우 체중이 적정 체중의 40% 이상인 여성은 암 발생 위험률이 높은 것으로 보고되었다.

체질량지수가 23~25 이상이면 암, 심장병, 당뇨병 등에 의한 사망률이 높아지게 된다. 한국 사람의 경우에는 서양보다 낮은 BMI(체질량지수)에서 고혈압, 당뇨병, 고콜레스테롤혈증 등의 만성질환 발생 위험도가 높아지며, 체질량지수 25에서 2배, 27에서 2.5배, 30에서 3배로 만성질환 발생 위험도가 높아졌다.

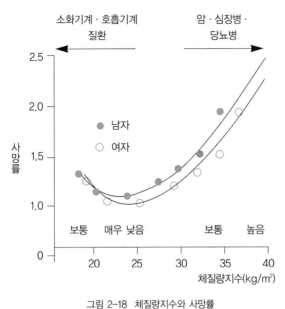

그림 2-18 체질량지수와 사망률

표 2-2 비만의 건강 위험도 : 체질량지수(BMI)가 25 이상일 때 정상인에 비해 위험도가 증가하는 질
병의 종류

매우 증가되는 것 (상대적 위험도 > 3)	중등도 증가되는 것 (상대적 위험도 2~3)	약간 증가되는 것 (상대적 위험도 1~2)
제2형 당뇨병	관상동맥질환	암(폐경 후 유방암, 자궁내막암, 대장암)
담낭질환	고혈압	생식 호르몬 이상
이상지질혈증	골관절염(무릎과 고관절)	다낭성 난소증후군
대사증후군	고요산혈증과 통풍	임신 이상
호흡 곤란		요통
수면 무호흡		마취 위험도 증가

출처 : WHO(1998)

그림 2-19 비만에 수반되는 각종 질병들

대사증후군

대사증후군은 중심성 비만인 사람에게서 제2형 당뇨병이나 심혈관질환의 다른 위험인
자인 이상지질혈증, 고혈압이 동반되어 나타나는 현상이다. 대사증후군이 있는 사람은
심장병, 뇌졸중으로 갑자기 사망하는 경우가 많다.

여성의 불임과 성 기능 이상

비만은 다낭성 난소증후군과 월경 주기 이상 등의 부인과 질환과도 관계가 있다. 다낭성
난소증후군은 난소가 과다하게 남성 호르몬인 안드로겐을 분비하면서 난소에 작은 물혹
이 차는 증상으로, 비만과 무배란성 불임 등을 동반한다. 비만한 사람은 임신이 잘 안 되
거나 자연 유산될 가능성이 높으므로 주의가 요구된다.

호흡 기능 이상

복부 비만과 목 크기는 폐쇄성 수면 무호흡증과 관계있다. 이것은 누운 자리에서 기도가 좁아지는 것과 관련이 있고 중증인 경우에는 수면 중에 돌연사를 일으킨다.

근골격계 이상

비만은 척추와 관절에 기계적인 압박을 주게 되어 요통과 골관절염 위험도를 증가시킨다. 또한 기계적인 압박뿐만 아니라 고요산혈증(혈액에 요산이 높아지는 현상)을 유발시켜 통풍(유전적 대사 질병으로 혈액 중에 높아진 요산이 요산염으로 관절에 축적되어 통증이 생김) 위험도를 증가시킨다.

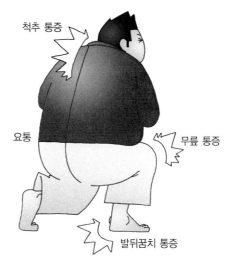

그림 2-20 비만이 가져오는 근골격계 이상

정신 · 사회적 문제

비만한 여성과 소아는 자주 사회적 편견과 차별대우를 받는다. 성격은 어린 시기에 형성되므로 어려서 비만이 된 사람은 어른이 되어 비만이 된 사람보다 사회적 · 감정적 문제를 훨씬 더 많이 일으키게 된다. 비만한 사람들은 동료, 선배, 부모한테까지 거부당하게 되어 부정적인 자아 이미지나 낮은 자아 존중감을 가지게 되고 때로는 심각한 마음의 병을 얻기도 한다.

IET&
HEALTH

비만의 판정

비만을 판정할 때 가장 손쉬운 방법은 신장과 체중을 이용하는 방법이다. 그러나 체중에는 근육, 무기질 같은 제지방 성분과 체지방 성분이 함께 포함되어 있으므로 신장에 대한 체중이 높다고 하여 반드시 체지방 성분이 높다고 할 수는 없다. 또한 운동선수나 헬스 트레이닝을 통하여 특별히 근육을 키운 경우를 제외하고는 체중이 표준체중의 15% 이상 초과할 때는 체지방 증가가 동시에 일어나고 있다고 판정할 수 있다.

CHAPTER **3**

비만의 판정

체격지수

상대체중

상대체중(PIBW : Percent of Ideal Body Weight)은 표준체중에 대한 현재체중의 백분율을 나타내며, 120% 이상이면 비만으로 판정한다.

$$\text{PIBW} = \frac{\text{현재체중}}{\text{표준체중}} \times 100$$

PIBW < 90% : 체중 미달

90% ≤ PIBW < 110% : 정상

120% ≤ PIBW < 140% : 경도 비만

140% ≤ PIBW < 160% : 중등도 비만

PIBW ≥ 160% : 고도 비만

체질량지수

체질량지수(BMI : Body Mass Index)는 체중(kg)을 키(m)의 제곱으로 나눈 지수로서 가장 널리 사용되고 있다. 체지방과 상관관계가 높고 특히 소녀와 성인의 체지방량 지표로 유용하다.

$$\text{BMI} = \frac{\text{체중(kg)}}{\{\text{신장(m)}\}^2}$$

체중은 8시간 금식 후 소변을 본 후 최소한의 복장으로 측정하는 것이 원칙이며, 특히 비만인은 하루 중에도 체중 변동이 크므로 일정 시간에 일정 조건에서 측정해야 한다.

나는 비만일까?

A양 : 신장 166cm, 몸무게 63kg

표준체중 : 보통 브로카(Broca)법에 의해 구한다.

신장 $\geq$ 160cm : {신장(cm) − 100} × 0.9

150cm $\leq$ 신장 < 160cm : {신장(cm) − 150} × 0.5 + 50

신장 < 150cm : 신장(cm) − 100

$$상대체중 = \frac{현재체중}{표준체중^*} \times 100$$

$$= \frac{63}{59.4} \times 100 = 106.1(정상)$$

(표준체중* = {신장(cm) − 100} × 0.9 = {166 − 100} × 0.9 = 59.4

$$체질량지수 = \frac{체중(kg)}{\{신장(m)\}^2} = \frac{63}{(1.66)^2} = 22.9(아슬아슬한\ 정상)$$

알 아 두 기

비만판정 기준

세계보건기구인 WHO의 IOTF(International Obesity Task Force) 팀은 아시아인에 있어서는 BMI 23~24.9부터 고혈압·당뇨병의 질병 발생 위험이 상당히 의미 있게 증가하므로 과체중의 기준을 체질량지수 23 이상, 비만의 기준을 체질량지수 25 이상으로 제안하였고, 대한비만학회에서도 이를 받아들여 한국인의 기준치로 정하였다.

BMI에 의한 비만 판정

구 분	대한비만학회(한국)	WHO 기준(미국)
저체중	< 18.5	< 18.5
정상	18.5~22.9	18.5~24.9
과체중	23~24.9	25~29.9
경도 비만	25~29.9	30~34.9
중등도 비만	30~34.9	35~39.9
고도 비만	$\geq$ 35	$\geq$ 40

체지방 분포 평가

허리 · 엉덩이 둘레 비율

허리 · 엉덩이 둘레 비율(WHR : Waist-Hip Ratio)은 복부 비만을 판정하는 지표로 쓰인다. 허리는 허리의 가장 가는 부분, 엉덩이는 가장 튀어 나온 부분의 둘레를 측정한다. 허리 · 엉덩이 둘레 비율은 남자 0.95 이상, 여자 0.85 이상이면 복부 비만으로 판정되며, 수치가 높을수록 당뇨병, 심장병 등의 질병 위험도가 증가한다.

$$허리 \cdot 엉덩이\ 둘레\ 비율 = \frac{허리\ 둘레(cm)}{엉덩이\ 둘레(cm)}$$

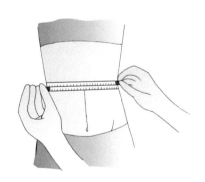 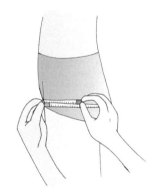

허리 둘레 측정
숨을 내쉰 상태에서 팔을 내리고 장골상부의
가장 들어간 부분을 잰다.

엉덩이 둘레 측정
팔을 내리고 양쪽 팔에 몸무게가 고루 가도록
선 다음 엉덩이 둘레 중 가장 나온 부분을 줄자
로 잰다.

그림 3-1 허리 둘레와 엉덩이 둘레 측정

허리 둘레

최근 허리 · 엉덩이 둘레 비율보다 허리 둘레 그 자체가 복부 비만 중에서도 내장 지방 축적(내장형 비만)과 관계있다고 보고되었다. 허리 둘레는 전체적으로 비만이 아니더라도 체중과 무관하게 비만과 연관된 합병증의 위험인자 판정에 쓰이고 있으며, 남자

90cm 이상, 여자 80cm 이상일 때 비만으로 판정된다.

표 3-1 한국인에서 BMI와 허리 둘레에 의한 동반 질환 위험도

분 류	BMI(kg/m²)	허리둘레	
		≤ 90cm(남) ≤ 80cm(여)	> 90cm(남) > 80cm(여)
저체중	< 18.5	낮다	보통
정상체중	18.5~22.9	보통	증가
위험 체중	23~24.9	증가	중등도
1단계 비만	25~29.9	중등도	고도
2단계 비만	≥ 30	고도	매우 고도

체지방률 평가

생체 전기저항 측정법

생체 전기저항 측정법의 원리

피하조직 등의 지방조직은 전기가 잘 통하지 않아 저항이 많이 발생하는 반면, 체수분, 근육, 뼈로 구성된 제지방조직은 비교적 수분이 많이 포함되어 있어 전기가 잘 통하므로 저항이 적게 발생한다. 이러한 원리를 이용한 것이 바로 생체 전기저항 측정법(BIA : Bioelectrical Impedance Analysis)이다. 따라서 전기저항 정도를 알면 식을 이용하여 그 사람의 체지방률을 알 수 있다.

생체 전기저항 측정기는 사람에게 해가 없는 미세한 전류를 4개의 전극을 통해 발과 손에 흘려 준 다음 되돌아오는 저항을 측정한다. 이때 전기저항값과 신장, 체중, 성별에 따른 회귀방정식을 사용하여 체수분량, 체지방 및 제지방을 계산하게 된다.

이 방법에서는 체수분을 측정한 다음, 지방으로 환산하게 되므로 대상자의 수분상태에 따라 오차가 날 수 있다. 그러므로 탈수되어 있는 상태에서 측정하면 체수분율은 감소하고 체지방률은 높게 나타난다. 생체 전기저항 측정법을 사용하여 체지방률을 측정하는 방법은 3~4%의 오차를 나타내며, 근육이 많은 달리기 선수의 경우 체지방 비율이 실제보다 높게 나오고 비만인 경우에는 실제보다 체지방률이 낮게 나오는 경향이 있다.

→ 절연체 → 전기 저항 많이 발생

지방조직(물이 없다)

→ 전도체 → 전기 저항이 적게 발생

제지방조직(근육 · 뼈 · 체수분, 물이 많다)

그림 3-2 생체 전기저항 측정법에 의한 체지방률 평가 원리

생체 전기저항의 측정순서

생체 전기저항의 측정순서는 다음과 같다.

- 몸에 착용하고 있는 귀금속(반지, 귀걸이, 목걸이 등)을 모두 뺀다.
- 손, 발바닥이 마르지 않도록 전해질 물수건으로 닦는다.
- 생체 전기저항 측정기의 쇠 부분에 발바닥이 닿도록 올라가고 손잡이는 쇠 부분에 최대한 피부가 닿도록 잡는다.
- 차렷 자세에서 측정하며 측정이 끝날 때까지 말을 하지 않는다.

그림 3-3
생체 전기저항 측정법에 의한
체지방 비율 평가

생체 전기저항 측정 시 유의사항

- 공복이나 운동 전에 측정
- 옷은 최대한 가볍게 입고 측정
- 화장실을 다녀온 후 측정
- 검사 당일 샤워는 삼가
- 실내에 약 20분간 머물고 선 자세에서 약 5분간 있다가 측정

실제보다 체지방 비율이 높게 나타나는 경우

- 불충분한 수분을 섭취했을 때
- 심한 운동을 했을 때
- 카페인이나 알코올 섭취로 인한 이뇨작용이 있을 때

체성분 결과표

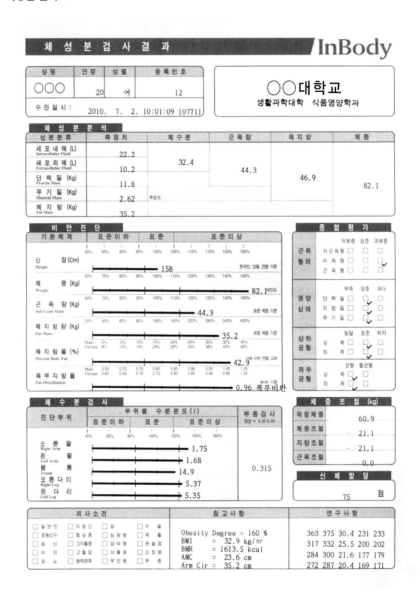

이 사람은 체중 82.1kg 중에서 체지방 비율이 42.9%이므로 고도 비만으로 분류된다.

따라서 체지방량은 82.1 × 0.429 = 35.2kg이다. 제지방은 82.1 − 35.2 = 46.9kg이며 근육 44.3kg, 무기질 2.62kg으로 구성되어 있다.

비중법

신체의 밀도 혹은 비중을 이용하여 체지방과 제지방 비율을 측정하는 방법이다. 비중법에서는 그림 3–4와 같이 지방층의 밀도는 0.9g/cm³, 제지방층의 밀도는 1.1g/cm³로 가정하므로 신체의 비중을 알면 각 지방층과 제지방층의 비율을 알 수 있다.

| 지방층 | 밀도 : 0.9g/cm³ |
| 제지방층 | 밀도 : 1.1g/cm³ |

그림 3–4 제지방층과 지방층의 밀도

몸의 부피를 이용해 비중 구하는 법

사람 몸의 비중은 몸의 부피와 체중을 알면 쉽게 구할 수 있다.

$$비중 = \frac{체중}{몸의\ 부피}$$

그러면 사람 몸의 부피는 어떻게 알아낼 수 있을까? 그림 3–5를 이용하면 구할 수 있다.

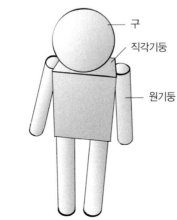

구
직각기둥
원기둥

사람의 몸 : 구 + 직각기둥 + 원기둥 4개

그림 3–5 사람 몸의 부피

아르키메데스의 원리를 이용해 비중 구하는 법

그림 3-5와 같이 계산식으로 부피를 구하여 비중을 알 수도 있으나, 아르키메데스의 원리를 이용할 수도 있다. 즉, 우리 몸이 물속에서 몸의 부피에 해당하는 물의 무게만큼 가벼워지는 원리를 이용한다. 물의 비중은 1에 가까우므로 물속에서의 체중은 우리 몸의 부피만큼 가벼워지게 된다. 즉, 공기 중에서의 체중과 수중체중의 차이가 대략적인 몸의 부피가 된다. 단, 우리 폐와 위장에는 항상 잔여공기가 있으므로 몸 전체 부피에서 이것을 빼주어야 한다. 이와 같이 수중체중을 측정하여 몸의 부피를 구한 다음 비중을 구하게 되므로 '수중측정법'이라고도 부른다. 우리 몸의 비중 식은 다음과 같다.

$$우리\ 몸의\ 비중 = \frac{공기\ 중에서의\ 체중}{\dfrac{공기\ 중에서의\ 체중 - 수중체중}{물의\ 비중(1에\ 가까움)} - 잔여공기}$$

비중에 따른 체지방 비율은 다음과 같은 식에 의해 구한다.

$$체지방\ 비율 = \left\{ \frac{4.57}{우리\ 몸의\ 비중} - 4.142 \right\} \times 100$$

이 방법은 체지방 비율을 구하는 표준 실험방법으로 매우 정확하다. 그러나 한번에 많은 사람을 측정하기 힘들고 특수한 장비와 숙련이 필요한 것이 단점이다. 최근에는 물에 잠수하지 않고 수중체중을 측정하는 기기가 나오고는 있으나 노인이나 환자의 경우에는 실시하기 어렵다.

그림 3-6 수중측정법

아르키메데스의 원리를 이용해 체지방 비율 구하기

- 여자 : 28세
- 공기 중의 체중 : 52.5kg
- 물 속의 체중 : 0.75kg
- 34℃(측정 당시 물의 온도)에서의 물의 비중 : 0.9944
- 잔여공기 : 0.790(최대 폐활량으로부터 계산)

$$\text{우리 몸의 비중} = \frac{52.5}{\dfrac{52.5 - 0.75}{0.9944} - 0.790} = 1.024$$

$$\text{체지방 비율} = \left\{ \frac{4.57}{1.024} - 4.142 \right\} \times 100 = 31.96\% \fallingdotseq 32\%$$

단층촬영법

단층촬영법(CT : Computer Tomograpy)은 X-레이가 체조직을 통과하면서 횡단 영상을 보여 주는 방법이다. 의학에서는 진단의 목적으로 사용되고 있으나, 최근에는 피하지방과 복강 내 지방(내장지방)의 상대적인 축적을 알아내는 데도 쓰이고 있다. 이 방법은 밖에서 보이지 않는 내장 깊숙이 자리한 지방 등의 지방 분포를 확실히 보여 주는 장점이 있다. 하지만 비용이 비싸고 방사선에 노출되므로 어린이나 임신부에게는 사용하지 말아야 한다.

피부두겹두께의 측정

우리 몸에 있는 지방의 1/2은 피부 밑에 분포되어 있으므로 피부두겹두께를 측정하면 체지방과 더불어 지방이 축적된 위치까지 알아낼 수 있다. 기구(캘리퍼)를 이용하여 피부두겹두께를 측정하게 되는데, 비교적 간단하고 빠르며 측정하는 과정을 연습하면 비교적 정확하게 측정할 수 있다. 최근에는 체지방을 측정하는 기기들이 많이 나와 옛날만큼 흔하게 사용되지는 않는다.

측정 부위

인체의 여러 부위 중에서도 삼두근, 이두근, 견갑골 하부, 장골상부를 가장 많이 측정한다.

측정방법

측정할 때는 왼손의 엄지와 검지로 측정하고자 하는 부위의 1cm 위쪽 피부를 단단하게 잡아당긴 다음, 접힌 피부의 긴 축과 직각이 되도록 캘리퍼로 집는다. 캘리퍼의 끝을 측정점에 놓은 후 약 4초 뒤에 숫자판을 mm까지 두 번 측정하여 평균을 사용한다. 복부 주위에서 측정한 피부두겹두께가 삼두근이나 견갑골 하부에 비해 전체 체지방률을 잘 반영한다. 그러나 삼두근이 가장 측정하기가 쉬우므로 한 부위를 사용할 때는 삼두근 피부두겹두께를 사용하는 것이 좋다.

- 삼두근 피부두겹두께 : 오른쪽 팔의 뒤쪽에서 삼두근을 가로질러 측정한다.
- 견갑골 하부 피부두겹두께 : 견갑골의 안쪽 각진 곳의 가장 아래쪽에서 위로 1cm 떨어진 지점을 조사 대상자의 등 쪽에서 측정한다.
- 장골 상부 피부두겹두께 : 옆 중심선 장골마루의 바로 위쪽 피부두겹두께를 측정한다.

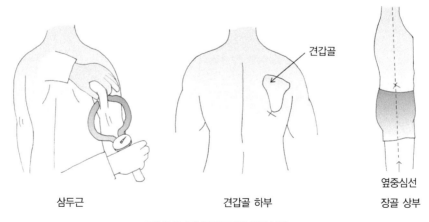

삼두근   견갑골 하부   옆중심선 장골 상부

그림 3-7 피부두겹두께의 측정 부위

쉬어 가기 소아 · 청소년의 비만 판정

체질량지수 판정법

소아 · 청소년은 성장기에 있으므로 성인의 기준으로 적용할 수 없다. 이에 성별 · 연령별 체질량지수를 기준으로 85~94 백분위수이면 과체중(비만위험군)으로 추적 관찰할 대상으로 분류하고, 95 백분위수 이상 혹은 25kg/㎡이면 비만으로 분류한다(대한소아청소년과학회, 소아청소년 표준성장도표 참조, 2007).

비만도 판정법

표준체중 : 성별, 연령별, 신장별 체중의 50백분위수를 표준체중으로 한다.

$$비만도 = \frac{(현재체중 - 표준체중)}{표준체중} \times 100$$

20% 이상 비만, 20~29% 경도비만, 30~49% 중등도비만, 50% 이상 고도비만

DIET &
HEALTH

CHAPTER
04

비만의 식사요법

최적의 체중 감량 프로그램이란 최소한의 비용으로 균형 잡힌 식사, 알맞은 운동, 생활습관의 변화를 가져오는 것을 말한다. 여기서 균형 잡힌 식사는 섭취하는 칼로리만 낮고 다른 모든 영양소는 충분하게 포함된 식사를 의미한다. 또한 적절한 체중 감량이란 단순한 체중 감소보다는 체단백의 손실은 최소화하면서 체지방 감량은 최대한 늘리는 것이다. 빠른 체중 감량은 대부분 수분과 체단백질 손실로 인한 것이므로 다이어트 후에 쉽게 원래 체중으로 돌아가게 된다. 따라서 일주일에 0.5kg 정도의 감량 속도가 적절하다.

CHAPTER 4

비만의 식사요법

에너지대사

인체는 세포의 성장과 근육의 활동, 체온 유지에 에너지를 사용하며(소비하는 에너지) 이러한 에너지는 우리가 섭취하는 식품을 통해 공급받는다(섭취하는 에너지). 만약에 소비하는 에너지가 섭취하는 에너지보다 많으면 우리 몸은 저장된 에너지, 즉 체지방을 소모하게 되므로 체중이 빠질 것이고 반대로 소비하는 에너지가 섭취하는 에너지보다 적으면 여분의 에너지는 체지방으로 저장된다.

칼로리

우리가 섭취한 식품 속에 포함된 탄수화물, 지방, 단백질 혹은 알코올은 체내에서 산소와 결합하여 연소되면서 에너지를 내게 되며, 이를 인체가 쓰게 된다. 식품의 탄수화물, 지방, 단백질만 칼로리를 내고 비타민, 무기질은 칼로리가 없다. 식품에 함유된 섬유소는 장내 박테리아에 의해 발효되며 소량의 칼로리를 내지만, 그 양은 매우 적다.

주요 영양소 1g당 칼로리 함량

- 탄수화물 : 4kcal
- 지방 : 9kcal
- 단백질 : 4kcal
- 비타민 : 0kcal
- 무기질 : 0kcal
- 섬유소 : 장내 박테리아에 의해 분해되어 소량의 에너지 발생(1~2kcal)

밥 1공기의 칼로리

탄수화물	65g × 4 = 260kcal
지 방	1g × 9 = 9kcal
단 백 질	7g × 4 = 28kcal
합 계	297kcal(약 300kcal)

감자요리의 칼로리

감자 + 크림
(130g 기준, 대 1개)
총 칼로리 229kcal

감자튀김
(138g 기준)
총 칼로리 447kcal

찐 감자
(150g 기준, 소 2개)
총 칼로리 140kcal

"사람들은 내가 뚱뚱하고
맛이 없다고 싫어해."

감자전
(150g 기준)
총 칼로리 380kcal

"사람들은 나를 부드럽고
맛있다고 좋아해."

감자크로켓
(150g 기준)
총 칼로리 540kcal

"사람들은 날 고소하고
아삭거린다고 좋아해."

인체의 에너지 소모량(요구량)

기초대사량

우리는 활동할 때도 에너지를 쓰지만 가만히 누워서 숨쉴 때도 에너지를 쓴다. 즉, 우리 몸은 가만히 쉬고 있는 동안에도 숨을 쉬며, 심장은 뛰면서 혈액을 순환시키고, 체온이 유지되며, 신장은 노폐물을 걸러내고 있다. 이러한 일련의 생명 유지 작용에 우리 몸은 에너지를 사용하고 있다. 이와 같이 우리 몸이 생명 유지에 쓰는 에너지를 기초대사량이라고 하며, 이때 에너지를 쓰는 속도를 기초대사율(basal metabolic rate)이라고 한다. 기초대사량은 호흡기를 사용하여 측정하나 간단히 계산식에 의해 구할 수도 있다.

남자의 기초대사량(kcal) = 1 × 체중(kg) × 24

여자의 기초대사량(kcal) = 0.9 × 체중(kg) × 24

실제 기초대사량은 우리가 쓰는 에너지의 60~70%로 가장 많다. 하지만 사람마다 차이가 심하며 같은 체중을 가진 사람이라도 키, 체구성비, 활동력, 식습관 등에 의해 차이가 난다. 근육은 지방조직에 비해 휴식 시에도 대사가 왕성하게 일어나므로 근육이 많은 사람은 기초대사량이 높다. 기초대사량이 높은 사람은 가만히 숨쉬고 있을 때도 에너지를 많이 쓰게 되므로 체중이 쉽게 증가하지 않으나 기초대사량이 낮은 사람은 쉽게 체중이 증가한다. 중년이 되면 근육량이 적어지고 활동량이 줄어들면서 기초대사량이 10년에 약 5%씩 감소한다. 또한 공복시간이 오래 지속되면 몸의 적응현상으로 맥박이 느려지면서 기초대사량이 감소한다.

표 4-1 기초대사량이 높은 사람, 낮은 사람

기초대사량이 높은 사람(살이 잘 안 찌는 사람)	기초대사량이 낮은 사람(살찌기 쉬운 사람)
• 근육이 많은 사람 • 키가 큰 사람 • 갑상선 기능이 항진된 사람 • 스트레스가 많은 사람 • 춥거나 더운 곳에서 생활하는 사람 • 흡연을 많이 하는 사람 • 카페인 섭취가 많은 사람	• 근육이 적은 사람 • 키가 작고 뚱뚱한 사람 • 갑상선 기능이 저하된 사람 • 단식 혹은 굶기를 자주하는 사람 • 굶다가 폭식하는 사람 • 영양실조인 사람 • 다이어트를 수없이 반복한 사람 • 하루에 2끼 정도 식사하면서 많이 먹는 사람 • 행동이 느릿느릿한 사람

활동 에너지

활동 에너지는 골격 근육을 의식적으로 움직이는 데 사용하는 에너지로서 개인의 활동량에 따라 차이가 많이 난다. 운동할 때는 근육을 움직이는 데 여분의 에너지를 소모하게 되므로, 심장이나 폐는 더 많은 산소와 영양소를 공급하기 위해서 많은 에너지를 쓰게 된다. 운동 혹은 활동을 하는 데 소모되는 에너지는 활동의 종류뿐 아니라 근육의 양, 체중, 활동시간, 활동빈도, 강도 등에 의해서 좌우된다. 즉, 근육량이 많을수록, 운동을 오래할수록, 자주 할수록, 강도가 높을수록 활동 에너지를 더 많이 쓴다.

식품의 열 발생 에너지

우리 몸속에서는 음식을 섭취하면 장의 운동이 활발해지고 소화효소를 분비하는 등 일련의 작용이 일어나게 된다. 이와 같이 식품의 소화과정과 영양소의 흡수, 대사, 이동, 저장으로 사용하는 에너지를 식품의 열 발생 에너지라고 한다. 이러한 식품의 열 발생 에너지는 음식의 조성, 음식의 양, 횟수에 따라 다르다. 고단백 음식이 열 발생 에너지가 23%로 가장 높고, 탄수화물 식품은 8~10%이며, 지방식품은 2%로 가장 낮다. 식품의 열 발생 에너지는 전체 소비 에너지의 약 10% 수준이다.

수면 시
사용 에너지 : 기초대사량

청소할 때
사용 에너지 : 기초대사량 + 활동 에너지

식후의 산보
사용 에너지 : 기초대사량 + 활동 에너지
식품의 열 발생 에너지

그림 4-1 상황에 따라 몸이 쓰는 에너지의 종류

체중 감량을 위한 에너지 섭취량 계산법

대부분 체중감량을 위한 다이어트는 60~75%의 성공률을 보인다. 그러나 빠진 체중을 5년간 유지하는 사람은 5% 미만으로 찾아보기 어렵다. 다이어트는 일시적으로 행하는 것이 아니라 식습관의 변화를 일으켜 고정시킴으로써 일생 동안 계속되어야 한다.

다이어트를 시작하기로 결심한 K양은 칼로리를 얼마나 섭취해야 할까? K양은 신장

그림 4-2 다이어트에 성공하기 쉬운 사람

그림 4-3 다이어트에 실패하기 쉬운 사람

160cm, 체중 74kg으로서 서비스업에 종사하는 여성이다. 다이어트 시에 섭취하는 칼로리 계산법에는 여러 가지 방법이 있다.

표준체중을 이용하는 방법

- 빠른 체중 감량을 원할 때 이용하는 것으로 아주 엄격한 방법이다.
- 표준체중을 구한다(브로카법 이용).
- 표준체중에 활동도에 따른 에너지 양을 곱한다(표 4-2). 서비스업 종사자인 경우에

표 4-2 활동도에 따른 에너지 요구량

생활 활동 강도	직 종	체중당 필요 에너지 양 (kcal/kg)
가벼운 활동	일반사무직, 관리직, 기술자, 어린 자녀가 없는 주부	25~30
중등도 활동	제조업, 가공업, 서비스업, 판매직 외 어린 자녀가 있는 주부	30~35
강한 활동	농업, 어업, 건설작업원	35~40
아주 강한 활동	농번기의 농사, 임업, 운동선수	40~

표준체중을 이용한 에너지 섭취량 계산

- K양 : 신장 160cm, 체중 74kg
- 표준체중 = (160 − 100) × 0.9 = 54kg
- 활동도에 따른 에너지 필요량 = 54 × 30(중등도 활동) = 1,620kcal
- 감량하고 싶은 만큼 감함 : 1,620 − 500(일주일에 0.5kg 감량) = 1,120kcal(약 1,100kcal)

실제로 1,000~1,200kcal 미만으로 섭취하게 되면 단백질, 비타민, 무기질 등의 영양소가 결핍되기 쉬우며 저칼로리 섭취에 대한 몸의 적응 현상으로 대사속도가 느려지면서 점점 기초대사량이 감소되어 나중에 요요현상을 겪게 되므로 주의가 요망된다.

는 표준체중에 30을 곱하여 에너지 필요량을 구한다.

- 감량하고 싶은 체중만큼 에너지를 감해 준다. 이상적인 감량은 일주일에 0.5kg 정도이다. 체중 0.5kg은 3,500kcal에 해당하므로 일주일에 0.5kg 줄이려면 에너지필요량보다 하루에 500kcal를 적게 먹으면 된다.

조절체중을 이용하는 방법

- 비만도가 20~30% 이상인 사람에게 적합하다.
- 앞에서 사용한 표준체중은 현재의 체중을 고려하지 않은 것이므로, 실제로 많이 먹던 사람이 갑자기 1,100kcal를 섭취하는 것은 현실적으로 문제가 따를 수밖에 없다. 따라서 현재체중을 감안하여 표준체중을 보정한 것이 조절체중이다.
- 현재의 체중이 표준체중에 비해 많이 초과할 때, 조절체중을 이용하는 것이 효과적이다.

$$\text{조절체중} = \text{표준체중} + \frac{(\text{현재체중} - \text{표준체중})}{4}$$

위 식에서 보듯이 현재체중이 표준체중에 가까워질수록 조절체중은 표준체중과 비슷해진다.

TIP

조절체중을 이용한 에너지 섭취량 계산

비만도가 높은 K양 : 신장 160cm, 체중 74kg

$$\text{K양의 비만도} = \frac{\{\text{현재체중(74kg)}\}}{\{\text{표준체중(54kg)}\}} \times 100 = 137 \rightarrow \text{조절체중을 이용}$$

$$\text{조절체중} = 54 + \frac{(74 - 54)}{4} = 59kg$$

활동도에 따른 에너지 필요량 = 59 × 30(중등도 활동) = 1,770kcal

감량하고 싶은 만큼 감함 : 1,770 − 500 = 1,270kcal(약 1,200kcal)

알 아 두 기

에너지 절약장치가 가동되지 않는 최저 에너지는 기초대사량의 90% !

생명을 유지하는 데 필요한 기초대사량은 숨쉬고 심장이 뛰고 체온을 유지하는 등에 쓰이는 에너지이다. 따라서 아무리 다이어트를 한다고 하더라도 기초대사량 이하로 섭취하면 생명 유지를 위한 에너지가 모자라게 된다. 이때 우리 몸은 '에너지 절약장치'를 가동시키게 되어 심장이 천천히 뛰고 체내 대사과정이 느려지면서 에너지를 덜 쓰는 엔진으로 바뀌게 된다. 즉, 기초대사량이 저하되면서 체중 감소가 점점 어려워진다. 심하게 에너지를 제한할 경우 기초대사량이 45%까지 감소된다.

따라서 각 체중당 기초대사량만큼은 섭취하는 것이 좋으며 아무리 적게 먹더라도 대사량의 90% 미만으로 내려가는 것은 금해야 한다. 기초대사량이 떨어지면 우리 몸은 점점 에너지를 덜 쓰는 엔진으로 바뀌며 나중에 옛날 식습관으로 돌아갔을 때 요요현상을 겪게 된다. 우리 몸의 근육은 기초대사를 사용한다. 그러므로 저칼로리 식사 때는 운동을 꼭 병행하여 근육량을 늘려서 기초대사량이 떨어지지 않게 해야 한다.

예 : K양(160cm, 74kg)의 경우
$$기초대사량 = 0.9 \times 체중(kg) \times 24 = 0.9 \times 74 \times 24 = 1,600kcal$$
$$요요현상을 일으키지 않는 최저선 = 1,600 \times 0.9 = 1,440kcal$$

체중에 따른 기초대사량과 최저에너지

체중(kg)(여성기준)	기초대사량	최저 에너지(기초 에너지 × 0.9)
45	972	875
47.5	1,030	927
50	1,080	972
52.5	1,130	1,017
55	1,190	1,071
57.5	1,240	1,116
60	1,300	1,170
62.5	1,350	1,215
65	1,400	1,260
67.5	1,450	1,305
70	1,510	1,359
72.5	1,560	1,404
75	1,620	1,458
77.5	1,670	1,503
80	1,730	1,557
85	1,830	1,647

자료 : 가톨릭대 지역사회 임상영양교실

현재체중을 이용하는 방법

표준체중이나 조절체중이 현재체중과 차이가 많을 때는 표준체중이나 조절체중으로 계산된 낮은 에너지 섭취량을 계속하기가 힘들다. 이때 현재체중을 사용하여 구한 에너지 섭취량은 보다 관대한 방법으로서 체중은 약간 더디게 빠지나 다이어트 하기가 쉬워 오랫동안 할 수 있고 기초대사량 저하가 별로 일어나지 않아 요요현상이 잘 일어나지 않는다.

TIP

현재체중을 이용한 에너지 섭취량 계산

K양 : 신장 160cm, 체중 74kg

활동도에 따른 에너지 필요량 = 74 × 30(중등도 활동) = 2,220kcal

감량하고 싶은 만큼 빼준다 : 2,220 − 500 = 1,720kcal(약 1,700kcal)

현재 섭취하고 있는 열량에서 감하는 방법

이 방법은 아주 관대한 방법으로서 체중은 고려하지 않고 현재 섭취하고 있는 에너지를 식품섭취기록법에 의하여 조사한 다음, 총 섭취 열량에서 하루에 500kcal 정도 감해 주는 방법이다.

이 방법은 다이어트를 시작하는 사람에게 최소한의 충격을 주는 방법으로 많이 이용된다. 그러나 다이어트를 시작하는 대부분의 사람들은 자신이 현재 섭취하고 있는 열량을 낮추어 기록하거나 아예 기록하지 않는 경우가 많아 현재 섭취하고 있는 열량이 얼마인지 알 수 없는 경우가 많다. 충분히 대화하여 왜 이러한 방법을 쓰는지 이해시켜야 하며 섭취한 그대로 솔직히 적어야만 성공적인 다이어트가 될 수 있다. 너무 낮게 기록할 경우 총 열량에서 500kcal를 제하면 나머지 열량이 1,000kcal가 안 되는 경우도 있다.

간혹 비만인 중에는 다이어트를 너무 반복하여 기초대사량이 아주 저하되어 실제로 낮은 열량을 섭취하면서도 비만인 사람들이 있다. 이런 경우에는 다이어트를 시작하기보다는 운동을 통해서 기초대사량을 높이거나 당분간 일정량의 식사를 섭취하여 기초대사량을 높인 후 다이어트를 시작해야 한다.

K양의 평상시 하루 섭취 열량

아 침

김밥	1인분(썰어 놓은 것 10개)	400kcal
커피	1잔(크림 + 설탕)	70kcal
아침 합계		470kcal

점 심

돈가스 정식	1인분	700kcal
커피	1잔	70kcal
점심 합계		770kcal

저 녁

밥	1공기	300kcal
쇠고기미역국	1대접	100kcal
꽁치구이	2토막	180kcal
달걀말이	1접시	110kcal
콩나물무침	1접시	50kcal
오이소박이	1/2개	20kcal
저녁 합계		760kcal

야 식

곰보빵	1개	250kcal
우유	1잔	125kcal
야식 합계		375kcal

하루 에너지 섭취량 합계 : 2,375kcal

감량하고 싶은 만큼 감함 : 2,375 − 500 = 1,875kcal

표 4-4 일주일에 0.5kg 감량을 위한 에너지 섭취량 가이드

	상황 및 에너지 계산	에너지 섭취량	에너지 절약장치 가동 여부	장·단점
K양(160cm, 74kg)에겐 어느 방법이 좋을까?	• 다이어트 기간을 1년 이상으로 잡아 차분히 시작하고 싶을 때(아주 관대한 방법) • 현재 섭취하고 있는 에너지 − 500	1,900kcal	에너지 절약장치 가동 안 됨	체중이 다소 느리게 빠져 다이어트에 재미가 없다. 그러나 기초대사율 저하가 일어나지 않아 요요현상이 일어날 확률이 많이 줄어든다.
	• 편안하게 시작하고 싶을 때(관대한 방법) • 현재체중 × 30 − 500	1,700kcal	에너지 절약장치 가동 안 됨	체중은 약간 더디게 빠지나 다이어트하기 쉽다. 기초대사율 저하가 일어나지 않아 요요현상이 일어날 확률이 줄어든다.
	• 요요현상을 일으키지 않는 최저선 • 기초대사량 × 0.9	1,440kcal	에너지 절약장치 가동 안 됨	체중이 빠지는 속도가 적당하면서 요요현상이 일어날 확률이 줄어든다.
	• 비만도가 20% 이상일 때(엄격한 방법) • (조절체중 × 30) − 500	1,200kcal (선택!)	에너지 절약장치 가동	체중은 어느 정도 빨리 빠지나 기초대사율 저하로 살빼기가 힘들어진다. 배고픔을 참다가 나중에 폭식으로 연결될 확률이 증가한다. 요요현상이 일어나기 쉬우므로 운동을 꼭 병행해야 한다.
	• 빠른 체중 감량을 원할 때(가장 엄격한 방법) • (표준체중 × 30) − 500	1,100kcal	에너지 절약장치 가동	체중은 빨리 빠지나 기초대사량 저하로 살빼기가 점점 힘들어진다. 단백질, 비타민, 무기질 결핍이 우려된다. 배고픔을 참다가 나중에 폭식으로 연결될 확률이 증가한다. 요요현상이 일어나기 쉬우므로 운동을 꼭 병행해야 한다.

자료 : 가톨릭대 지역사회 임상영양연구실

キ가 크고
뚱뚱한 남자
1,800kcal

키가 작고
뚱뚱한 남자
1,500kcal

키가 크고
뚱뚱한 여자
1,500kcal

키가 작고
뚱뚱한 여자
1,200kcal

그림 4-4 계산 없이 하는 간단한 에너지 처방량

영양소 배분

체중 감량을 위해서는 식사 열량을 낮추고 영양소 배분은 탄수화물 55~60%, 지방 15~20%, 단백질 20~25% 정도로 해서 단백질 비율을 평소보다 오히려 증가시켜야 한다.

탄수화물

탄수화물은 될 수 있는 대로 복합당질, 즉 도정하지 않은 전곡류(현미밥, 잡곡밥 등), 과일, 채소로부터 섭취한다. 탄수화물을 적게 섭취하면 케톤산 혈중이 생기고 수분 손실이 와서 탈수되기 쉬우며, 탄수화물 식품에 대한 갈구가 일어나 끊임없이 군것질을 하게 된다. 따라서 하루에 최소한 탄수화물 100g은 꼭 먹어야 한다. 탄수화물 100g을 섭취하기 위해서는 식빵 5쪽, 밥 1.5공기, 시루떡 4쪽(200g), 감자 5개, 크래커 25개(170g) 중 하나를 선택하면 된다.

쉬어
가기 밥, 떡, 빵의 진실 게임-그 숨겨진 진실을 밝혀라!

밥 : 뭐니뭐니 해도 내가 제일이지. 한국 사람들은 반
만년 역사 동안 나를 좋아했지. 하루라도 내가 없
으면 못 산다고 아우성이지. 기름기가 자르르 흐
르는 윤기나는 내 모습을 보고 그냥 지나칠 사람
이 있을까?

떡 : 무슨 소리 하는 거야? 네가 무슨 맛이 있기라도
해? 따라오는 반찬이란 친구들이 없으면 한 숟가
락도 힘들잖아? 난 몸이 작아 보여도 내 안에는
많은 밥이 있지. 게다가 예쁜 색깔에 맛있는 고명
까지⋯⋯ 그러니 내가 너보단 훨씬 낫지!

빵 : (코웃음을 치면서) 무슨 소리야? 요즘 젊은이들은 너희들 쳐다보기나 하니? 내
몸은 너무나 부드러워! 너무 달콤해! 난 그들의 입 안에서 살살 녹으면서 입과 혀
를 즐겁게 해주지. 그러니 내가 최고지!

모두 자기가 최고라는 밥, 떡, 빵을 보자. 그들은 우리에게 비슷한 모습으로 다가온다.
전부 곡류의 얼굴을 하고 있고 주식으로도 쓰일 수 있으며 당질이 풍부하다. 그러나 이
들의 실체는 매우 다르다.

우선 밥은 곡식 알갱이로 되어 있고 그 형태가 그대로 살아 있다. 백미는 도정과정에
섬유질이 많이 깎여 나가지만, 현미밥에는 많은 섬유질이 남아 있다. 밥 그 자체에는 맛
이 없으나 바로 그 점 때문에 주변 반찬들을 끌어들인다. 밥을 먹게 될 때 같이 먹게 되
는 국, 생선, 김치, 나물 덕분에 훌륭한 영양 균형을 갖게 된다. 또한 이러한 식단은 지
방으로부터 섭취하는 에너지 비율이 19%밖에 안 된다(권장 비율 : 20% 미만).

그러면 떡은 어떤가? 떡은 밥처럼 쌀로 만들어지나 밥과는 매우 다르다. 밥을 짓이겨
서 만들므로 알갱이 모습은 거의 사라지고, 꽉꽉 다져져서 밥보다 부피가 작아진 치밀
질의 모습을 하고 있다. 우리가 만복감을 느끼는 방법 중의 하나는 위가 팽창되는 것이
다. 위가 팽창되려면 음식의 부피가 커야 한다. 음식의 칼로리로만 배가 부른 것이 아니
다. 따라서 부피가 작은 떡으로 밥과 비슷한 만복감을 느끼게 먹으려면 더 많이 먹어야
한다. 많이 먹다 보면 자연히 칼로리 섭취량이 높아진다. 떡은 대부분 간식으로 먹게 되
는데, 시루떡 1조각이 100kcal이니 2조각만 먹어도 200kcal(밥 2/3공기)가 된다. 앉은
자리에서 떡 2조각 먹기는 얼마나 쉬운가!

빵의 경우를 보자. 빵은 겉은 순한 당질의 모습을 하고 있으나 속은 지방이 가득 들
어 있는, 겉 다르고 속 다른 식품이다. 다만, 지방이 사이사이에 박혀 있어서 그 모습이
눈에 보이지 않을 뿐⋯⋯. 실제로 다이어트한다고 고기를 안 먹는 사람들이 많다. 고기

의 지방은 눈에 띄기 때문이다. 그러나 쇠고기 살코기의 지방 에너지 비율은 20%이나, 비스킷이나 빵의 지방 비율은 50%이다. 빵의 지방 에너지 비율이 고기보다 높다고 어디 상상이나 할 수 있겠는가? 따라서 밥이나 떡과 같은 만복감을 얻기 위해서 빵을 먹다 보면 칼로리를 많이 섭취하게 된다.

여성 비만의 경우 밥은 적게 먹으면서 군것질은 자주 하는 경우가 많다. 그들은 살찌는 것이 싫어서 밥의 양을 줄이고 있지만, 간식으로 빵과 감자스낵 같은 것을 먹는다. 감자스낵의 지방 에너지 비율은 43%로서 빵과 비슷한 수준이고, 만복감도 별로 없어 1봉지 먹기가 훨씬 쉽다. 이런 사람들은 밥을 많이 먹지 않는데도 살이 찐다고 불평한다. 간식으로 채소, 과일이 좋으나 채소, 과일을 아무리 먹어도 달래지 못하는 허전함이 있을 때에는 간식으로 떡이나 빵 대신 차라리 밥을 조금 먹자. 밥 1/3공기에 깨나 소금을 살짝 뿌려 간식으로 먹으면 만복감을 달래기에 좋고 칼로리도 높지 않다.

출처 : 손숙미, 보건소식지, 2003년 봄호

나 혹시 탄수화물 중독은 아닐까?

비만의 원인은 오랫동안 과다한 지방의 섭취 때문이라고 알려져 왔다. 그러나 헬러 (Heller) 박사는 그의 저서인 《탄수화물 중독자들을 위한 다이어트》에서 실제로 비만인의 상당수가 탄수화물을 과잉 섭취하고 있으며, 탄수화물 중독 증세를 보인다고 밝히고 있다. 그러면 어떤 사람들이 탄수화물 중독인가? 그들은 식사, 특히 탄수화물이 풍부한 식사 후에 인슐린이 과잉 분비되면서 지방 합성을 촉진하게 되어 비만과 연결된다. 또한 탄수화물 중독자들은 식후 너무 많은 인슐린 분비로 인하여 식후 1~2시간 후에는 오히려 저혈당에 빠지며 이때 공복감을 느껴 다시 먹게 된다. 즉, 그들이 많이 먹게 되는 것은 심리적인 원인이 아니라 생리적 불균형 때문이다.

탄수화물 중독자들의 특징은 다음과 같다. ① 오후 4~5시경이 되면 피곤해지면서 배가 고프고, ② 밥이나 빵을 많이 먹은 후에는 졸리고 나른해지면서 몸이 무거워져 행동이 굼뜨게 되나, 고기와 샐러드로 식사를 하고 나면 에너지가 솟는 느낌이 들며, ③ 야식을 하지 않으면 잠이 잘 오지 않고, ④ 밤중에 잘 깨고, 뭔가 먹지 않으면 다시 잠들 수가 없다고 불평하는 경우가 많다. ⑤ 밥, 떡, 빵, 국수, 과자, 스파게티, 케이크, 설탕이 든 과자 등을 좋아하며, ⑥ 양식당에서 주 요리가 나오기 전에 빵을 지나치게 많이 먹는 경향이 있고, ⑦ 식사시간이 조금이라도 늦어지면 견디기 힘들어 간식거리를 항상 준비해서 먹으며, ⑧ 과자나, 스낵, 빵 등을 한번 먹기 시작하면 먹는 것을 중단하기가 힘들다.

그러면 탄수화물 중독인 사람들은 어떻게 식사해야 체중 조절을 할 수 있는가? 아침이나 점심을 탄수화물을 거의 배제한 식사, 즉 단백질 위주의 식사를 하여 최대한 인슐린 분비를 줄이면 체중을 줄일 수 있다. 아침과 점심의 저탄수화물 식사는 주로 생선, 닭가슴살, 오리고기, 햄(저지방), 소시지, 해산물, 두부, 달걀 흰자, 우유(저지방), 치즈(저지방), 두유 등에서 2가지 정도 1인분씩 선택하고, 그 밖에 채소샐러드(혹은 나물) 2컵, 블랙커피 등으로 구성하며, 밥, 빵, 떡, 팬케이크, 과일, 과일주스 등은 금지된다. 그 대신 저녁은 탄수화물이 풍부한 식사로 양도 마음껏 먹는다. 단, 저녁은 1시간 안에 식사를 끝내는 것이 좋다. 탄수화물 중독이 있는 사람들은 식사 사이에 될 수 있는 대로 간식을 안 하는 것이 인슐린을 분비시키지 않는다. 아주 작은 양의 간식도 인슐린 분비를 촉진할 수가 있기 때문이다. 그러나 정 힘들면 간식은 하루에 1끼 정도(오후 4~5시경) 단백질 식품으로 하는 것이 좋다.

탄수화물 중독에서 벗어나기 위한 식사의 예

- 아침 : 양념두부 1/5모(혹은 두부전과 양념간장), 저지방우유 1잔, 채소샐러드 2컵(드레싱 1작은스푼), 블랙커피 1잔(혹은 홍차), 생수
- 점심 : 닭가슴살 오븐구이 1토막, 두유 1잔, 김치 1컵, 송이버섯구이 1컵(대 4조각), 생수
- 저녁 : 보통식사와 같음

출처 : 손숙미, 보건소식지, 2004년 여름호

지방

지방은 1g당 9kcal를 내는 고칼로리 영양소로서, 단백질이나 탄수화물이 1g당 4kcal를 내는 데 비해 두 배나 높은 칼로리를 낸다. 따라서 양에 비해 만복감은 적으면서 고에너지를 공급하게 된다.

　고칼로리 식품을 섭취했다고 해서 무조건 배가 부른 것은 아니다. 지방이 농축되어 있는 식품은 맛이 있고 만복감은 별로 없어 자신도 모르는 사이에 고열량을 섭취하게 되는 경우가 많다.

　지방은 전체 에너지의 20~25% 정도가 적당하다. 따라서 하루에 적어도 30~35g 이상의 지방은 섭취해야 한다(1,200~1,300kcal 기준). 지방이라고 해서 모두 나쁜 건 아니다. 불포화지방산이면서 오메가-3 지방산이 풍부한 생선이나 식물성 유지, 호두 · 잣 같은 견과류는 우리 몸에서 소량 필요로 한다.

　실제로 우리는 고기, 생선, 콩 등으로부터 4~18g, 곡류, 과일, 채소로부터 10g 정도는 섭취하므로 조리에 쓰는 옥수수유, 면실유, 콩기름 등은 약 9g(2작은스푼) 정도만 섭취하면 된다. 따라서 튀김, 볶음, 덮밥, 볶음밥 등은 가능한 한 피해야 한다. 튀김 1개를 먹어도 1일 필요로 하는 유지류는 충족이 되는 셈이다.

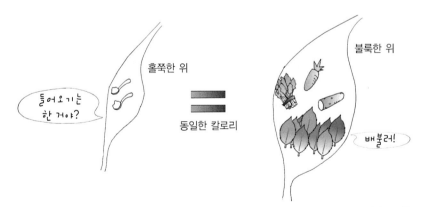

마요네즈 2작은스푼(90kcal)　　　시금치 1단 + 당근 1개 + 오이 반쪽 + 깻잎 20장(90kcal)

그림 4-5 만복감이 낮은 지방 식품과 높은 섬유소 식품

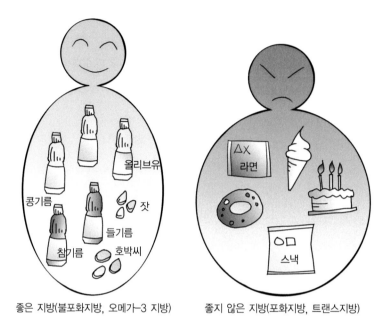

좋은 지방(불포화지방, 오메가-3 지방)　　　　　좋지 않은 지방(포화지방, 트랜스지방)

그림 4-6 좋은 지방과 좋지 않은 지방

단백질

에너지 섭취를 줄일 경우 자칫하면 체단백질이 분해되어 에너지로 사용되기 때문에 단백질로 구성되어 있는 근육조직이 약해지기 쉽다. 특히, 우리 몸의 주요 기관인 간, 심장, 신장 등 내부 장기의 중요한 구성 성분이 단백질이므로, 이러한 내장 단백질이 소모되면 체내 기관이 약해져서 손상을 받기 쉽다.

따라서 저열량식일수록 단백질은 양질로 충분히 섭취해야 한다. 즉, 열량의 20~25%(체중 1kg당 1.2~1.5g)를 단백질로 섭취하는 고단백 식사를 해야 한다.

그러나 단백질 식품은 단백질과 지방이 함께 들어 있는 경우가 많으므로 두부, 두유 등의 콩류, 흰살생선, 난백(달걀 흰자), 닭가슴살, 저지방참치(캔은 지방 함량이 높으므로 체에 밭쳐서 사용)를 통해 단백질을 섭취하는 것이 좋다.

표 4-5 단백질 섭취하기(하루 1,200kcal 기준, 단백질 열량 : 20%)
(1,200 × 0.2 = 240kcal, 240 ÷ 4 = 60g)

식 품	섭취량	단백질 양(g)
밥	1공기	6
빵	1조각	3
닭고기*	1인분 60g	11
생선*	1토막	14
두부*	1/5모	8
저지방우유*	1컵	6
난백*	1개	6
김치	1인분(소접시) 2회	4
바나나	1개	1
오렌지	1개	1
합 계		60

주 : * 하루에 저지방우유 1잔, 난백 1개는 기본(간식으로 섭취), 저녁에는 닭고기, 생선, 두부 중 2가지 섭취(저녁은 고단백식)

알코올

알코올은 에틸알코올의 형태를 띠고 있으며, 주로 간에서 대사되어 1g당 7kcal의 고열량을 내고 지방으로 축적되는 지방 같은 물질이다. 폭음이나 과음 시 과잉 열량 섭취의 원인이 되어 비만으로 연결되며, 함께 곁들여 먹는 안주 때문에 더욱 고열량을 섭취하게 된다.

술은 열량만 있고, 포도주 같은 과일주를 제외하고는 다른 영양소는 거의 없다. 알코올이 분해되는 동안에는 체지방 연소를 억제하는 방해꾼 역할을 한다. 따라서 알코올은 아주 조금 섭취하거나 하지 않는 것이 좋다. 그렇지만 꼭 섭취할 경우에는 플라보노이드가 풍부하여 튼튼한 혈관 유지에 좋

그림 4-7 우리는 친구

은 적포도주 종류를 여자는 하루에 1잔, 남자는 하루에 2잔 이하를 마시는 것이 좋다.

비타민·무기질

비타민·무기질은 식품 속에 소량 함유되어 있으면서 대부분이 우리 몸에서 합성이 되지 않으므로 건강 유지를 위해서 반드시 섭취해야 한다. 다이어트 시에는 섭취하는 식품의 종류와 양이 감소되면서 우리 몸은 충분한 비타민, 무기질을 공급받기가 어렵다. 특히, 1,200kcal 미만으로 섭취하게 되면 각종 비타민, 무기질이 결핍되기 쉽다. 다이어트 기간 동안에도 체지방 분해는 왕성히 일어나야 하고 노폐물 대사도 원활해야 하므로, 비타민·무기질 필요량은 감소되지 않고 오히려 충분히 섭취해야 한다.

　비타민·무기질은 동물성 식품에도 포함되어 있으나 과일이나 채소에 풍부하게 들어있다. 따라서 채소와 과일은 하루 6회 이상(1일 김치 2회, 녹황색 채소 2회, 과일 2회) 섭취하는 것이 좋으며 자신이 없는 경우에는 비타민·무기질 정제를 섭취해야 한다.

식이섬유소

식이섬유소란 식물에 함유되어 있는 셀룰로오스나 펙틴 등 인간의 소화효소로 분해되지 않아 인체 내에서 소화, 흡수되지 않고 그대로 배설되는 물질을 말한다. 식이섬유소는 열량을 내거나 신체대사를 조절하는 역할은 하지 못하므로 예전에는 쓸모 없는 영양소로 생각되었다. 그러나 섬유소가 체내에서 물을 흡착하여 부풀어올라 만복감을 주고 장 내에서 콜레스테롤, 지방과 결합한 다음 몸 밖으로 배출시킨다고 알려지면서 배불리 먹고 싶으나 비만이나 고지혈증 등의 성인병에 걸리고 싶지 않은 현대인들의 욕구에 들어맞는 웰빙 영양소가 되었다.

　식이섬유소는 동맥경화증, 당뇨병, 장 질환 등의 예방과 같은 다양한 효능을 가지고 있기 때문에 현재는 제6의 영양소로 각광받고 있다.

　식이섬유소는 하루에 음식으로 25~30g 섭취하는 것이 좋다. 현미밥, 현미빵, 보리빵 등의 통곡식, 대두류나 버섯류, 채소·과일(샐러드보다는 나물, 과일주스보다는 통과일이 좋음), 미숫가루, 생식, 감자 등의 간식, 김이나 미역국 등을 통해 식이섬유소를 섭취할 수 있다.

TIP

식이섬유소의 일반적인 기능

- 위장관 내에서 부풀어올라 만복감을 주며 식욕을 억제하는 효과
- 대변 용적을 20~30% 증가시키고 부드럽게 하여 변비, 대장벽 염증, 충수염 등 예방
- 장내 연동운동 촉진 및 장내 체류시간을 단축
- 발암물질을 흡착하여 대장암을 예방
- 당분의 급격한 흡수를 막고 탄수화물 대사에 영향을 주어 비만 예방과 당뇨병에 도움
- 담즙산과 담즙 내 콜레스테롤을 흡착, 혈중 콜레스테롤과 중성지방 농도를 저하시켜 고지혈증, 동맥경화, 담석 등에 효과
- 장내 유익균의 활동을 돕고 유해균의 활동을 억제
- 각종 독성물질이 체내에 흡수되는 것을 예방
- 혈압 강하에 효과, 각종 비타민과 무기질의 흡수를 낮춤

물

우리 몸의 60~70%는 물로 구성되어 있다. 물은 우리 몸에서 세포외액, 내액의 중요 구성 성분이며, 노폐물을 씻어 내는 역할을 한다. 우리 몸에서 일어나는 거의 모든 대사과정이 물을 매개로 하여 일어나므로 물을 충분히 마신다는 것은 신체의 신진대사를 촉진하게 되어 에너지를 쓰기 쉬운 몸으로 만들어 준다. 한편으로 충분한 물을 섭취하는 것은 배고픔을 줄여 줌으로써 다이어트에도 도움이 되며, 다이어트 시 체단백 분해로 생기는 노폐물을 몸 밖으로 배출하는 데도 필요하다.

우리 몸에서 하루에 배설하는 물의 양은 호흡, 피부, 대변, 소변을 통하여 약 2L이다. 따라서 하루에 2L 이상의 물이 몸으로 들어와야 한다. 우리가 식품을 통해 마시는 물이 0.7L, 몸의 대사과정에서 합성되는 물이 0.3L이므로 나머지 1L의 물은 마시는 것이 좋다. 즉, 하루에 6~7컵의 물을 마셔야 한다.

거짓 배고픔 그 은밀한 유혹

몸이 생리적인 과정을 위해 더 많은 에너지와 영양소를 필요로 할 때 우리는 배고픔을 느낀다. 그러나 많은 경우 사람들은 배고픔과 식욕을 혼동한다. 엄밀히 말해서, 식욕은 뇌가 음식이 필요하다고 느끼는 심리적인 과정으로서 배고픔보다는 맛있는 음식이 지금 눈앞에 있다든지 스트레스, 무료함, 외로움 등의 외부적인 요인이 더 많이 작용한다. 미국 주부들을 대상으로 조사한 결과, 배가 고플 때보다도 따분하고 외롭고 심심할 때 냉장고 문을 더 자주 연다고 한다.

사람들은 목이 마를 때도 배가 고프다는 착각을 하게 된다. 다이어트를 할 때에도 사람들은 배고픔을 호소한다. 그러나 이때 대부분은 목이 마른 것이지 배가 고픈 것이 아니다. 입에 무언가 넣고 싶어질 때 냉장고로 걸어가면서 자신의 배에 귀를 기울여 보자. 그리고 그것이 진짜 배고픔인지 거짓 배고픔인지 알아내자. 냉장고 문을 여는 대신에 부엌에 항상 물을 많이 비치해 두고 얼음을 가득히 넣어(이때 생수기가 있으면 더욱 좋다) 큰 잔으로 물을 마셔 보자. 갈증이 가시고 나면 배고픔이 거짓말처럼 사라지는 경우가 많다.

K양은 직장인이다. 그녀는 일을 마치고 막 귀가하면 배가 고파 죽을 지경이 되어 냉장고로 달려간다. 5분 안에 저녁을 먹지 않으면 허기가 져서 쓰러질 것 같은 심정이다. 이때 사실 그녀는 배가 고픈 것이 아니라 직장에서 받은 스트레스를 빨리 음식으로 달래고 싶은 마음이 간절한 것이다. 그녀는 냉장고로 걸어가는 동안 곰곰이 생각해 본다. 나는 배가 고픈 것인가? 물이 마시고 싶은 것인가? 차가운 물을 한 잔 마시고 나자 허기가 훨씬 가셨다. 따뜻한 물로 샤워한 후에 또 한 잔의 물을 마셨더니 이제 저녁시간까지 느긋하게 기다릴 수가 있었다. 그 후 직장에서도 그녀는 힘이 들 때마다 물을 조금씩 마셨더니 훨씬 군것질이 줄어들었다.

물은 식전, 식후뿐만 아니라 보통 때도 생수병을 가지고 다니면서 조금이라도 갈증이 나면 마시는 것이 좋으며, 특히 운동 시에는 갈증이 나지 않아도 30분마다 물을 마셔 탈수를 막아 주어야 한다.

출처 : 손숙미, 보건소식지, 2003년 여름호

끼니에 따른 식사 배분

하루에 가장 이상적인 끼니 횟수는 세 끼의 식사와 두 끼의 간식을 섭취하는 것 혹은 끼니를 5번으로 나누어 먹는 것이다. 식사 간격은 2시간 반~3시간을 넘지 않도록 한다. 이때 간식은 100kcal 정도로 하여 두유 혹은 우유 1잔, 저지방요구르트 1개, 난백(삶은 달걀흰자) 1개, 감자 1개, 고구마 1/2개, 과일 1개 중에서 선택한다.

식사 사이의 간격이 커지면 배가 고프게 되고, 그 다음 식사를 과식하게 된다. 배고픈 상태가 계속되면 우리 몸은 기초대사율이 저하되면서 에너지를 덜 쓰는 엔진으로 바뀐다. 오랜 공복 후에 과식하면 혈당이 급격히 상승되고 이에 따라 인슐린 분비가 늘어나며 지방 합성이 더 촉진되어 체내에 쌓이게 된다.

기초대사율은 아이러니컬하게도 우리가 섭취하는 식사에 의해 촉진된다. 우리가 섭취한 음식은 우리에게 에너지를 더해 주지만 한편으로는 우리 몸을 에너지 잘 쓰는 기계로 바꾸어 준다. 그러므로 배고픈 것을 참지 말고, 조금씩 자주 새처럼 먹어야 한다. 그러나 아무 때나 먹지 말고 시간을 정해 두고 그때만 먹는 습관을 들여야 한다. 조금씩 자주 먹는 습관을 가지면 에너지 측면에서는 큰 도움이 안 될지 모르나 배고플 땐 먹을 수 있다는 자유를 만끽하게 되고, 먹으면 안 된다는 강박관념에서 벗어날 수 있다. 저녁은 6시 이전에 먹고 아침 : 점심 : 저녁의 비율은 3 : 2 : 1로 하는 것이 좋다. 아침에는 기초대사율을 촉진시켜 에너지 소모를 도와주지만, 저녁에는 기초대사율이 저하되며, 특히 10시 이후 섭취한 음식은 체내에서 더욱 잘 저장된다.

TIP

1,200kcal의 식사 배분

- 아침 : 450kcal(밥 2/3공기 200kcal + 반찬 250kcal), 간식 : 100kcal
- 점심 : 350kcal(밥 2/3공기 200kcal + 반찬 150kcal), 간식 : 100kcal
- 저녁 : 200kcal(밥 1/3공기 + 반찬 100kcal)

표 4-6 식이섬유소 함량이 높은 3일치 식단

구 분	1일		2일		3일	
아 침	물 1잔	0	물 1잔		물 1잔	0
	잡곡밥 2/3공기	200	잡곡밥 2/3공기	200	잡곡밥 2/3공기	200
	미역국 1그릇	30	맑은콩나물국 1그릇	30	된장국 1그릇	30
	김구이 2장	30	가자미구이 1토막	70	양배추쌈(1/4개)	50
	시금치나물 1접시	80	김구이 2장	30	깍두기	30
	삼치구이 1토막	80	양상추 4장(쌈장)	40	조기구이 1마리	70
	깍두기	30	도토리묵무침 1/2개	50	김구이 2장	30
	물 1잔	0	배추김치 1/2접시	30	마늘장아찌	40
			물 1잔	0	물 1잔	0
	총 450kcal		총 450kcal		총 450kcal	
오전 간식	저지방우유 1잔	100	저지방우유 1잔	100	저지방우유 1잔	100
점 심	물 1잔	0	물 1잔	0	물 1잔	0
	잡곡밥 2/3공기	200	채소비빔밥(밥 2/3공기)	200	잡곡밥 2/3공기	200
	콩자반 1작은접시	30	오이, 당근, 콩나무, 취나물,		깻잎쌈	50
	송이버섯조림	70	상추, 참기름, 고추장	120	도라지생채 1접시	60
	김구이(2장)	30	맑은콩나물국 1그릇	30	잔멸치조림(소) 1접시	40
	배추김치 1/2접시	30	물 1잔	0	물 1잔	0
	물 1잔	0				
	총 360kcal		총 350kcal		총 350kcal	
오후 간식	삶은 고구마(소) 1개	70	삶은 달걀 1/2개	50	삶은 감자(소) 1개	70
	열무물김치	30	방울토마토	50	열무물김치	30
			녹차	0		
	총 100kcal		총 100kcal		총 100kcal	
저 녁	물 1잔	0	물 1잔	0	물 1잔	0
	삶은 두부 1모	100	삶은 감자 1개(주먹크기)	100	잡곡밥 1/3공기	100
	간장소스	10	미역국 1그릇	30	두부 1조각	20
	열무김치 1접시	30	열무김치 1/2접시	30	다시마쌈	50
	삶은 당근 1개	20	생오이(쌈장) 2개	40	배추김치 1/2접시	30
	생오이 2개	40	물 1잔	0	물 1잔	0
	물 1잔	0				
	총 200kcal		총 200kcal		총 200kcal	
하 루	총 칼로리 1,210ckal		총 칼로리 1,200ckal		총 칼로리 1,200ckal	

쉬어 가기 칼로리 다이어트 시작, 식사량을 2/3로 줄이자

기본적인 생활을 유지하기 위해서는 하루 1,200~1,500kcal가 필요하다. 한 끼니당 남자는 500kcal, 여자는 400kcal를 섭취해야 한다. 하지만 밥 한 공기는 300kcal 정도이기 때문에 밥만 먹어도 하루 필요한 열량의 대부분을 섭취하게 된다. 밥만 먹고 반찬을 줄이면 영양의 불균형을 초래하므로, 칼로리를 줄이려면 모든 식사량을 지금보다 $\frac{2}{3}$ 수준으로 낮춰야 한다.

모든 영양소를 골고루 섭취하자

칼로리 다이어트의 포인트는 총 칼로리 섭취량을 줄이는 것과 동시에 우리 몸에 필요한 영양소가 고루 포함된 식단으로 균형잡힌 영양을 섭취하는 것. 체중 감량을 위해서 칼로리가 낮고 포만감을 주는 채소류나 해조류를 주로 섭취하게 된다. 그러나 이들 식품은 우리 몸에 유익한 여러 가지 영양소가 많이 들어 있지만 단백질이나 지방 등 우리 몸에 꼭 필요한 영양소가 결핍될 수 있다. 따라서 밥 양을 줄이는 대신 단백질이 풍부한 두부나 생선을 꼭 곁들여 먹어서 칼로리는 낮추되 매 끼니마다 단백질과 비타민, 무기질 등 필수 영양소를 고루 섭취하도록 한다.

출처 : 임경숙(칼로리다이어트), 여성동아, 2010년 6월호.

DIET&
HEALTH

행동수정요법

행동수정요법은 비만의 원인이 되는 잘못된 식행동이나 생활습관을 고치고, 또한 주변환경까지 개선하는 것이다. 행동수정요법을 통해 칼로리 섭취에 관련된 식습관과 칼로리 소비에 관련된 생활습관을 개선하는 것은 체중을 줄일 때에도 중요할 뿐만 아니라 감량된 체중을 유지하고 요요현상을 방지하는 데는 더욱 필수적이다. 다시 말해, 행동수정요법은 비만 치료에 필수적이며 가장 효과적인 방법이라 할 수 있다.

행동수정요법

알 아 두 기

행동수정요법과 인지 · 행동요법

행동수정요법의 최종 목표
- 식습관을 개선하여 식사 섭취량을 자연스럽게 스스로 조절할 수 있게 한다.
- 잘못된 생활습관을 고쳐서 신체 활동량을 늘릴 수 있도록 한다.
- 비만한 사람이 체중 감량과 유지에 성공하여 활발하고 건강하게 생활할 수 있도록 한다.

행동수정요법의 기본 이론
- 식행동과 운동습관을 바꾸면 체중 감량이 가능하다.
- 식행동과 운동습관은 학습된 행동이므로, 학습에 의해 변화시킬 수 있다.
- 개선된 식행동과 운동습관을 꾸준히 유지하려면 주위환경도 개선되어야 한다.

인지 · 행동요법
비만에 관련된 식행동이나 운동 행동을 개선할 뿐만 아니라, 식행동이나 운동에 대한 인식, 식사와 음식에 대한 태도, 운동에 대한 태도, 식사나 운동을 하는 과정에서 느끼는 감정까지 변화시켜야 한다는 비만의 새로운 치료 전략이다.

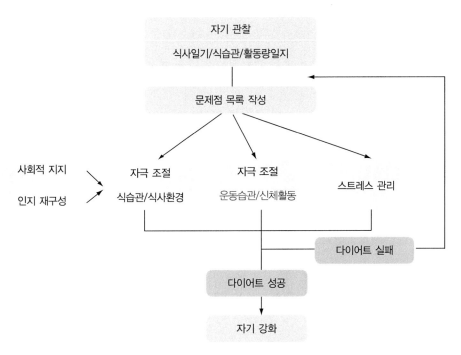

그림 5-1 다이어트 성공을 위한 행동수정요법

자기 관찰

자기 관찰은 비만을 유발하는 습관을 찾아내기 위해 먹는
습관과 운동습관을 자신이 직접 기록하면서 관찰하는 것
이다.

자기 관찰을 통해 자신의 문제 행동 중에서 변화할 수
있는 사항을 찾아낼 수가 있으며, 또 문제가 되는 행동을
효과적으로 개선할 수 있다. 또한 체중 변화를 기록하여
식습관과 운동습관이 제대로 개선되고 있는지 알 수 있다.

식사 일기 쓰기

식사 일기는 자신의 먹는 행위에 관련된 잘못된 점을 깨닫는 중요한 계기가 된다. 따라서 식사 일기는 반드시 그날 중에 기입하는 것이 중요하다. 결과에 관한 자기 평가도 그날 중에 하는 것을 원칙으로 한다.

표 5-1 식사 일기의 예

시 간	장 소	음식·음료/양	상 황	목 적	동반 행동	배고픈 정도*	기 분	개선점
오전 11시	제과점	크림빵 1개 팥빙수 1그릇	친구와 만남	사교	대화	1	우울 했다	친구와 만나는 장소를 공원으로 바꾸기

주 : * 배고픈 정도를 1, 2, 3으로 표시(1 : 배고프지 않았음, 2 : 약간 배고팠음, 3 : 매우 배고팠음)

비만 식습관과 식행동 평가

비만하게 하는 식습관이 있는지, 문제가 되는 식행동이 있는지 자기 자신을 평가해 본다. 표 5-2는 비만한 사람의 식행동과 식습관을 관찰하여 만든 것이다.

평소 무의식적으로 하게 되는 식습관과 행동을 꼼꼼히 점검하고 문제의 식행동을 알아보도록 한다.

알 아 두 기

꼭 식사 일기에는 무엇을 적을까?

식사 일기에는 무엇을 적을까?

먹은 음식의 이름과 양
메뉴는 되도록 자세히, 각각의 식품명도 자세히 기록
예 : 더블치즈버거(햄버거 고기, 치즈 2장, 토마토, 상추)

식사시간
식사 시작 시각과 종료 시각 기록

장 소
구체적으로 표시(싱크대 앞, 식탁 등)

섭취 상황
과자가 식탁에 놓여 있어서, 빵 냄새가 좋아서, 친구가 권해서 등

누구와 함께 식사했는가?
혼자서, 친구와 함께 혹은 가족과 함께

음식 섭취 목적
배가 고파서, 친구(또는 가족)와 사교하기 위해, 스트레스 해소를 위해, 심심해서, 음식이 있어서 등

동반 행동 : 무엇을 하면서 식사했는가?
식사만 했다, TV나 신문을 보면서 했다, 가족 · 친구와 대화 등

먹기 시작할 때의 배고픈 정도
배가 매우 고팠다, 배가 조금 고팠다, 배가 고프지 않았다, 배가 조금 불렀다, 배가 매우 불렀다 등

음식을 먹을 때의 기분
매우 즐거웠다, 그저 그랬다, 우울했다 등

개선점
하루 동안의 식생활을 돌아보고 구체적으로 제시

표 5-2 비만 식습관과 식행동 평가

다음의 질문에 해당하는 곳에 ∨표 해주십시오.	항 상	자 주	가 끔	전 혀
1. 아침식사를 한다.	10	7	4	0
2. 저녁 식사량이 아침이나 점심식사보다 많다.	0	4	7	10
3. 일정한 시간에 식사를 한다.	10	7	4	0
4. 여러 사람과 함께 식사를 하면, 대부분 내가 제일 먼저 식사를 끝낸다.	0	4	7	10
5. 바쁜 경우 다른 일을 하면서 라면, 햄버거나 배달요리로 대충 때우는 경우가 많다.	0	4	7	10
6. 배가 고프지 않아도 좋아하는 음식이 있으면 먹는다.	0	4	7	10
7. 냉장고를 열면 무언가 하나라도 먹게 된다.	0	4	7	10
8. 뷔페식당에서는 모든 음식을 조금씩 맛보는 버릇이 있다.	0	4	7	10
9. 갈증이 나면 물보다는 주스나 콜라 같은 것을 마신다.	0	4	7	10
10. 맛있는 음식이 있으면 배가 불러도 계속 먹는다.	0	4	7	10

합계 (   )점

평 가
• 80점 이상 : 좋은 식습관을 가지고 있습니다. 좋은 식습관을 유지할 수 있도록 계속 노력하시기 바랍니다.
• 79~60점 : 조금만 노력하신다면 좋은 식습관을 가질 수 있습니다. 당신의 잘못된 식습관을 고칠 수 있도록 노력하세요.
• 59점 이하 : 많이 개선되어야 하는 식습관입니다. 좋은 식습관을 가질 수 있도록 열심히 노력하시기 바랍니다. 좋은 식습관은 귀하의 건강 증진에 많은 도움이 됩니다.

체중 변화 기록

체중 변화를 고려해 매일 정해진 시간에 체중을 측정하여 기록한다. 체중 그래프를 그리면 체중 변화를 한눈에 파악할 수 있어 효과적이다. 체중 감량을 위한 식사나 운동이 적절하게 이루어지고 있으면 그래프는 규칙적으로 변화된다. 그러나 식사 행동에 혼란이 있으면 그래프의 모양은 파동이 치듯이 올라갔다 내려갔다 한다.

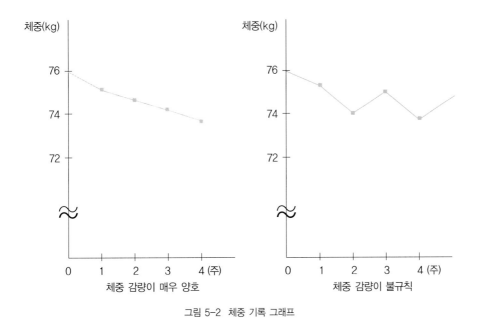

그림 5-2 체중 기록 그래프

체중 그래프는 체중이 적절하게 감소되고 있는지 판단하는 데 도움을 준다. 따라서 체중 감량 성공 후에도 추후 관리를 위해 체중 기록을 계속하는 것이 좋다. 체중 기록 그래프를 통해 체중이 증가하는 시기의 식행동을 분석하면, 문제 행동을 쉽게 파악할 수 있다.

문제점 목록 작성

자기 관찰에서 나타난 좋지 않은 행동, 고쳐야 할 행동에 대해 순위를 정하고, 이에 대한 해결 방안을 구체적으로 기록해 본다. 고쳐야 하는 나쁜 식습관에는 ① 식사 속도가 너무 빠르다, ② 밤참을 자주 먹는다, ③ TV를 볼 때면 스낵을 먹는다, ④ 아침을 자주 거른다, ⑤ 피곤하면 배고프지 않아도 간식을 먹는다 등이 있다.

TIP

고쳐야 할 나의 나쁜 식습관은 무엇일까?

• 영화관람을 할 때 꼭 먹으면서 본다.

• 밤참을 자주 먹는다.

•

•

•

•

•

TIP

빠르게 식사하는 습관을 고치기 위한 방법

1. 적어도 음식을 15번 이상 씹는다.

2. 한 종류 음식을 씹을 때, 삼키기 전에 다름 음식을 입에 넣지 않는다.

3. 음식을 씹을 때에는 숟가락이나 젓가락을 식탁 위에 내려놓는다.

4. 대화에 적극적으로 참여한다.

5. 식사시간을 여유 있게 잡는다.

자극 조절

사람들은 흔히 파티나 명절 등 맛있는 음식을 만나게 되는
특수 상황 때문에 비만해진다고 말한다. 물론 이때 과식
을 하거나, 자포자기한 심정으로 폭식을 하게 되면 비만
이 된다.

　하지만 맛있는 음식이 있다고 해서 파티에 모인
사람이 모두 과식을 하는 것은 아니다. 음식을 즐
기는 대신, 대화를 하거나, 다른 친구들이 무엇을

먹는지 관찰하는 등 다른 방법으로 모임 자체를 즐기는 사람들이 얼마든지 있다.

이렇게 생리적으로 배가 고프지 않음에도 불구하고 계속 음식을 먹게 하는 내적·외적 자극 요인을 개선하려면 어떻게 해야 할까?

과식이나 폭식을 예방하기 위한 자극 조절

자극 조절의 중요성
- 섭취 행동을 본인 스스로 조절하지 못하고, 외부 자극에 의해 영향을 받는 체질일수록 비만하기 쉽다.
- 음식 섭취를 자극하는 모든 요인들을 차단하여, 음식 섭취 기회를 줄이는 것이 필요하다.
- 식품을 구매할 때뿐만 아니라, 음식을 조리할 때, 식품 보관장소 등 모든 요인을 고려해야 한다.
- 충동적으로 음식을 섭취하게 되거나 과식하게 되는 장소나 환경을 생각해 본다.

폭식을 조절하기 위한 방안
- 식품을 구매할 때 폭식을 유발하는 식품을 사지 않으려면 어떻게 하는 것이 좋은지 생각해 본다.
- 모임이나 명절 때에는 식품 섭취량을 조절할 수 있는 전략을 써 본다.
- 외식할 때의 식사 조절 전략을 써 본다.
- 열량이 높은 식품을 눈에 띄지 않게 관리할 방법들을 생각한다.
- 과식했을 때와 적당히 먹었을 때의 느낌을 비교해 본다.

환경 개선을 통한 과식 예방법

가정에서

- 음식은 오직 부엌에만 둔다.
- 음식은 식탁에서만 먹는다.
- 정해진 식사시간에만 음식을
  먹도록 한다.
- 모든 음식은 눈에 띄지 않게
  보관한다.
- 냉장고에는 언제나 쉽게 먹을
  수 있도록 신선한 과일과 채소
  를 넣어 둔다.
- 식사시간에는 항상 음식을 남기도록 한다.
- 되도록 작은 접시에 담아 먹는다.
- 반찬은 각 개인 접시에 제한된 양만 담는다.
- 식사 후에는 식탁 위에 음식을 즉시 치운다.
- 식품은 냉장고나 선반 등 정해진 장소에 보관한다.
- 내용물이 보이지 않는 불투명한 용기에 음식을 보관한다.

시장에서

- 시장에 갈 때에는 꼭 사야 할 식품의 목록과 양을 적어 가지고
  간다.
- 예산에 맞추어 꼭 필요한 돈만 들고 간다.
- 배가 고픈 상태에서 시장에 가지 않도록
  한다.
- 과식을 유발하는 문제의 음식은 구매하지
  않는다.

- 반드시 조리를 해야만 먹을 수 있는 식품 위주로 구입한다.
- 가공식품, 반가공식품, 패스트푸드는 절대 사지 않는다.
- 신선한 과일을 자주 구매한다.
- 시식 코너 주변에는 가지 않는다.
- 후각적인 자극을 받지 않도록 한다(예 : 빵집 앞을 지나가지 않는다).

파티에서

- 과식을 유발할 모임이나 행사에는 가능한 한 참여하지 않도록 피한다.
- 만일 참석해야 한다면 미리 '한 접시만 먹겠다' 등 음식 섭취량을 정하여 과식하지 않도록 한다.
- 미리 음식을 조금 먹고 참석하여, 맛있는 음식을 보아도 현혹되지 않도록 한다.

- 음료나 술도 의외로 칼로리가 높으므로, 저칼로리 음료(생수, 레몬에이드, 홍차 등)를 선택한다.
- 동반자에게 협조를 구해 대화시간을 많이 갖도록 한다.
- 조금 일찍 파티 장소에서 나와 귀가하는 습관을 갖는다.

먹는 충동을 줄이려면 어떻게 해야 할까?

식탁 근처 가지 않기

식탁에 가서 앉으면 저절로 무엇인가 먹고 싶어진다. 식사시간
이외에는 식탁이나 부엌 근처에는 가지 않는다.

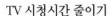

TV 시청시간 줄이기

TV를 보면 음식 선전에 유혹을 받게 된
다. 또 TV를 보면서 음식을 먹으면 자신
도 모르는 사이 과식할 우려가 높다.

오후시간은 활동적으로

심심하고 지루하면 음식 생각이 난다. 특히, 오후시간은 피곤하기
도 하고, 지루하기 때문에 간식을 먹게 된다. 그러므로 오후시간
이 즐겁고 빠르게 지나갈 수 있도록 즐거운 음악을 듣거나 일에
열중하거나 운동을 하도록 시간표를 짠다.

친교 활동은 활기차게

가족이나 친구와의 모임을 식사 중심이 아
니라, 몸을 움직이는 게임이나 운동시합 등
을 계획하여 활동시간을 늘린다.

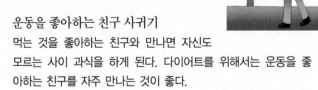

운동을 좋아하는 친구 사귀기

먹는 것을 좋아하는 친구와 만나면 자신도
모르는 사이 과식을 하게 된다. 다이어트를 위해서는 운동을 좋
아하는 친구를 자주 만나는 것이 좋다.

먹기 전에 잠시 생각하기

배가 고프지도 않은데도 음식을 습관적으로 먹는 때가 있다. 음식을 보면 잠시 멈추고 생각부터 한다.

먹는 것을 미루어 보기

무언가가 먹고 싶은 생각이 들 때는 당장 먹지 말고 다른 활동을 하면서 먹는 것을 한번 미루어 본다. 10분이 지난 후에도 먹고 싶은 생각이 있으면 그때 먹기로 한다.

나를 위한 시간 갖기

하루 일과에서 나를 위한 시간을 계획한다. 소설을 읽거나 따뜻한 물로 목욕을 하는 등 긴장을 풀고 스트레스를 줄이도록 한다.

잠은 충분히

충분한 수면은 아침식사를 제대로 하게 하고, 낮에 활기 있게 움직이게 한다. 수면 부족으로 나른하고 피곤하면 자신도 모르는 사이 음식 섭취량이 늘어나므로 조심해야 한다.

스트레스 관리

스트레스(stress)란 캐나다의 생물학자 한스 설레(Hans Selye)가 처음 사용한 것으로 인체에 해로운 반응을 유발할 수 있는 어떤 자극을 말한다. 다이어트에 성공하려면 이 스트레스의 관리가 매우 중요하다. 스트레스는 일상생활에서 쉽게 발생할 수 있으며, 통제할 수 없을 정도로 심한 과식을 유발시킬 수 있기 때문이다. 편안한 장소를 찾거나, 명상이나 이완요법 등을 통해 스트레스를 경감시키도록 노력해야 한다. 또한 스트레스를 받을 때에는 음식을 가까이 두지 않도록 한다.

> **TIP**
>
> **나에게 알맞은 스트레스 해소법은 무엇일까?**
> - 친구와 대화
> - 음악감상
> -

스트레스 관리를 위한 명상법

준비운동

명상을 하기 전에 온몸을 풀어 준다. 근육을 푸는 것이다. 서서 발을 어깨 너비로 벌리고 발뒤꿈치를 든다. 온몸에 힘을 빼고 뒤꿈치를 든 상태에서 몸을 부들부들 털어 준다. 이때 뒤꿈치가 땅에 닿지 않도록 한다. 종아리가 당기기도 하는데, 이 고비를 넘기면 시원하게 근육이 풀리는 느낌이 온다. 10분 정도 하도록 하고, 눈은 감거나 또는 뜨고 해도 괜찮다.

명상법

한쪽 발바닥만 다른 편 다리 위에 얹는 자세로 반가부좌로 앉는다. 손바닥을 위로 해서 무릎 위에 올린다. 눈을 감고 허리를 곧게 편 후, 조용히 5~10분간 단전 호흡을 한다.

스트레스 지수

슬픈 일뿐만 아니라 좋은 일들도 때로는 스트레스로 작용하게 된다. 이 스트레스를 정량화한 방법이 스트레스 지수이다. 최근 6개월 내지 1년 동안 경험한 사건들을 가중치에 따라 점수로 환산하여, 200점이 넘으면 조만간 질병을 일으킬 위험이 높은 편으로 판정한다.

표 5-3 스트레스 지수

항 목	가중치 점수	체 크
배우자의 죽음	100	
이혼	73	
별거	65	
유치장이나 다른 기관에 구류되거나 격리 / 가까운 가족의 죽음	63	
중요한 사람의 상해나 질병	53	
결혼	50	
직장에서 해고	47	
부부간의 화해 / 직장에서 은퇴	45	
가족의 건강이나 행동에서의 중요한 변화	44	
임신	40	
성생활의 어려움 / 출산, 입양, 다른 가족과 같이 살게 됨	39	
중요한 사업의 변화(합병, 구조조정, 파산 등)	39	
재정상태의 중대한 변화	38	
가까운 친구의 죽음	37	
장래 진로 수정	36	
배우자와 논쟁	35	
1,000만 원 이상 고액 부채	31	
직장에서 책임감의 중대한 변화(승진, 좌천, 전근 등)	29	
딸이나 아들이 집을 떠남(결혼, 대학 진학 등) / 법률적인 문제	29	
정상적인 학업을 시작하거나 그만둘 때	26	
개인적인 습관 교정	24	
이사 / 전학	20	
여가 활동의 변화	19	
사회 활동의 변화(모임, 춤, 영화, 방문 등)	18	
1,000만 원 이하 소액 부채	17	
잠버릇 변화	16	
가족 수 변화 / 다이어트 / 휴가	15	
크리스마스	12	
경범죄(교통법규위반, 소란죄 등)	11	

합계 (   )점

심리적 스트레스

심리적 스트레스가 평균 수준 이상으로 판정된 사람은 무리
하지 않아야 한다. 특히, 경고 수준인 사람은 학업이나 근무
중간중간에도 5분 정도 휴식하거나, 기분 전환 등이 필요하
다. 또 하루 한 번 15분 정도는 업무를 완전히 잊는 이완훈련
을 통해 심리적인 피로를 풀어야 한다.

최근 1개월 동안 아래 항목에 대해 어느 정도 느끼고 있었
는지 해당되는 번호에 V표를 해본다. 총 합계 0~5점은 특별히 문제 없음, 6~12점은
성인 남녀의 평균 수준, 13~19점은 약간의 주의가 필요함, 20점 이상은 상당한 주의 또
는 의사와의 상담이 필요한 것으로 판정된다.

표 5-4 심리적 스트레스 평가표

항 목	항 상	자 주	가 끔	전 혀
1. 매우 긴장하거나 불안한 상태가 되었다.	3	2	1	0
2. 기분이 매우 동요되었다.	3	2	1	0
3. 사소한 일에 매우 신경질적이 되었다.	3	2	1	0
4. 소모감, 무기력감을 느꼈다.	3	2	1	0
5. 침착하지 못하다.	3	2	1	0
6. 아침까지 피로가 남고, 일에 기력이 나지 않았다.	3	2	1	0
7. 화가 나서 자신의 감정을 억제할 수 없었다.	3	2	1	0
8. 생각지도 못한 일 때문에 곤욕을 치렀다.	3	2	1	0
9. 심각한 고민이 머리에서 떠나지 않았다.	3	2	1	0
10. 모든 일이 생각대로 되지 않아 욕구 불만에 빠졌다.	3	2	1	0
11. 모든 일에 집중할 수가 없다.	3	2	1	0
12. 남 앞에 얼굴을 내미는 것이 두려웠다.	3	2	1	0
13. 남의 시선을 똑바로 볼 수 없다.	3	2	1	0
14. 똑같은 실수를 반복했다.	3	2	1	0
15. 가족이나 친한 사람과 함께 있는 시간도 편안하지 않았다.	3	2	1	0

합계 (   )점

신체적 스트레스

스트레스는 부신피질 호르몬과 아드레날린을 분비시키고, 교감신경계를 자극한다. 따라서 스트레스를 받게 되면 혈관이 위축되어 혈액순환이 잘 되지 않고, 위장 운동이 둔해지면서 소화기 장애도 나타난다. 따라서 장기간 스트레스에 시달리게 되면 신체에 여러 가지 징후가 나타나게 된다.

　최근 1개월 동안 아래 항목에 대해 어느 정도 느끼고 있었는지 해당되는 번호에 V표를 해본다. 총 합계 0~5점은 특별한 문제 없음, 6~12점은 성인 남녀의 평균 수준, 13~19점은 약간의 주의가 필요함, 20점 이상은 상당한 주의 또는 의사와의 상의가 필요한 것으로 판정된다.

표 5-5 신체적 스트레스 평가표

항 목	항 상	자 주	가 끔	전 혀
1. 불면	3	2	1	0
2. 심장이 두근거림	3	2	1	0
3. 얼굴이나 신체 일부의 경련	3	2	1	0
4. 현기증	3	2	1	0
5. 땀이 많이 남	3	2	1	0
6. 감각 예민(몸이 근질거리거나 따끔따끔한 통증을 느낀다)	3	2	1	0
7. 요통	3	2	1	0
8. 눈의 피로	3	2	1	0
9. 목이나 어깨 결림	3	2	1	0
10. 두통	3	2	1	0
11. 감염증(감기, 후두염 등)	3	2	1	0
12. 변비	3	2	1	0
13. 발열	3	2	1	0
14. 소화 불량	3	2	1	0
15. 설사	3	2	1	0

합계 (　　　　　　　　　　　)점

사회적 지지

가족이나 친구의 지지

가족이나 친구 등 가까이 있는 주변의 사람들로부터 받을 수 있는 여러 가지 사회적 지원은 다이어트 성공에 매우 중요하다. 비만한 사람의 친구나 가족은 식사 및 운동에 직접적·간접적으로 영향을 끼치기 때문이다. 무엇보다 비만한 사람은 잔칫집이나 친구 모임 등에서 음식을 거부하는 방법에 익숙해져야 한다. 그러나 본인 스스로 적게 먹기 어려운 경우에는 친구나 가족이 음식을 권하지 말고, 다른 즐거움을 찾을 수 있도록 도와주어야 한다.

TIP

가족이나 친구로부터 사회적 지원을 강화하는 기술

- 친구나 가족 중에서 자신의 다이어트에 영향을 주는 사람 3명을 선택한다. 그리고 그들에게 도와줄 것을 요청한다.
- 자신의 결심을 가족에게 알린다.
- 체중에 영향을 주는 일반적인 문제점을 함께 논의한다.
- 친구나 애인을 자신의 다이어트 파트너로 만든다.
- 가족에게 살찔 음식은 사오지 않도록 부탁한다.
- 음식을 권하지 말도록 요청하고, 늦게 들어오면 식사를 차리지 않도록 협조를 구한다.
- 함께 운동을 한다.

칭찬에 의한 행동수정 강화

체중 감소로 인하여 보이는 긍정적인 결과는 체중 조절의 동기를 더욱 강화시킨다. 또한 체중이 조금 감소되었을 때, 친구나 가족이 애정 어린 격려와 칭찬을 해줌으로써 행동의 변화를 더욱 가속화할 수 있다. 식습관이나 운동습관이 개선된 경우에도 적절한 포상을 하면, 좋은 행동을 더욱 강화시킬 수 있다. 타인에 의한 강화도 좋지만, 스스로 자신에게 상을 주는 것도 효과적이다.

TIP

계획대로 다이어트에 성공한다면 나에게 어떤 상을 줄까?

- 평소에 입고 싶던 새 옷을 산다.
- 헤어스타일을 바꾼다.
- 일정한 금액만큼 돈을 맘대로 쓴다.
-
-
-

긍정적 사고

자신의 신체 이미지가 너무 부정적이면 패배감을 느끼기 쉽고 체중 조절 의욕이 사라져 체중 감량에 실패할 확률이 높아진다. 따라서 자신의 외모에 대해 좋은 점을 찾아내어 긍정적인 사고를 갖는 것이 무엇보다 필요하다. 즉, "아침에 케이크를 먹었기 때문에 오늘의 다이어트 계획이 완전히 망쳤다. 이렇게 된 바에야 차라리 오늘만큼은 점심과 저녁에 좋아하는 음식을 양껏 먹겠다."라고 생각하기보다는 "비록 아침에 케이크를 먹었지만 점심과 저녁을 조금씩 적게 먹으면 다이어트는 가능하다."라고 긍정적으로 생각하는 것이 바람직하다. 또한 체중 감량 목표치는 현실성 있게 정하고, 목표는 유연하게 설정한다. 그리고 감량된 체중보다는 식습관과 생활태도의 개선에 주목한다.

행동 개선

식사태도의 교정

비만한 사람은 음식을 빠르게 섭취하여 생리적인 포만감을 느끼기도 전에 식사를 다 끝내 버린다. 입 안 가득 음식 넣기, 쉬지 않고 먹기, TV를 보면서 먹기, 서서 먹기 등의 나쁜 식사태도들은 음식의 맛을 느끼지 못해 먹는 즐거움을 경감시킨다. 또한 좋지 못한 식사태도는 충동적으로 음식 섭취를 유발하는 자극요인이 되기도 한다. 예를 들면, TV를 보면서 먹는 습관에 길들여진 사람은 나중에 TV만 봤다 하면 음식을 먹게 됨으로써 TV 자체가 식사의 독립적인 자극요인이 될 수 있다.

TIP

바람직한 식사태도

- 자세를 편안히 한다. 먹기 전 5분간 심호흡을 한다.
- 천천히 먹는다. 만복감 신호가 뇌에 전달되기까지는 20분이 필요하다.
- 한 번에 한 가지 음식만을 먹는다.
- 먹는 동안 다른 일은 하지 않는다. 순수하게 먹는 즐거움을 누린다.
- 한곳에서만 식사를 한다.
- 식사시간 외에는 먹지 않도록 정해진 때만 먹는다.
- 음식을 남김 없이 먹어 치우지 않는다.
- 입 속에 뭔가를 씹으면서 다른 반찬(음식)에 젓가락질을 하지 않는다.
- 시간적인 여유를 갖고 식사를 한다.
- 배가 부르게 먹지 않는다.
- 앉아서 먹는다. 냉장고 문을 열고 선 채로 케이크나 주스를 먹는 것은 과식을 유발한다.
- 먹고 나면 곧바로 식탁에서 일어선다.
- 식탁에서 남은 음식은 재빨리 치운다.

신체 활동 개선

다이어트에 성공하려면 신체 활동량 및 운동량을 증가시키는 것도 매우 중요하다. 활동 증가로 여분의 열량을 소모시킬 수 있고, 운동으로 육체적·심리적 효과가 크기 때문이다. 식욕이 증가되었을 때는 식사를 하는 대신 운동을 하여 다이어트 효과를 높이도록 한다.

그러나 운동 자체를 싫어하는 사람들도 있다. 그런 사람들은 운동에 대해 긍정적으로 생각하는 것이 급선무이다. '운동을 하면 땀이 나서 몸이 끈적거린다'는 부정적인 생각보다는 '운동을 하면 땀이 나지만 몸은 가벼워진다'는 긍정적인 생각을 가져야 한다. 운동을 하면 '근육이 생겨 몸이 더 커진다', '식욕이 늘어난다' 등은 우리가 잘못 알고 있는 편견들이다. 운동의 좋은 점을 제대로 그리고 잘 알아야 한다.

운동을 하다가 중지했을 때에는 체중이 오히려 더 증가할까 봐 염려하는 사람들이 많다. 따라서 무리하지 않고 할 수 있도록 단계적으로 활동량과 운동량을 늘려나가야 한다. 신체 활동에 대한 일지를 쓰고 이에 대한 분석을 토대로 일상생활을 활동적인 형태로 변화시켜 나가는 것이 효과적이다. 그러기 위해서는 특별한 운동을 해야 하는 것이 아니라, 우선 '승용차 타기보다 걷기', '엘리베이터보다는 계단 이용하기' 등의 생활습관부터 변화시키는 것이 좋다.

과다한 운동이 다이어트를 100% 성공시키지 않는다. 너무 무리하게 운동을 하면 오히려 식욕이 늘어나 폭식을 하는 경우도 있다. 식욕이 증진되지 않게 하려면 운동 초기에는 5~10분 정도 가벼운 운동으로 시작하여 점차 강도를 높여 준다. 20~30분 정도 운동을 지속하면 식욕 증가보다는 체지방 감소 효과가 더 커진다. 운동을 오랜 기간 지속하려면, 자신에게 맞는 운동방법을 찾아 즐기면서 하도록 한다.

TIP

생활 속 운동

빠르게 걷기

매일 아침과 저녁에 20분 이상, 1분에 80m의 속도로 조금 빠르게 걷는 습관을 들이는 것이 중요하다. 등교할 때나 외출할 때 목적지보다 한두 정거장 먼저 내려 남은 거리를 걷는 것도 좋다. 택시를 이용할 때도 목적지보다 조금 먼저 내려 나머지는 걸어가도록 해본다.

엘리베이터 대신 계단 이용

6층에 가는 경우에는 처음에 5층에서 내려 1층만 계단을 올라가는 것부터 시작하여 서서히 계단 올라가는 층 수를 늘려 나간다.

신체 활동량 기록

운동을 할 때에는 활동량을 파악하여 서서히 무리 없이 운동량을 증가시켜 나가는 것이 원칙이다. 그러기 위해서 매일 걸음 수와 운동량, 운동 후의 맥박을 측정하도록 한다. 정량적인 측정은 자신에게 필요한 운동량을 파악하게 하여 체중 목표치를 구체적으로 설정할 수 있도록 한다.

먹을 것을 대신할 수 있는 활동

- 이를 닦는다.
- 산책을 한다.
- 영화를 보러 간다.
- 친구에게 전화를 건다.
- 목욕을 한다.
- 꽃을 사러 간다.
- 음악을 듣거나 악기를 연주한다.
- 드라이브를 한다.
- 독서를 한다.

- 편지를 쓴다.
- 운동을 한다.
- 다이어트 성공담에 대한 책을 읽는다.
- 청소를 한다.
- 쇼핑하러 간다.
- 다이어트에 성공한 모습을 상상한다.
-
-
-

나쁜 식습관의 재발을 방지하기 위한 전략

한 번 실수를 그대로 받아들여 반복되는 행동의 습관 고리는 끊어야 한다.

예를 들면 다이어트를 하는 과정에 무심코 아이스크림을 먹었다면 어떻게 하는 것이 좋을까? 힘들여 하던 다이어트가 실패했다고 자포자기 심정으로 실망하면서 폭식을 하는 등 예전의 나쁜 식습관으로 돌아가면 절대 다이어트를 성공할 수 없다. 이런 경우에는 누구나 실수는 할 수 있다고 마음의 위안을 삼은 후, 더 이상의 폭식을 삼가면 예전의 나쁜 식습관은 서서히 사라질 것이다.

그림 5-3과 같이 바람직하지 못한 생활습관과 식습관이 이어지는 경우, 어느 한 지점의 행동 고리를 끊어야만 비만을 치료하고 건강을 지킬 수 있다.

우선 늦은 저녁에는 인터넷 사용을 중지하고 곧장 취침하도록 한다. 그리고 이른 시간에 기상하여 아침식사를 꼭 하도록 한다. 우유나 토스트 등의 간단한 아침식사라도 하게 되면 오전을 활기 있게 보낼 수 있다. 그러면 오전에 간식을 먹지 않아도 되고, 점심식사를 규칙적으로 할 수 있으며, 식사리듬뿐만 아니라 생체리듬을 활기차게 만들 수 있다. 결국 저녁식사의 폭식을 예방할 수 있으며 점차 비만이 개선된다.

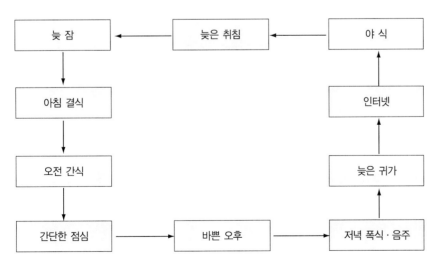

그림 5-3 개선되어야 할 비만 행동 고리의 예

행동수정의 사례

대상자

21세 여대생(고등학교 2학년 때부터 체중이 늘기 시작), 신장 162cm, 체중 75kg

자기 관찰 결과

- 아침식사는 거의 안 한다.
- 점심식사는 대학 구내식당을 이용한다(약 500kcal).
- 오후 강의가 없는 시간에는 스낵을 먹으며 친구들과 수다를 떤다.
- 저녁에는 동아리 모임이나 친구 모임이 많다. 주로 식사 대신 술과 안주를 먹는다(소주 1병과 삼겹살, 돼지갈비 안주).
- 술을 마신 날은 귀가 즉시 취침한다.
- 모임이 없는 날도 주로 저녁 8시 이후에 저녁식사를 하며 폭식 경향이 있다.
- 컴퓨터 채팅 등으로 새벽 2~3시에 취침한다.
- 걷거나 움직이기를 매우 싫어한다.

문제점 정리

- 아침식사를 거의 못 한다.
- 여가시간에 간식을 즐긴다.
- 저녁은 폭식으로 이어진다.
- 야간 모임이 빈번하고 술을 마신 날은 바로 잠을 잔다.
- 수면을 충분히 취하지 못한다.

치료 방안

- 자극 조절
  - 모임에 참여하지 말고 일찍 귀가하도록 한다.
  - 모임에 참여할 때에는 약간의 간식을 먹고 참석하여 폭식을 예방한다.
  - 기름진 음식 대신 칼로리가 낮은 음식으로 주문하도록 한다.
- 사회적 지지
  - 친구와 함께 운동을 한다.
  - 컴퓨터 사용시간을 줄이도록 컴퓨터를 동생 방으로 옮긴다.
  - 이른 취침이 가능하도록 어머니가 간섭한다.

118 다이어트와 건강

- 자기 강화
  - 체중이 점차 감소하면 외모에 대해 칭찬함으로써 자신감을 고취시킨다.
  - 주변 가족과 친구들의 칭찬을 유도한다.
  - 저녁식사를 저지방 · 저칼로리 식단으로 바꾼다.

쉬어 가기 행동수정이론

조형법(shaping)
- 목표 행동과 좀 더 비슷한 행동을 연속적으로 강화하면서, 그 전의 행동은 없애고 새로운 행동을 발달시키는 것이다.
- 최종 목표 달성을 위해 작은 목표에서 시작하며, 점차 강도를 높이거나 시간을 늘려나간다.
- 운동시간 늘리기에 적합하다.
  예) 10분 걷기 → 30분 걷기 → 1시간 걷기
  예) 버스 정류장 1정거장 전에 내려서 집까지 걸어가기 → 2 정거장 전에 내려서 집까지 걸어가기 → 3 정거장 전에 내려서 집까지 걸어가기

용암법 (fading)
- 한 행동이 다른 사태에서도 나타날 수 있도록 그 조건을 점차적으로 변경시켜가는 것을 말한다.
- 행동을 하게 하기 위한 지시, 자극, 단서 등을 점차적으로 약하게 하면서 스스로 목표행동, 즉 새로운 반응을 하도록 유도한다.
  예) 간식 크기 줄이기
      먹고 싶은 만큼 먹기 → 주는 것 다 먹기 → 주는 것 반 만 먹기 → 주는 것 1/3만 먹기
  예) 채소 먹기
      한 끼니에 채소 1종류 먹기 → 한 끼니에 채소 2종류 먹기(스스로) → 한 끼니에 채소 3종류 먹기(스스로)

DIET&
HEALTH ||||||||||||||

다이어트와 운동

영양과 신체 활동은 밀접한 관련이 있다. 사무직에 종사하면서 흡연과 비만을 함께 가지고 있는 사람들은 심장병, 암, 뇌졸중, 당뇨병, 고혈압 등의 질병에 걸리기 쉽다. 그러나 한국 사람은 10년 전보다 신체활동수준을 나타내는 걷기실천율이 20% 감소한 것으로 나타났다. 이러한 이유로 적당한 운동은 건강 유지뿐만 아니라 체형관리 효과도 가져옴으로써 삶의 활력과 자신감을 갖는 계기를 가져다준다. 전 세계적으로 건강을 위해서 하루에 30분 정도의 꾸준한 운동이 권장되면서 운동은 식사, 수면과 더불어 일상의 한 부분이 되어야 한다는 인식이 높아지고 있다.

다이어트와 운동

운동의 중요성

체중 조절과 운동의 역할

기초대사량이 높아진다

기초대사란 생명을 유지하는 데 필요한 최소한의 에너지대사를 말한다. 가만히 누워 있거나 잠을 자거나 밥을 먹을 때와 같이 별다른 행동을 하지 않았을 때에도 우리 몸은 칼로리를 소비하게 되는데, 이때 운동량이 많아지면 기초대사량이 더욱 높아진다.

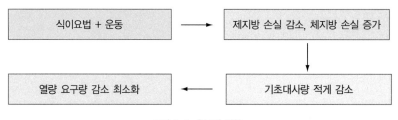

그림 6-1 운동의 역할

TIP

체중을 효과적으로 조절하는 방법
- 감식한다.
- 영양의 균형이 잡힌 식생활을 한다.
- 좋은 생활습관을 규칙적으로 잘 지킨다.
- 정기적으로 운동을 한다.

체내에서의 지방 합성작용이 낮아진다

에너지 소비작용이 활발해지면, 포도당이 에너지로 변하게 되고 지방세포로 합성되는 작용이 저하된다. 그뿐만 아니라 칼로리를 제한하는 식이요법과 운동을 병행하게 되면 모자라는 에너지를 몸 안의 지방에서 충당하게 되므로 지방세포도 연소되며, 식욕을 돋우고, 지방 합성을 촉진하는 작용이 억제된다. 또한 지방을 분해해 주는 카테콜아민 분비가 활발해져 살이 빠지게 된다.

운동은 제지방량을 증가시킨다

운동할 때는 지방세포를 근육세포의 에너지 보충에 사용하게 되며, 특히 근력운동은 근육조직발달을 자극하고 제지방량(lean body mass)을 증가시킨다. 반면, 다이어트로만 살을 뺄 경우에는 제지방량까지 손실될 수 있다는 단점이 있다. 최근 다이어트와 운동의 체지방·제지방 손실에 대한 효과를 비교한 연구에 따르면, 다이어트로만 체중 감량을 한 경우 감소된 체중의 40%가 제지방이었으나 운동을 병행한 경우에는 감소된 체중의 20%만이 제지방이었다.

운동은 자존감을 향상시킨다

운동은 과체중인 사람에게 심리적인 이점까지 제공한다. 운동을 통해 체구성이 변화하여 체형이 변화하면 자존감이 향상되는 것을 느낄 수 있다.

TIP

운동이 건강에 좋은 이유

- 신체 내 효율적인 신진대사를 일으켜 체중과 에너지 균형을 조절해 준다.
- 정서적 긴장을 유발하는 호르몬의 분비 억제, 즉 적대감을 완화해 준다.
- 혈액 내 나쁜 콜레스테롤 농도 감소, 좋은 콜레스테롤 농도 증가, 즉 고혈압, 심장병, 뇌졸중을 예방한다.
- 심장과 폐순환계를 통해 조직 내 산소 운반을 증가시킨다.
- 근력 및 지구력 증가, 골다공증을 예방한다.

알 아 두 기

LDL & HDL

LDL(Low Density Lipoprotein, 저밀도 지단백질)
지단백질 중 콜레스테롤 함량이 가장 높다. 혈중 콜레스테롤의 약 70%가 LDL-콜레스테롤이다.
LDL에 있는 콜레스테롤은 혈관 내부를 순환하다가 말초혈관 내부벽에 버려져 동맥경화증을 일으
키는 원인이 되므로 LDL-콜레스테롤을 '나쁜 콜레스테롤'이라고도 한다.

HDL(High Density Lipoprotein, 고밀도 지단백질)
HDL은 혈관 내부를 순환하다가 말초혈관에 쌓여 있는 콜레스테롤을 걷어다가 간으로 보내는 청소
차 역할을 하므로 HDL-콜레스테롤을 '좋은 콜레스테롤'이라고도 한다.

생활습관병에 걸릴 위험이 줄어든다

살찐 사람들은 고지혈증이나 당뇨병 등 생활습관병에 걸릴 위험이 일반인보다 훨씬 높
다. 운동을 하면 이런 위험을 충분히 예방할 수 있다. 또한 지속적인 운동으로 인해 혈중
콜레스테롤 수치가 떨어지며 체내의 지방이 감소되고 근육은 더욱 발달되므로, 칼로리
제한만으로 살을 뺐을 때 나타나기 쉬운 근육의 기능 저하나 내장 기관의 위축을 막을
수 있다.

운동을 통한 체중 조절

운동을 통한 체중 감량 프로그램 초기에는 빠른 체중 감량이 이루어지지 않으므로 많은
사람들이 실망하기 쉽다. 결과가 만족스럽지 못하므로 운동이 체중 감량에 비효율적이
라 생각하게 되고 운동을 멈추게 되는 것이다.

그러나 운동을 통해 신체에 어떠한 변화가 일어나는지 알게 되면 생각이 달라질 것이다.

체중 조절의 신체물질

- 수분 : 특히 저칼로리 다이어트는 수분과 근육의 손실로 급격한 체중 감량을 이루어 내지만 곧 수분이 보충되어 감량된 체중이 유지되기 어렵게 한다.
- 제지방 : 저칼로리 다이어트는 근육을 포함한 제지방의 손실로 기초대사량을 낮추어 지속적인 체중 감량 속도를 낮춘다.
- 체지방 : 운동 시 소비되는 에너지는 지방의 산화, 특히 복부 지방의 산화로부터 오게 되므로 운동을 통한 체중 감량은 지방의 감소에 의한 것으로 속도는 느리지만 바람직한 방법이다.

운동 초기에 체중이 줄지 않는 이유

운동을 해도 초기에는 체중이 줄지 않는 이유는 과연 무엇일까?

- 근육세포가 발달하기 때문에 근육의 크기가 커진다. 증가된 단백질은 수분을 보유하게 된다.
- 다양한 효소들이 산소를 사용하는데, 근육 내 산소를 사용하는 기전이 양적으로 증가하게 된다.
- 수분 결합하는 글리코겐 같은 세포 내 에너지 물질이 증가하게 된다.
- 운동으로 1주에 총 혈액량이 500mL 혹은 0.5kg 증가한다.

그러나 동시에 체지방은 감소하기 시작하는데, 그 이유는 운동 시 지방을 에너지원으로 하기 때문이다. 즉, 전체적으로 수분 및 근육은 증가하고 체지방은 감소한다. 이러한 이유로 운동 초기에는 체중의

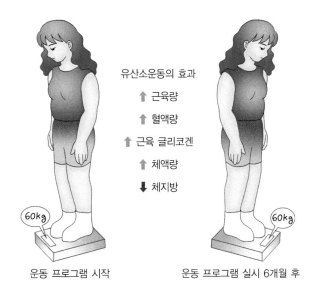

유산소운동의 효과

↑ 근육량

↑ 혈액량

↑ 근육 글리코겐

↑ 체액량

↓ 체지방

60kg 60kg

운동 프로그램 시작   운동 프로그램 실시 6개월 후

그림 6-2 운동 프로그램의 효과

감소가 일어나지 않는 것이다. 그러나 체조성이 바람직한 방향으로 변하고 있다는 것을 인지해야 한다.

운동방법

운동으로 인한 사고와 부작용을 최소화하고 효율적인 체중 감량을 위한 운동을 하고자 할 때는 운동 단계, 운동강도, 운동지속시간, 운동빈도를 과학적으로 시행해야 한다. 과학적인 운동 프로그램을 시행하기 위해서는 심장호흡계통의 지구력, 근력, 근지구력, 유연성, 체성분 등 다양한 요소를 고려해야 한다. 일반적으로 다이어트를 목적으로 하는 운동 프로그램은 신체적인 활동 중에 심장호흡계통의 지구력, 즉 심장, 폐, 순환기계가 근육에 충분히 산소를 공급할 수 있는 유산소운동을 권하고 있다. 운동 프로그램이 효과적으로 시행되기 위해서는, 자신이 현재 어떤 신체상태에 있는지, 어떤 종류의 운동을 좋아하는지, 도달하고자 하는 목표가 무엇인지에 따라 '나만의 맞춤식 운동 프로그램'을 선택해야 한다.

단계별 운동

운동은 준비 단계, 강화 단계, 마무리 단계 순으로 진행되어야 비정상적인 혈액 흐름으로 인한 부작용과 근육 손상을 막을 수 있다.

준비 단계
스트레칭 같은 가장 낮은 수준의 운동을 하여 체온이 상승되고 땀이 나기 시작하면 본격적인 운동에 들어간다.

강화 단계
매일매일의 운동에서 매우 중요한 단계이다. 강도와 지속시간이 중요한 포인트가 된다. 운동강도가 높아지면 지속시간이 짧아지고 운동강도가 낮아지면 지속시간은 길어진다.

준비 단계	강화 단계	마무리 단계
운동시간 5~10분	5~60분	5~10분
운동강도 낮게	중간~높게	낮게

그림 6-3 각 단계별 운동시간과 운동강도

마무리 단계

심혈관계를 정상적으로 유지하기 위해 필요한 단계이다. 강도가 높은 운동을 한 후 점차적인 마무리 단계 운동은 혈액이 혈관이나 심장으로 들어가도록 돕는다. 운동을 갑자기 중단하면 혈액이 운동하던 부위로 이동하면서 심장으로 들어가는 혈액량이 급격히 줄고 심장 내에 줄어든 혈액으로 인하여 뇌로 가는 혈액 공급이 어려워지면서 현기증이 유발될 수 있다. 또한 호르몬의 영향으로 심장의 비정상적인 리듬을 유발하므로 점진적인 마무리 단계가 필요하다. 이 단계의 완성은 스트레칭이 선호된다.

 쉬어 가기   **운동이 식욕 증가에 영향을 미친다?**

비만 사무직 근로자의 경우 운동을 시작하고 식이 섭취가 늘지 않았을 뿐만 아니라, 때에 따라서는 열량 섭취가 오히려 줄었다는 보고가 있다. 그러나 저강도 운동은 식욕을 자극하지 않으나 고강도 운동은 식욕을 자극할 수 있다.

표 6-1 조깅 프로그램의 예

주	준비 단계	강화 단계	마무리 단계	총 시간(min)
1	스트레칭 5분	걷기 10분	천천히 걷기 3분, 스트레칭 2분	20
2	스트레칭 5분	걷기 5분, 조깅 1분 걷기 5분, 조깅 1분	천천히 걷기 3분, 스트레칭 2분	22
3	스트레칭 5분	걷기 5분, 조깅 3분 걷기 5분, 조깅 3분	천천히 걷기 3분, 스트레칭 2분	26
4	스트레칭 5분	걷기 5분, 조깅 4분 걷기 5분, 조깅 4분	천천히 걷기 3분, 스트레칭 2분	28
5	스트레칭 5분	걷기 5분, 조깅 5분 걷기 5분, 조깅 5분	천천히 걷기 3분, 스트레칭 2분	28
6	스트레칭 5분	걷기 5분, 조깅 6분 걷기 5분, 조깅 6분	천천히 걷기 3분, 스트레칭 2분	30
7	스트레칭 5분	걷기 5분, 조깅 7분 걷기 5분, 조깅 7분	천천히 걷기 3분, 스트레칭 2분	32
8	스트레칭 5분	걷기 5분, 조깅 8분 걷기 5분, 조깅 8분	천천히 걷기 3분, 스트레칭 2분	34
9	스트레칭 5분	걷기 5분, 조깅 9분 걷기 5분, 조깅 9분	천천히 걷기 3분, 스트레칭 2분	36
10	스트레칭 5분	걷기 4분, 조깅 13분	천천히 걷기 3분, 스트레칭 2분	27
11	스트레칭 5분	걷기 4분, 조깅 15분	천천히 걷기 3분, 스트레칭 2분	29
12	스트레칭 5분	걷기 4분, 조깅 17분	천천히 걷기 3분, 스트레칭 2분	31
13	스트레칭 5분	걷기 2분, 조깅 천천히 2분, 조깅 17분	천천히 걷기 3분, 스트레칭 2분	31
14	스트레칭 5분	걷기 1분, 조깅 천천히 3분, 조깅 17분	천천히 걷기 3분, 스트레칭 2분	31
15	스트레칭 5분	조깅 천천히 3분, 조깅 17분	천천히 걷기 3분, 스트레칭 2분	30

표 6-2 걷기 프로그램의 예

주	준비 단계	강화 단계	마무리 단계	총 시간(min)
1	천천히 걷기 5분	힘차게 걷기 5분	천천히 걷기 5분	15
2	천천히 걷기 5분	힘차게 걷기 7분	천천히 걷기 5분	17
3	천천히 걷기 5분	힘차게 걷기 9분	천천히 걷기 5분	19
4	천천히 걷기 5분	힘차게 걷기 11분	천천히 걷기 5분	21
5	천천히 걷기 5분	힘차게 걷기 13분	천천히 걷기 5분	23
6	천천히 걷기 5분	힘차게 걷기 15분	천천히 걷기 5분	25
7	천천히 걷기 5분	힘차게 걷기 18분	천천히 걷기 5분	28
8	천천히 걷기 5분	힘차게 걷기 20분	천천히 걷기 5분	30
9	천천히 걷기 5분	힘차게 걷기 23분	천천히 걷기 5분	33
10	천천히 걷기 5분	힘차게 걷기 26분	천천히 걷기 5분	36
11	천천히 걷기 5분	힘차게 걷기 28분	천천히 걷기 5분	38
12	천천히 걷기 5분	힘차게 걷기 30분	천천히 걷기 5분	40

효율적인 운동강도 · 운동지속시간 · 운동빈도

체중 감량을 목표로 하는 운동에서는 운동강도, 운동지속시간, 운동빈도를 적정하게 유지해야 체지방의 감소를 극대화할 수 있다. 체중 감량을 목표로 할 때에는 낮은 강도로 운동시간을 길게 하는 것이 체지방 감소에 효과적이다. 왜냐하면 높은 강도로 하는 운동에는 탄수화물이 주요 에너지원으로 쓰이고, 낮은 강도로 장시간 하는 운동에는 지방이 주요 에너지원으로 쓰이기 때문이다. 다이어트를 위한 효율적인 운동의 적정 운동빈도, 운동강도, 운동지속시간, 즉 F(Freguency) I(Intensity) T(Time)의 원칙은 다음과 같다.

- 운동빈도 : 일주일에 3~5회 이상
- 운동강도 : 최대 호흡량의 30~65%(운동하면서 대화를 할 수 있는 정도의 운동강도)
- 운동지속시간 : 30분 이상

운동강도 맥박 수 = (0.5~0.8) × (최대 맥박 수 - 안정 시 맥박 수) + 안정 시 맥박 수

이 공식에서 최대 맥박 수는 보통 자기 나이를 220에서 빼면 된다. 안정 시 맥박 수는 조용히 안정된 상태에서 1분 동안 맥박 수를 측정한다. 예를 들면, 나이가 40세이고 안정 시 맥박 수가 70회일 경우는 50%의 운동강도를 다음과 같이 계산하면 된다.

최소 운동 맥박 수 = 0.5 × (180 - 70) + 70 = 125회

심장 기능 향상은 물론 중년기에 성인병을 예방하기 위해서는 어떠한 운동을 하든지 맥박 수가 125회 정도 유지되는 운동을 해야 된다는 계산이다. 너무 강한 운동은 바람직하지 않으므로 운동강도가 최대 운동 능력의 80%는 넘지 않는 것이 바람직하다. 위의 공식에 적용하면 다음과 같이 계산된다.

최대 운동 맥박 수 = 0.8 × (180 - 70) + 70 = 158회

운동 중에 맥박 수가 158회 이상 올라가는 무리한 운동은 하지 않는 것이 상해와 불의의 사고를 방지하는 데 도움이 된다.

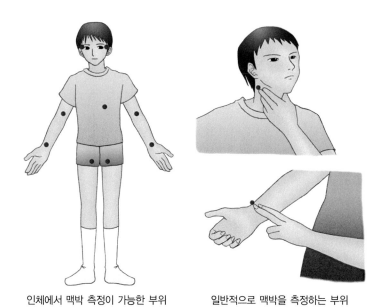

인체에서 맥박 측정이 가능한 부위 일반적으로 맥박을 측정하는 부위

그림 6-4 맥박 측정 부위

체중 조절 운동의 선택

운동 선택 시 고려사항

자기 동기화 및 실용적인 방법을 선택한다

- 자기 동기화가 중요하다. 자신이 운동을 해야 하는 목적과 동기가 분명해야 운동을 지속할 수 있다.
- 운동을 위한 시간을 꼭 갖는다. 일하고 남는 시간에 운동하는 것이 아니라, 운동을 위한 시간을 갖는다.
- 운동장소는 편안해야 한다. 심리적으로 신체적으로 편안한 장소를 택하여 운동을 한다.
- 즐길 수 있는 종목을 선택한다. 재미가 있어야 운동을 꾸준히 지속할 수 있다.
- 팀을 이루는 종목을 선택한다. 테니스, 탁구, 축구, 농구 등 팀을 이루는 운동은 지루함을 덜 수 있으며, 그룹을 형성해 운동을 중도에 포기하지 않게 되어 운동을 꾸준히 지속할 수 있다.

운동 시작 초기에는 자신의 능력을 초과하지 않는다

천천히 시작하고 점차적으로 진행한다. 자신의 체력, 즉 유연성, 민첩성, 근력, 순발력, 지구력, 평형성, 조정력에 알맞는 운동을 한다. 간단히 할 수 있는 체력 테스트 방법은 다음과 같다.

- 근력테스트(윗몸 일으키기) : 30초 동안 할 수 있는 횟수를 센다(정상 체력 : 20대 14~24회, 30대 12~20회).
- 지구력 테스트(발판 오르내리기) : 높이 35cm 정도의 발판을 준비하고 분당 24회의 속도로 오르내린다. 다 끝나고 나서 1, 2, 3분 후의 맥박을 각각 잰 후 {180 ÷ (맥박의 합계 × 2) × 100} 공

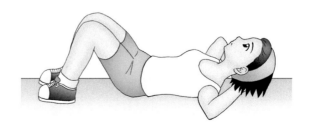

식에 넣어 계산한다(정상 체력 : 20대 54.8~65.4, 30대 58.4~69.8).

- 유연성 테스트(선 채로 상체 구부리기) : 높이 30cm 정도의 발판 위에 올라가 발끝을 2~3cm 밖으로 내고 선다. 무릎을 구부리지 않고 상체를 구부려 손끝이 어디까지 내려오는지 본다(정상 체력 : 20대 12.4~19.0cm, 30대 9.9~16.3cm).

단기간의 목표와 장기간의 목표를 설정하고 운동일지를 기록한다

운동일지를 기록하는 것은 장기·단기 목표 도달에 대한 평가 및 개선방법을 찾는 데 도움을 줄 수 있다.

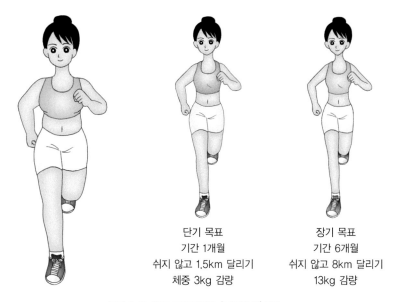

단기 목표
기간 1개월
쉬지 않고 1.5km 달리기
체중 3kg 감량

장기 목표
기간 6개월
쉬지 않고 8km 달리기
13kg 감량

그림 6-5 운동 프로그램은 '시작이 반' 이다

운동별 칼로리 소모 교환표 활용

체중 조절을 위해 운동을 할 때에는 운동별 칼로리 소모량을 감안하여 같은 단위 만큼 자기에게 알맞는 운동으로 대체할 수 있다.

표 6-3 운동별 칼로리 소모량(운동별 100kcal를 소비하기 위한 시간)

운 동	시 간	운 동	시 간
목욕	50분	등산	29분
청소	38분	줄넘기	21분
쇼핑	38분	테니스	17분
차 안에 서 있기	35분	계단 오르기	16분
걷기	29분	조깅	14분

표 6-4 1분당 소모 칼로리

일상생활	칼로리(kcal/분)	일상생활	칼로리(kcal/분)
잠자기	0.8	다림질	2.0
뜨개질	1.0	청소기 사용	2.0
사무 보기	1.1	쇼핑	2.2
앉아서 휴식	1.1	목욕	2.8
책 읽기	1.1	빨래 널기	3.0
앉아서 얘기하기	1.1	아기 업고 걷기	3.0
서서 얘기하기	1.2	계단 내려오기	3.0
서서 휴식	1.2	자전거 타기	3.3
세수, 화장, 옷 입기	1.3	체조	3.4
식사	1.3	이불 개기	5.0
자동차 운전	1.3	계단 오르기	6.2

책 읽기 : 1.1kcal/분

계단 내려오기 : 3.0kcal/분

계단 오르기 : 6.2kcal/분

표 6-5 운동의 종류와 체중별 에너지 소모량(1분당)

체중(kg) 운동종목	50	60	70	80	90
에어로빅	6.7	7.9	9.4	10.6	11.8
배드민턴 단식	4.0	4.7	5.6	6.4	7.1
복식	3.0	3.5	4.2	4.8	5.3
경기	6.4	7.6	9.1	10.3	11.5
자전거 타기 8(km/h)	2.1	2.5	3.0	3.4	3.8
16(km/h)	4.6	5.5	6.6	7.4	8.3
볼링	3.0	3.5	4.2	4.8	5.3
축구(중)	3.6	4.3	5.2	5.8	6.5
(강)	7.3	8.7	10.4	11.7	13.1
골프 2인조	4.0	4.7	5.6	6.4	7.1
4인조	3.0	3.5	4.2	4.8	5.3
등산	7.2	8.5	10.2	11.5	12.8
라켓볼	7.1	8.4	10.1	11.4	12.7
달리기 8(km/h)	6.6	7.9	9.4	10.6	11.9
11(km/h)	9.3	11.0	13.2	14.9	16.6
16(km/h)	13.3	15.7	18.8	21.3	23.7
아이스스케이팅	4.6	5.5	6.6	7.4	8.3
인라인스케이팅	10.5	12.4	14.7	16.8	18.7
스쿼시	7.3	8.7	10.5	11.8	13.2
수영(배형) 18(m/min)	2.8	3.3	3.9	4.4	4.9
36(m/min)	6.1	7.2	8.6	9.7	10.8
(평형) 18(m/min)	3.5	4.1	4.9	5.6	6.2
36(m/min)	7.0	8.3	9.9	11.2	12.5
(자유형) 31(m/min)	5.4	6.4	7.5	8.5	9.4
45(m/min)	7.7	9.2	11.0	12.4	13.8
탁구	3.8	4.5	5.4	6.1	6.8
테니스 단식	5.5	6.5	7.8	8.8	9.8
복식	3.8	4.5	5.4	6.1	6.8
경기	7.1	8.4	10.1	11.4	12.8
걷기 1.6(km/h)	1.7	2.0	2.4	2.7	3.0
4.8(km/h)	3.0	3.5	4.2	4.8	5.3
8.0(km/h)	6.0	7.1	8.4	9.5	10.6
웨이트 트레이닝	5.7	6.8	8.1	9.1	10.2

쉬어
가기

운동은 매우 적은 칼로리를 소모하기 때문에 운동으로 체중을 줄이는 것은 좋은 방법이 아니다?

0.5kg의 지방을 빼려면 3,500kcal를 소모해야 한다. 하루에 조깅을 30분 정도 하면 2주에 3,500kcal, 한 달이면 7,000kcal를 소모하게 되고 이것은 1kg의 체지방을 줄이는 방법이다. 만약 6~8개월 조깅을 한다면 6~8kg의 체지방을 뺄 수 있다. 따라서 장기적인 계획은 필수적이다.

| 테니스 34분 | 조깅 28분 | 자전거 타기 1시간 |

밀크셰이크 1잔 200kcal를 소비하기 위한 운동량

체중 조절을 위한 운동 : 유산소운동

유산소운동은 근육에 산소를 충분히 공급하여 체내의 지방대사를 촉진시킴으로써 체지방을 연소시켜 체지방량을 감량시킬 수 있는 효율적인 운동이다.

걷기(파워 워킹)

- 경쾌하고 속도감 있게 호흡이 약간 가빠질 정도로 걷기
- 30분~1시간 정도 쉬지 않고 걷기
- 가슴과 등을 펴고 보폭을 크게 해서 빨리 걷기

파워 워킹을 잘하는 법

• 허리를 곧게 세우고 가슴을 펴고, 아랫배에 힘을 주고, 시선은 전방 20~30m 앞을 본다.

• 다리는 곧게 뻗으며 양 무릎이 스칠 정도로 거의 일자에 가깝게 앞으로 걸어 나간다.

• 발은 천천히 달리기 할 때보다는 뒤꿈치 부위가 더 가파르게 지면에 닿도록 한다.

• 팔을 90° 각도로 구부리고 어깨를 축으로 앞뒤로 움직인다.

• 주먹을 가볍게 쥐고 가슴 중심으로 조금씩 교차되는 정도로 팔을 움직인다.

조 깅

• 일정한 시간대를 정해서 약간 숨이 찰 정도로 달리기

• 한 번에 30분 정도 하기

• 면으로 된 운동복과 밑창이 고무로 된 운동화 착용하기

• 가벼운 준비운동, 마무리 운동을 하기

자전거

• 아랫배에 약간 힘을 주면서 올바른 자세를 유지하기

• 한 번에 30분~1시간 정도 하기

수 영

• 수영하기 전에 반드시 준비운동을 하기

• 물에 들어가기 전에는 심장에서 먼 곳부터 물을 적시기

• 관절에 부담을 주지 않는 운동으로 운동 경험이 없는 사람이나 체중이 많이 나가는
  사람에게 권장됨

요 가

• 공복시간을 이용하기(아침식사 혹은 저녁식사 하기 전)

• 호흡과 혈액 순환에 지장이 없게 편안한 옷차림

• 시끄럽지 않은 조용한 곳에서 정신을 집중하고 자세를 바로잡는 운동

- 무리하지 말고 느긋하게 꾸준히 수련하기

스트레칭

- 몸을 펴 주어 근육을 발달시키는 운동
- 느긋하고 즐겁게
- 호흡 멈추지 말고 하기
- 익숙해지면 시간, 횟수를 늘려 나감

웨이트 트레이닝(weight training)

- 근육의 강화와 근력을 증강시켜 주는 운동
- 등과 배의 근육을 강화시켜 줌으로써 관련 질환의
  발생을 줄임
- 골질량의 유지를 도와줌

TIP

운동을 꾸준히 할 수 있는 방법

- 자신의 심리적 · 육체적 한계를 잘 인지하고 있어야 한다.
- 운동의 효과에 대해 집착하지 말고 얼마나 꾸준하게 하느냐가 중요하다.
- 해낼 수 있다는 자신감을 가지고 자신의 신체조건에 맞는 수준부터 시작한다.
- 유행하는 운동보다는 자신이 즐길 수 있는 운동을 선택한다.
- 일상의 활동들을 모두 운동이라고 여긴다.
- 어떻게 하면 계속할 수 있을까에 초점을 맞춘다.

가슴 근육을 강화시키기 위한 운동

등의 근육을 강화시키기 위한 운동

종아리의 근육을 강화시키기 위한 운동

복부의 근육을 강화시키기 위한 운동

그림 6-6 근육 강화 운동

표 6-6 연령별 맞는 운동

구 분	어린이	청소년	중 년	노 년
운동 능력 특성	힘은 없어도 동작이 민첩한 시기, 심폐지구력 향상을 위한 운동이 필요	신체적으로 왕성한 발육발달이 이루어지는 시기, 근력을 향상시키기 위한 운동 필요	운동 능력이 저하되기 시작하고 유연성도 낮아지는 시기, 무리하게 경쟁을 하거나 기록에 도전하는 운동경기는 삼가	평형성, 유연성, 민첩성과 같은 체력의 각 요소들이 떨어지고 주위환경에 대한 적응력이 저하되는 시기, 상해와 사고를 예방할 수 있는 운동이 필요
추천 운동	피겨스케이팅, 수영, 체조, 스키, 줄넘기, 자전거 타기, 달리기, 수영, 공놀이	걷기, 달리기, 자전거 타기, 에어로빅댄스, 수영, 축구, 핸드볼, 테니스, 배드민턴	조깅, 수영, 에어로빅, 자전거 타기, 스트레칭, 등산, 유연체조, 게이트볼, 골프	걷기, 수영, 스트레칭, 정적인 근력운동, 체조, 배드민턴, 게이트볼
운동빈도	매일 운동하는 것이 이상적이지만 최소한 주 3회 이상은 운동을 해야 함	최소한 주 3회 이상	최소한 주 3회 이상	주당 3~4회가 적당하지만 체력 수준이 낮은 노인의 경우에는 운동강도를 낮게 하여 매일 운동을 실시
운동시간	가벼운 운동은 1시간, 중정도의 운동은 30분	최소한 30~60분	최소한 20분은 해야 하며, 30~60분이 바람직함	20~30분 정도 지속하는 것이 바람직하지만, 운동 능력이 저하되어 있는 노인일 경우에는 하루에 2회로 나누어서 실시

쉬어 가기 운동 프로그램의 3단계

준비기

- 운동 시작 4~6주는 준비기로 서서히 시작한다.
- 일주일에 3회 정도, 운동지속시간은 최소 10~15분으로 시작하여 2~3주 지나서 45분까지 증가시킨다.
- 운동 강도는 최고운동수행능력의 40% 수준으로 시행한다.
- 추천 운동으로는 스트레칭, 맨손체조, 저충격의 가벼운 유산소 운동

증진기

- 운동 습관이 어느 정도 안정화되면, 4~5개월 지속한다.
- 일주일에 4~5회 정도, 운동지속시간은 1시간 이내로 한다. 운동 지속시간은 2~3주마다 5~10분씩 증가시킨다.
- 운동 강도는 최고운동수행능력의 40~80% 수준까지 서서히 높인다. 운동능력이 부족하거나, 환자, 노인의 경우 운동지속시간을 최소 20~30분까지 증가시켜서 시행해 본 후, 운동강도를 높여야 한다.
- 유산소 운동, 팔굽혀펴기, 덤벨을 이용한 가벼운 근력 운동

유지기

- 약 6개월 후, 유지기에는 향상된 심폐지구력 유지를 위해 더 이상의 부하증가 없이 장기적으로 지속한다.
- 일주일에 약 1,000kcal 소모하도록 권장한다.
- 운동이 제대로 시행되면 점차 목표 운동 강도를 잘 견디게 되고, 낮은 강도의 운동에서는 주관적으로 느끼는 힘든 정도가 감소한다.
- 약 3~5개월 꾸준히 운동하였을 때, 운동 효과는 최대가 된다.

DIET&
HEALTH ||||||||||||||||||||

다이어트의 조리법과 외식

체중 감량에서 매일매일의 식사는 아주 중요한 선택의 문제라 할 수 있다. 더욱이, 과거에 비해 외식에서의 1인분 양이 점차로 증가되는 경향과 튀긴 음식과 단 음식 등 고칼로리 음식이 범람하고 있는 외식환경을 감안하면, 현명한 외식 선택은 다이어트의 지름길이 될 수 있다. 이때 식사의 선택은 괴로운 선택이 되어서는 안 된다. 스스로의 건강과 아름다움의 유지를 위한 적극적이고 바른 선택이란 지혜로움이 있어야 한다. 그러한 측면에서 다이어트 조리법과 외식에 대한 바른 인식은 즐거운 식사의 선택을 위해 중요하다고 할 수 있다.

다이어트의 조리법과 외식

다이어트를 위한 식재료 선택

고식이섬유소 식품

식이섬유소는 당뇨병 및 동맥경화증을 완화하고 대장암과 게실염을 예방하며, 특히 체중 조절을 도와 비만을 방지할 수 있다. 즉, 고식이섬유소 식사는 포만감을 주면서도 상대적으로 열량이 적고, 또한 음식물이 장을 통과하는 시간을 빠르게 하여 영양소의 흡수량을 적게 함으로써 체중 조
절에 도움을 주게 된다. 고식이섬유식에는 다량의 수분 섭취가 필요하다.

식이섬유소가 많은 식품으로는 통곡식류(현미, 율무, 보리, 콩, 옥수수, 귀리 등), 버섯류, 쑥갓, 미나리, 상추, 부추, 고사리, 우엉, 셀러리, 숙주, 파슬리, 근대, 쑥, 무말랭이, 시래기나물, 양파, 양상추, 당근, 연근, 양배추, 토란, 밤, 다시마, 미역, 김, 파래, 톳, 한천 등이 있다.

저지방 식품

식생활이 서구화되면서 지방의 섭취가 늘게 되어, 동물성 지방이 고지혈증, 동맥경화증, 심장순환계질환, 비만 등 성인병의 주요 인자로 지적되고 있다. 9kcal/g의 에너지를 내는 지방은 에너지원 중 가장 칼로리가 많으므로 체중 조절을 위해서도 지방 섭취를 줄이는 것이 바람직하다. 그러나 지방은 지용성 비타민의 흡수를 촉진하고 세포막의 구성 성분을 이룬다. 특히, 필수 지방산의 경우 두뇌 발달, 시각 기능 유지, EPA(혈액 응고 억제,

혈관 확장 작용)의 전구체 등의 역할을 하므로 적절한 섭취 또한 필요하다. 따라서 동물성 유지의 섭취를 줄이고 필수 지방산이 많은 식물성 유지의 섭취로 대체하는 것이 바람직하다.

고기류

양질의 단백질원 급원인 동시에 동물성 지방 급원인 고기류는 어떻게 먹느냐에 따라서 다이어트에 도움이 될 수도, 오히려 해가 될 수도 있다. 특히, 종류나 부위에 따라 열량 차이가 심하므로 선택할 때 주의해야 한다.

- 닭고기는 쇠고기나 돼지고기보다 칼로리가 낮으므로 다이어트에 아주 좋은 재료이다. 껍질은 벗겨 내고 조리해야 다이어트에 더욱 효과적이다.
- 붉은 살코기를 선택하는 것이 현명하며, 만일 지방이 많은 부위를 조리할 때는 지방을 떼어 버리고 조리하는 것이 좋다. 예를 들어, 쇠고기의 안심은 지방이 층을 이루어 살코기 속에 들어가 있기 때문에 지방을 떼어 내기 어려우므로 안심은 육류 중에서도 다이어트를 할 때에 특히 피해야 할 부위이다.
- 돼지고기 : 삼겹살보다 다리살을 이용

표 7-1 총 칼로리와 지방 칼로리 비교

음 식		영양소 함량
등심구이 1인분	지방을 떼어 내기 전	총 칼로리 450kcal, 지방 칼로리 315kcal
	지방을 떼어 낸 후	총 칼로리 230kcal, 지방 칼로리 100kcal
삼겹살 1인분(120g)	지방을 떼어 내기 전	총 칼로리 414kcal, 지방 칼로리 324kcal
	지방을 떼어 낸 후	총 칼로리 226kcal, 지방 칼로리 90kcal
우유 1컵	일반 우유	총 칼로리 125kcal, 지방 칼로리 45kcal
	탈지 우유	총 칼로리 80kcal, 지방 칼로리 0kcal

- 쇠고기 : 갈비나 안심보다 우둔, 사태, 설도, 앞다리살을 선택
- 닭고기 : 다리보다는 가슴살을 이용

어패류

어패류는 저칼로리, 고단백질 식품으로 알려져 있으나 종류에 따라서 육류와 비슷하게 지방이 많은 것도 있으므로 방심하는 것은 금물이다.

- 칼로리가 낮은 가자미, 대구, 넙치 등의 흰살 생선이나 오징어, 문어, 새우, 게, 조개류를 섭취하는 것이 좋다.
- 꽁치, 갈치, 삼치, 청어, 정어리, 임연수어 등의 생선은 육류보다도 칼로리가 높으므로 조심해야 한다.
- 생선은 일반적으로 배 쪽과 껍질 바로 밑부분에 지방이 집중되어 있으므로, 그 부분을 없애고 조리하는 것만으로도 칼로리를 줄일 수 있다.

채소류

배가 고파질 때에는 비타민, 무기질, 섬유소가 풍부한 채소류나 해조류, 버섯류를 활용해 보는 것이 좋다.

- 기름을 사용하지 않고 삶아서 익혀 먹거나 간장소스, 마늘소스 등과 함께 먹는 것이 좋다.
- 아일랜드드레싱이나 마요네즈는 칼로리가 너무 높으니 조심해야 한다.

밥 · 빵류

밥 · 빵류의 전분은 포만감을 유지하는 중요한 요소이므로 매 끼마다 적당량을 먹는 것이 무엇보다 중요하다.

- 한 끼분 밥의 양을 1/2공기 정도로 잡고, 외식을 할 경우에도 눈대중으로 정해 둔 양만큼만 먹고 남기는 노력을 해야 한다.
- 밥의 양이 적어 허전함을 느끼는 사람은 국에 말아 먹거나 버섯, 채소를 듬뿍 넣은 비빔밥을 만들어 먹으면 포만감을 느낄 수 있다.

과일류

과일만은 다이어트 중이라도 마음껏 먹어도 괜찮다고 생각하기 쉬우나, 과일은 당분을 많이 함유하고 있으므로 살찌는 음식 중에 하나가 될 수 있다.

- 하루에 한 번 정도 후식으로 자몽 1/2개나 사과 1/2개, 귤 1개, 딸기 10알 정도로 제한하는 것이 좋다.

저혈당지수 식품

최근 미국과 유럽을 중심으로 시행되고 있는 혈당지수 다이어트는 기존의 칼로리 개념보다는 혈당지수 개념을 도입하여 혈당지수가 낮은 음식 섭취로 다이어트 효과를 유발하는 방법이다. 식이섬유소의 함량, 소화흡수 속도, 총 지방 함량 등이 혈당지수에 영향을 미친다. 그러나 지방 함유량이 높은 식품은 소화가 천천히 진행되어 혈당지수가 낮아지기는 하나, 지방이 많이 함유된 식품은 그 자체가 열량이 많은 식품이므로 다이어트에 바람직하지 않다. 혈당지수가 낮은 식품으로는 시리얼, 콩류, 사과, 당근, 배, 우유, 요구르트가 있고, 혈당지수가 중간인 식품으로는 보리빵, 호밀빵, 바나나, 오렌지, 파인애플, 아이스크림이 있다.

표 7-2 다이어트 시 섭취해야 할 식품, 피해야 할 식품

식품 종류	자주 섭취하면 좋은 식품	가끔 섭취해도 되는 식품	피해야 할 식품
곡류	현미, 잡곡, 통밀빵, 보리빵	백미, 흰빵	파이, 스낵, 도넛, 크림이나 버터 든 과자
어육류·두류	살코기, 흰살생선, 껍질 벗긴 닭고기, 달걀, 두부	새우, 볶은 땅콩	삼겹살, 기름 많은 고기, 런천 미트, 포크커틀릿, 새우튀김
채소군	생채, 숙채	채소통조림	마요네즈드레싱 샐러드, 채소 튀김, 프렌치프라이
지방군		식물성 기름, 땅콩버터	버터, 라드
우유군	탈지분유, 탈지분유로 만든 요구르트	저지방우유	전지유, 치즈, 아이스크림, 크림
과일군	신선한 생과일		아보카도, 단과즙음료, 과일통 조림

칼로리를 줄이는 다이어트 조리법

고열량 식품 재료를 저열량 식품 재료로 대치

- 볶음밥 : 밥 양을 줄이고 당근, 양파 등 채소를 늘린다.
- 포크커틀릿(돈가스) : 얇게 썬 넓적다리 고기를 선택하고 그 안에 채소를 넣어 조리한다.
- 스파게티 : 스파게티용 국수의 양을 줄이고 대신 팽이버섯을 섞으면 면발 같은 느낌도 들고 맛도 좋아 저칼로리로 스파게티를 즐길 수 있다.
- 만두 : 고기 대신 흰살생선 또는 두부를 이용하면 맛이 담백할 뿐만 아니라 칼로리도 줄일 수 있다. 먹다 남은 만두는 튀김만두로 만들지 말고 전자레인지에 다시 쪄서 먹는다.
- 육류요리 : 돼지고기는 삼겹살보다 다리살, 쇠고기는 우둔이나 설도, 닭고기는 다리

보다는 가슴살을 이용한다. 닭을 요리할 때는 껍질을 벗기고 요리하는 것이 좋다.

- 달걀요리 : 흰자의 칼로리는 노른자의 1/7이면서도 단백질원으로서는 완벽한 식품
이다. 흰자를 많이 사용하고 노른자의 사용을 줄인다.

식품 자체의 지방을 줄이는 조리법 활용

고기는 데쳐서 사용
고기를 한 번 데쳐 조리하면 지방이 줄어 칼로리를 줄이는 데 효과적이다. 또한 고기를
푹 끓인 다음 식혀 기름기를 걷어 낸 후 이용하는 것도 효과적이다. 쇠고기 조리 시에는
불고기나 쇠고기잡채보다는 편육이나 구이로, 닭 요리를 할 때는 튀김보다는 닭구이, 닭
찜, 백숙 등으로 하는 것이 좋다.

육류나 생선을 구울 때는 프라이팬보다 석쇠나 그릴 활용
스테이크나 삼겹살 등 고기를 구울 때는 프라이팬보다 석쇠나 그릴을 이용하면 여분의
기름이 아래로 떨어지므로 열량이 낮아진다. 생선 중에서도 꽁치, 고등어, 장어와 같이
지방이 많은 생선은 석쇠에 구우면 기름이 밑으로 빠져 나가 맛이 담백해지고 열량은 줄
어든다. 닭고기도 오븐에 구우면 기름이 빠져 훨씬 담백해진다.

육류, 생선, 만두 등을 익힐 때는 찜통을 활용
육류나 생선처럼 기름이 많은 식품은 튀기거나 부치는 방법 대신 찜통을 이용하여 쪄내
는 방법을 이용하면 기름이 밑으로 빠져 나가 칼로리가 줄어든다.

기름에 튀긴 재료는 데쳐서 기름을 1차 제거한 후 사용
유부는 두부의 가공식품 중 가장 칼로리가 높아 다이어트에 이용하기에는 적합하지 않
다. 그러므로 끓는 물에 데쳐 내어 기름을 제거한 후에 사용한다. 라면을 끓일 때에도 끓
는 물에 라면을 데쳐낸 후 건져서 다른 그릇의 끓는 물에 라면을 끓인다.

지방 사용량을 줄인다

물로 볶음

채소는 팬을 뜨겁게 달군 뒤 물을 2큰스푼 넣고 그 다음에 재료를 넣어 센 불에서 살짝 볶는다.

테플론 코팅 프라이팬을 활용

테플론 코팅 프라이팬은 재료가 잘 눌러 붙지 않으므로 볶음요리나 부침요리 등에 사용하면 적은 기름만으로도 조리가 가능하다. 튀김요리도 테플론 코팅 프라이팬을 이용하여 볶음식 요리로 전환하는 게 좋다.

팬에서 구이를 할 때는 쿠킹포일을 활용

쿠킹포일에 싸서 요리하면 기름을 적게 들이고도 속까지 익힐 수 있어 담백하고 맛있는 요리를 해낼 수 있다. 이때 포일이 찢어지지 않도록 주의한다.

잡채를 만들 때 전자레인지 이용

잡채는 맛있지만 기름을 많이 사용하므로 칼로리가 높다. 재료를 무쳐 랩을 씌운 후 전자레인지에 넣고 익히면 기름을 많이 넣지 않고도 윤기 있고 맛있는 잡채를 만들 수 있다.

두부는 튀기지 않고 지져 낸다

두부를 기름에 튀기지 않고 프라이팬에 지져 내면 칼로리를 50% 정도 줄일 수 있다.

찌개, 국을 끓일 때는 주 재료를 기름으로 볶지 않고 끓인다

김치찌개나 미역국 등을 끓일 때 주 재료를 기름에 살짝 볶아 끓이면 맛이 있지만, 다이어트를 할 때에는 기름에 볶아서 끓이지 않는다.

튀김을 할 때는 기름의 흡수량을 적게

튀김옷은 가능한 한 얇게 하고, 낮은 온도에서는 기름이 튀김재료에 많이 흡수되므로 적당한 온도에서 튀긴다. 건조한 빵가루보다는 기름을 적게 흡수하는 생빵가루를 사용하도록 한다.

TIP

지방이 줄어든 요리를 맛있게 하려면?

기름은 요리를 부드럽고 맛있게 하는 작용을 한다. 기름을 제거한 요리는 맛이 없고 퍼석거리기 쉽지만 녹말풀로 윤기를 내면 음식이 부드러워지며 맛이 풍부해진다.

열량이 적은 식품으로 포만감을 느끼게

채소는 조리하지 말고 날것으로 이용

채소를 기름에 튀기고 볶으면 그만큼 칼로리가 증가한다. 채소는 제철에 난 것을 생것으로 먹는 것이 영양상으로도 좋고 부피도 많아 포만감을 더욱 많게 한다.

국물이 많은 요리를 이용

찌개나 국은 적은 열량으로 쉽게 만복감을 느끼게 하므로 다이어트에 이용하면 좋다. 튀기거나 볶는 것보다 국물이 있는 조리법으로 열량을 줄인다.

해조 · 채소샐러드를 이용

김, 미역, 다시마 등 칼로리가 낮은 해조류를 담백하게 무쳐 먹으면 저열량으로도 포만감을 느낄 수 있다. 채소샐러드 또한 저칼로리이면서 포만감을 느낄 수 있다.

이때 샐러드에 흰살생선이나 피망, 감자 등을 섞으면 한결 맛있게 먹을 수 있다. 샐러드에는 양상추 외에 오이, 당근, 깻잎, 양배추, 쑥갓 등을 다채롭게 활용한다.

열량이 적은 샐러드드레싱 이용

요구르트드레싱, 간장드레싱, 마늘드레싱은 열량이 비교적 적다. 그러나 마요네즈는 열량이 많은 샐러드드레싱이므로 이용할 때는 조금만 쓰거나 우유와 동량으로 섞어 쓴다. 레몬즙을 넣으면 맛이 더 좋다.

식욕을 자극하는 조리법을 피한다

조미료 사용을 줄이고 대체 조미료 활용

설탕, 생크림, 버터, 마요네즈는 지방이나 당분이 많아 칼로리가 높기 때문에 인공감미료나 인공지방을 사용한다.

간은 싱겁게

반찬이 짭짤하면 입맛을 자극하게 된다. 따라서 다이어트를 할 때는 싱겁고 담백한 맛에 적응해야 성공할 수 있다. 싱거워서 맛이 없으면 식초를 뿌려 먹는다.

진한 양념은 사절

후추, 고춧가루, 생강, 파, 마늘 등으로 얼큰하게 양념하면 식욕을 돋운다. 따라서 진한 양념은 피한다.

발효간장 대신 채소간장 이용

시판되는 진간장이나 집에서 메주를 띄워서 담그는 간장은 염분 함량이 많으므로 주의해야 한다. 염분량이 적고 채소에서 우러난 영양소와 향기로 맛이 좋은 채소간장을 직접 만들어 이용한다.

표 7-3 인공감미료의 예

인공감미료	1일 허용량	설탕 1작은스푼의 단맛을 내기 위해 필요한 양	효 과
사카린	5mg/ kg 체중	12mg	• 세계 최초 인공감미료(1879년) • 1, 2차 세계대전 중에 설탕 부족을 해결(당도는 설탕의 약 500배) • 실험동물에서 암을 유발할 수 있다는 이유로 1977년 판매금지되었다가 다시 해제됨(단, 포장에 건강에 해롭다는 것을 명시함) • 세계 90개국에서 허용
아스파탐	5mg/ kg 체중	18mg	• 아스파틱산과 페닐알라닌의 복합체(페닐케톤뇨증 환자는 섭취를 피해야 함) • 당도는 설탕의 약 400배
아서설팜-K	15mg/ kg 체중	25mg	• 체내에서 대사되지 않아 칼로리가 없음 • 당도는 설탕의 약 200배
슈크라로즈	5mg/ kg 체중	6mg	• 서당을 원료로 하여 합성한 인공감미료로 체내에서 소화되지 않아 칼로리가 없음 • 당도는 설탕의 약 600배

TIP

올레스트라

슈크로즈 폴리에스터로서 체내에서 소화되지 않아 칼로리가 없는 인공지방이다. 체내에서 지용성 비타민의 흡수를 저해하므로 올레스트라가 사용된 제품에는 일반적으로 지용성 비타민을 첨가한다. 과민한 사람은 섭취 시 복통, 설사를 초래할 수 있다. 다이어트용 감자칩, 토르티야칩, 크래커 등에 사용된다.

다이어트 식단 구성

식사구성안

식사구성안은 에너지, 비타민, 무기질, 식이섬유는 자신에게 필요한 양만큼 섭취하면서 일반인이 복잡한 영양가를 계산하지 않아도 「한국인 영양소 섭취기준」을 충족할 수 있도록 만든 1일 식단작성법이다. 식품군별 대표 식품과 1인 1회 분량 및 섭취횟수를 설정하여 사용자의 개인 선호 식품에 따라 동일한 식품군 내에서는 식품의 변화를 주고자 할 때 식품의 대체가 용이하다.

각 식품군의 대표식품 및 1인 1회 분량

곡류
탄수화물의 주요급원으로 1회 분량의 평균에너지 함량은 300Kcal이며, 곡류, 면류, 떡류, 빵류, 시리얼류, 감자류, 과자류 등을 포함한다.

고기 · 생선 · 달걀 · 콩류
단백질의 주요급원으로 1회 분량의 평균에너지 함량은 100Kcal이며, 육류, 어패류, 난류, 콩류, 견과류 등을 포함한다.

채소류
비타민, 무기질, 식이섬유의 주요급원으로 1회 분량의 평균에너지 함량은 15Kcal이며, 채소류, 해조류, 버섯류 등을 포함한다.

과일류
비타민, 무기질, 식이섬유의 주요급원으로 1회 분량의 평균에너지 함량은 50Kcal이며, 과일류, 주스류 등을 포함한다.

우유 · 유제품류

칼슘의 주요급원으로 1회 분량의 평균에너지 함량은 125Kcal이며, 우유, 유제품 등을 포함한다.

유지 · 당류

열량의 주요급원으로 1회 분량의 평균에너지 함량은 45Kcal이며, 유지류, 당류 등을 포함한다. 조리시 사용되며 고열량식품이므로 과도하게 사용하지 않도록 주의해야 한다.

권장식사패턴

권장식사패턴은 각 기준 에너지별로 필요한 영양소 섭취가 달성되도록 식품군마다 권장 섭취횟수를 제시한 기준이다. 권장식사패턴 A는 우유·유제품을 1일 2회 권장하는 식사패턴으로 유아·청소년을 위한 권장식사패턴이며, 권장식사패턴 B는 우유·유제품을 1일 1회 권장하는 식사패턴으로 성인을 위한 권장식사패턴이다.

표 7-4 곡류의 주요 식품, 1인 1회 분량 및 1회 분량에 해당하는 횟수

품목		식품명	1회 분량(g)[1]	횟수[2]
곡류 (300 kcal)	곡류	백미, 보리, 찹쌀, 현미, 조, 수수, 기장, 팥	90	1회
		옥수수	70	0.3회
		쌀밥	210	1회
	면류	국수(말린 것)	90	1회
		국수(생면)	210	1회
		당면	30	0.3회
		라면사리	120	1회
	떡류	가래떡/백설기	150	1회
		떡(팥소, 시루떡 등)	150	1회
	빵류	식빵	35	0.3회
		빵(찐빵, 팥빵 등)	80	1회
		빵(기타)	80	1회
	씨리얼류	시리얼	30	0.3회
	감자류	감자	140	0.3회
		고구마	70	0.3회
	기타	묵	200	0.3회
		밤	60	0.3회
		밀가루, 전분, 빵가루, 부침가루, 튀김가루, 믹스	30	0.3회
	과자류	과자(비스킷, 쿠키)	30	0.3회
		과자(스낵)	30	0.3회

[1] 1회 섭취하는 가식부 분량임
[2] 곡류 300 kcal에 해당하는 분량을 1회라고 간주하였을 때, 해당 1회 분량에 해당하는 횟수

출처 : 보건복지부, 한국영양학회, 2015 한국인 영양소 섭취기준, 2015

표 7-5 고기 · 생선 · 달걀 · 콩류의 주요 식품, 1인 1회 분량 및 1회 분량에 해당하는 횟수

품목		식품명	1회 분량(g)[1]	횟수[2]
고기·생선· 달걀·콩류 (100 kcal)	육류	쇠고기(한우,수입우)	60	1회
		돼지고기, 돼지고기(삼겹살)	60	1회
		닭고기	60	1회
		오리고기	60	1회
		햄, 소시지, 베이컨, 통조림햄	30	1회
	어패류	고등어, 명태/동태, 조기, 꽁치, 갈치, 다랑어(참치)	60	1회
		바지락, 게, 굴	80	1회
		오징어, 새우, 낙지	80	1회
		멸치자건품, 오징어(말린 것), 새우자건품, 뱅어포(말린 것), 명태(말린 것)	15	1회
		다랑어(참치통조림)	60	1회
		어묵, 게맛살	30	1회
		어류젓	40	1회
	난 류	달걀, 메추라기알	60	1회
	콩 류	대두, 완두콩, 강낭콩	20	1회
		두부	80	1회
		순두부	200	1회
		두유	200	1회
	견과류	땅콩, 아몬드, 호두, 잣, 해바라기씨, 호박씨	10	0.3회

[1] 1회 섭취하는 가식부 분량임
[2] 고기·생선·달걀·콩류 100 kcal에 해당하는 분량을 1회라고 간주하였을 때, 해당 1회 분량에 해당하는 횟수
출처 : 보건복지부, 한국영양학회, 2015 한국인 영양소 섭취기준, 2015

표 7-6 채소류의 주요 식품, 1인 1회 분량 및 1회 분량에 해당하는 횟수

품목		식품명	1회 분량(g)[1]	횟수[2]
채소류 (15 kcal)	채소류	파, 양파, 당근, 풋고추, 무, 애호박, 오이, 콩나물, 시금치, 상추, 배추, 양배추, 깻잎, 피망, 부추, 토마토, 쑥갓, 무청, 붉은고추, 숙주나물, 고사리, 미나리	70	1회
		배추김치, 깍두기, 단무지, 열무김치, 총각김치	40	1회
		우엉	40	1회
		마늘, 생강	10	1회
	해조류	미역, 다시마	30	1회
		김	2	1회
	버섯류	느타리버섯, 표고버섯, 양송이버섯, 팽이버섯	30	1회

[1] 1회 섭취하는 가식부 분량임
[2] 채소류 15 kcal에 해당하는 분량을 1회라고 간주하였을 때, 해당 1회 분량에 해당하는 횟수
출처 : 보건복지부, 한국영양학회, 2015 한국인 영양소 섭취기준, 2015

표 7-7 과일류의 주요 식품, 1인 1회 분량 및 1회 분량에 해당하는 횟수

	품목	식품명	1회 분량(g)[1]	횟수[2]
과일류 (50 kcal)	과일류	수박, 참외, 딸기,	150	1회
		사과, 귤, 배, 바나나, 감, 포도, 복숭아, 오렌지, 키위, 파인애플	100	1회
		건포도, 대추(말린 것)	15	1회
	주스류	과일음료	100	1회

[1] 1회 섭취하는 가식부 분량임
[2] 과일류 50 kcal에 해당하는 분량을 1회라고 간주하였을 때, 해당 1회 분량에 해당하는 횟수
출처 : 보건복지부, 한국영양학회, 2015 한국인 영양소 섭취기준, 2015

표 7-8 우유 · 유제품류의 주요 식품, 1인 1회 분량 및 1회 분량에 해당하는 횟수

	품목	식품명	1회 분량(g)[1]	횟수[2]
우유· 유제품류 (125 kcal)	우유	우유	200	1회
	유제품	치즈	20	0.3회
		요구르트(호상)	100	1회
		요구르트(액상)	150	1회
		아이스크림	100	1회

[1] 1회 섭취하는 가식부 분량임
[2] 우유·유제품류 125 kcal에 해당하는 분량을 1회라고 간주하였을 때, 해당 1회 분량에 해당하는 횟수
출처 : 보건복지부, 한국영양학회, 2015 한국인 영양소 섭취기준, 2015

표 7-9 유지 · 당류의 주요 식품, 1인 1회 분량 및 1회 분량에 해당하는 횟수

	품목	식품명	1회 분량(g)[1]	횟수[2]
유지·당류 (45 kcal)	유지류	참기름, 콩기름, 커피프림, 들기름, 유채씨기름/채종유, 흰깨, 들깨, 버터, 포도씨유, 마요네즈	5	1회
		커피믹스	12	1회
	당류	설탕, 물엿/조청, 꿀	10	1회

[1] 1회 섭취하는 가식부 분량임
[2] 유지·당류 45 kcal에 해당하는 분량을 1회라고 간주하였을 때, 해당 1회 분량에 해당하는 횟수
출처 : 보건복지부, 한국영양학회, 2015 한국인 영양소 섭취기준, 2015

곡류
(300 kcal)

쌀밥(210 g)　보리밥(210 g)　백미(90 g)　현미(90 g)　수수(90 g)　팥(90 g)

가래떡(150 g)　시루떡(150 g)　국수 말린 것(90 g)　라면사리(120 g)　팥빵, 잼빵(80 g)　고구마(70 g)*

감자(140 g)*　옥수수(70 g)*　밤(60 g)*　묵(200 g)*　시리얼(30 g)*　당면(30 g)*

식빵(35 g)*　과자(30 g)*　밀가루(30 g)*

* 표시는 0.3회

곡류의 1인 1회 분량
출처 : 보건복지부, 한국영양학회, 2015 한국인 영양소 섭취기준, 2015

고기·생선·
달걀·콩류
(100 kcal)

돼지고기(60 g)　돼지고기삽겹살(60 g)　쇠고기(60 g)　닭고기(60 g)　소시지(30 g)　햄(30 g)

고등어(60 g)　명태(60 g)　참치통조림(60 g)　오징어(80 g)　바지락(80 g)　새우(80 g)

어묵(30 g)　멸치 말린 것 (15 g)　명태 말린 것 (15 g)　오징어 말린 것 (15 g)　달걀(60 g)　두부(80 g)

대두(20 g)　잣(10 g)*　땅콩(10 g)*

* 표시는 0.3회

고기 · 생선 · 달걀 · 콩류의 1인 1회 분량
출처 : 보건복지부, 한국영양학회, 2015 한국인 영양소 섭취기준, 2015

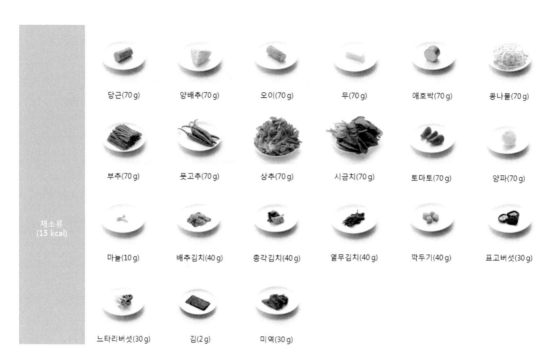

채소류의 1인 1회 분량

출처 : 보건복지부, 한국영양학회, 2015 한국인 영양소 섭취기준, 2015

과일류의 1인 1회 분량

출처 : 보건복지부, 한국영양학회, 2015 한국인 영양소 섭취기준, 2015

우유(200 mL) 호상요구르트(100 g) 액상요구르트(150 mL) 아이스크림(100 g)

치즈(20 g)*

* 표시는 0.3회

우유 · 유제품류의 1인 1회 분량

출처 : 보건복지부, 한국영양학회, 2015 한국인 영양소 섭취기준, 2015

깨(5 g) 콩기름(5 g) 마요네즈(5 g) 버터(5 g)

설탕(10 g) 물엿(10 g) 꿀(10 g)

유지 · 당류의 1인 1회 분량

출처 : 보건복지부, 한국영양학회, 2015 한국인 영양소 섭취기준, 2015

표 7-10 생애주기별 권장식사패턴 A(우유 · 유제품 2회 권장)

열량(kcal)	A 타입					
	곡류	고기·생선·달걀·콩류	채소류	과일류	우유·유제품	유지·당류
1,000	1	1.5	4	1	2	3
1,100	1.5	1.5	4	1	2	3
1,200	1.5	2	5	1	2	3
1,300	1.5	2	6	1	2	4
1,400	2	2	6	1	2	4
1,500	2	2.5	6	1	2	5
1,600	2.5	2.5	6	1	2	5
1,700	2.5	3	6	1	2	5
1,800	3	3	6	1	2	5
1,900	3	3.5	7	1	2	5
2,000	3	3.5	7	2	2	6
2,100	3	4	8	2	2	6
2,200	3.5	4	8	2	2	6
2,300	3.5	5	8	2	2	6
2,400	3.5	5	8	3	2	6
2,500	3.5	5.5	8	3	2	7
2,600	3.5	5.5	8	4	2	8
2,700	4	5.5	8	4	2	8
2,800	4	6	8	4	2	8

출처 : 보건복지부, 한국영양학회, 2015 한국인 영양소 섭취기준, 2015

표 7-11 생애주기별 권장식사패턴 B(우유 · 유제품 1회 권장)

B 타입						
열량(kcal)	곡류	고기·생선·달걀·콩류	채소류	과일류	우유·유제품	유지·당류
1,000	1.5	1.5	5	1	1	2
1,100	1.5	2	5	1	1	3
1,200	2	2	5	1	1	3
1,300	2	2	6	1	1	4
1,400	2.5	2	6	1	1	4
1,500	2.5	2.5	6	1	1	4
1,600	3	2.5	6	1	1	4
1,700	3	3.5	6	1	1	4
1,800	3	3.5	7	2	1	4
1,900	3	4	8	2	1	4
2,000	3.5	4	8	2	1	4
2,100	3.5	4.5	8	2	1	5
2,200	3.5	5	8	2	1	6
2,300	4	5	8	2	1	6
2,400	4	5	8	3	1	6
2,500	4	5	8	4	1	7
2,600	4	6	9	4	1	7
2,700	4	6.5	9	4	1	8

출처 : 보건복지부, 한국영양학회, 2015 한국인 영양소 섭취기준, 2015

표 7-12 19-64세 남성 권장 식단(2,400kcal, B타입)

메뉴	분량	아침 쌀밥 육개장 조기구이 콩자반 실파무침	점심 잔치국수 동태전 느타리버섯볶음 시금치나물 가지나물	저녁 잡곡밥 미역국 수육 모듬쌈&쌈장 도토리묵무침 배추김치	간식 시리얼 우유 배 단감 사과 군고구마 녹차
곡류	4회	쌀밥 210 g (1)	국수(생면) 210 g (1)	잡곡밥 210 g (1) 도토리묵 70 g (0.1)	시리얼 30 g (0.3) 고구마 140 g (0.6)
고기·생선·달걀·콩류	5회	소고기 30 g (0.5) 조기 60 g (1) 검정콩 20 g (1)	동태, 달걀 60 g (1)	돼지고기 90 g (1.5)	
채소류	8회	숙주, 고사리, 무 70 g (1) 실파 70 g (1)	애호박 17 g (0.25) 김 0.5 g (0.25) 느타리버섯 30 g (1) 시금치 70 g (1) 가지 70 g (1)	미역 15 g (0.5) 상추, 고추, 깻잎 70 g (1) 배추김치 40 g (1)	
과일류	3회				배 100 g (1) 단감 100 g (1) 사과 100 g (1)
우유·유제품류	1회				우유 200 mL (1)

구분	식단	식단사진	
		식사	간식
아침	쌀밥 육개장 조기구이 콩자반 실파무침		시리얼, 우유, 배
점심	잔치국수 동태전 느타리버섯볶음 시금치나물 가지나물		단감, 사과
저녁	잡곡밥 미역국 수육 모듬쌈&쌈장 도토리묵무침 배추김치		군고구마, 녹차

유지·당류 6회는 조리 시 소량씩 사용

출처 : 보건복지부, 한국영양학회, 2015 한국인 영양소 섭취기준, 2015

표 7-13 19-64세 여성 권장 식단(1,900kcal, B타입)

(회 분량)

메뉴	분량	아침 쌀밥 달걀국 땅콩멸치볶음 애호박나물 깍두기	점심 보리밥 팽이버섯된장국 소불고기 콩나물무침 오이소박이	저녁 떡국 갈치카레구이 꽈리고추볶음 배추겉절이 양배추샐러드	간식 우유 토마토 귤 포도
곡류	3회	쌀밥 210 g (1)	보리밥 210 g (1)	가래떡 150 g (1)	
고기·생선·달걀·콩류	4회	달걀 30 g (0.5) 건멸치(소) 15 g (1) 땅콩 6 g (0.2)	소고기 60 g (1)	소고기 18 g (0.3) 갈치 60 g (1)	
채소류	8회	애호박 70 g (1) 깍두기 40 g (1)	팽이버섯 15 g (0.5) 양파 35 g (0.5) 콩나물 70 g (1) 오이 70 g (1)	꽈리고추 35 g (0.5) 배추 35 g (0.5) 양배추 70 g (1)	토마토 70 g (1)
과일류	2회				귤 100 g (1) 포도 100 g (1)
우유·유제품류	1회				우유 200 mL (1)

구분	식단	식단사진	
		식사	간식
아침	쌀밥 달걀국 땅콩멸치볶음 애호박나물 깍두기		우유, 토마토
점심	보리밥 팽이버섯된장국 소불고기 콩나물무침 오이소박이		귤
저녁	떡국 갈치카레구이 꽈리고추볶음 배추겉절이 양배추샐러드		포도

유지·당류 4회는 조리 시 소량씩 사용

출처 : 보건복지부, 한국영양학회, 2015 한국인 영양소 섭취기준, 2015

1600A 권장식사 계획표

곡류 2.5회	고기·생선·달걀·콩류 2.5회	채소류 6회	과일류 1회	우유·유제품류 2회
1인 1회 분량 • 쌀밥 (210g) • 현미 (90g) • 팥 (90g) • 국수 (건90g) • 떡 (150g) • 빵 (80g)	**1인 1회 분량** • 쇠고기 (60g) • 닭고기 (60g) • 생선 (60g) • 달걀 (60g) • 두부 (80g) • 콩 (20g)	**1인 1회 분량(1접시)** • 고추 (70g) • 오이 (70g) • 콩나물 (70g) • 배추김치 (40g) • 느타리버섯 (30g) • 미역 (30g)	**1인 1회 분량** • 참외 (150g) • 수박 (150g) • 사과 (100g) • 귤 (100g) • 포도 (100g) • 과일음료 (100mL)	**1인 1회 분량** • 우유 (200mL) • 액상요구르트 (150g) • 호상요구르트 (100g) • 아이스크림 (100g) • 치즈 (20g*0.3회)
Tip. 식이섬유 섭취를 늘리기 위해 전곡류 또는 잡곡 섭취 권장	**Tip.** 살코기 위주로 섭취 지방 함량이 높은 부위는 제거 후 섭취 권장	**Tip.** 매끼 1회분 이상 섭취 제철 채소 이용한 음식 섭취 권장	**Tip.** 매일 1회분 이상 섭취 주스보단 생과일 섭취 권장	**Tip.** 매일 1회분 이상 섭취 단순당질 및 지방이 적게 함유된 제품 권장

권장섭취 횟수에 맞춰 섭취하세요.

섭 취 주 의
➤ **아침**은 거르지 않고 매일 섭취
➤ **우유 및 과일, 채소** 매일 1회 이상 섭취
➤ **패스트푸드 및 안전하지 않은 식품** 섭취 자제

식 사 원 칙
➤ **제때에!** 신체리듬에 맞춰 제때에 규칙적인 식사 권장
➤ **골고루!** 영양적으로 균형잡힌 식사를 위해 다양한 식품 골고루 섭취
➤ **알맞게!** 신체에 필요한 양만큼 알맞게 섭취

_____ **님의 식사지침**

2100A 권장식사 계획표

곡류 3회	고기·생선·달걀·콩류 4회	채소류 8회	과일류 2회	우유·유제품류 2회
1인 1회 분량 • 쌀밥 (210g) • 현미 (90g) • 팥 (90g) • 국수 (건90g) • 떡 (150g) • 빵 (80g)	**1인 1회 분량** • 쇠고기 (60g) • 닭고기 (60g) • 생선 (60g) • 달걀 (60g) • 두부 (80g) • 콩 (20g)	**1인 1회 분량(1접시)** • 고추 (70g) • 오이 (70g) • 콩나물 (70g) • 배추김치 (40g) • 느타리버섯 (30g) • 미역 (30g)	**1인 1회 분량** • 참외 (150g) • 수박 (150g) • 사과 (100g) • 귤 (100g) • 포도 (100g) • 과일음료 (100mL)	**1인 1회 분량** • 우유 (200mL) • 액상요구르트 (150g) • 호상요구르트 (100g) • 아이스크림 (100g) • 치즈 (20g*0.3회)
Tip. 식이섬유 섭취를 늘리기 위해 전곡류 또는 잡곡 섭취 권장	**Tip.** 살코기 위주로 섭취 지방 함량이 높은 부위는 제거 후 섭취 권장	**Tip.** 매끼 1회분 이상 섭취 제철 채소 이용한 음식 섭취 권장	**Tip.** 매일 1회분 이상 섭취 주스보단 생과일 섭취 권장	**Tip.** 매일 1회분 이상 섭취 단순당질 및 지방이 적게 함유된 제품 권장

권장섭취 횟수에 맞춰 섭취하세요.

섭 취 주 의
➤ **아침**은 거르지 않고 매일 섭취
➤ **우유 및 과일, 채소** 매일 1회 이상 섭취
➤ **패스트푸드 및 안전하지 않은 식품** 섭취 자제

식 사 원 칙
➤ **제때에!** 신체리듬에 맞춰 제때에 규칙적인 식사 권장
➤ **골고루!** 영양적으로 균형잡힌 식사를 위해 다양한 식품 골고루 섭취
➤ **알맞게!** 신체에 필요한 양만큼 알맞게 섭취

_____ **님의 식사지침**

출처 : 보건복지부, 한국영양학회, 2015 한국인 영양소 섭취기준, 2015

곡류 3회	고기·생선·달걀·콩류 2.5회	채소류 6회	과일류 1회	우유·유제품류 1회
1인 1회 분량 • 쌀밥 (210g) • 현미 (90g) • 팥 (90g) • 국수 (건90g) • 떡 (150g) • 빵 (80g) **Tip.** 식이섬유 섭취를 늘리기 위해 전곡류 또는 잡곡 섭취 권장	**1인 1회 분량** • 쇠고기 (60g) • 닭고기 (60g) • 생선 (60g) • 달걀 (60g) • 두부 (80g) • 콩 (20g) **Tip.** 살코기 위주로 섭취 지방 함량이 높은 부위는 제거 후 섭취 권장	**1인 1회 분량(1접시)** • 고추 (70g) • 오이 (70g) • 콩나물 (70g) • 배추김치 (40g) • 느타리버섯 (30g) • 미역 (30g) **Tip.** 매끼 1회분 이상 섭취 제철 채소 이용한 음식 섭취 권장	**1인 1회 분량** • 참외 (150g) • 수박 (150g) • 사과 (100g) • 귤 (100g) • 포도 (100g) • 과일음료 (100mL) **Tip.** 매일 1회분 이상 섭취 주스보단 생과일 섭취 권장	**1인 1회 분량** • 우유 (200mL) • 액상요구르트 (150g) • 호상요구르트 (100g) • 아이스크림 (100g) • 치즈 (20g*0.3회) **Tip.** 매일 1회분 이상 섭취 단순당질 및 지방이 적게 함유된 제품 권장

권장섭취 횟수에 맞춰 섭취하세요.

섭 취 주 의

➤ **과잉의 지방** 섭취 주의

➤ **짠 음식**의 섭취는 줄이고 싱겁고 단백한 음식 섭취 권장

➤ **첨가당**(설탕, 물엿 등) **되도록 적게** 섭취

식 사 원 칙

➤ **제때에!** 신체리듬에 맞춰 제때에 규칙적인 식사 권장

➤ **골고루!** 영양적으로 균형 잡힌 식사를 위해 다양한 식품 골고루 섭취

➤ **알맞게!** 신체에 필요한 양만큼 알맞게 섭취

_____ 님의 식사지침

곡류 3.5회	고기·생선·달걀·콩류 4.5회	채소류 8회	과일류 2회	우유·유제품류 1회
1인 1회 분량 • 쌀밥 (210g) • 현미 (90g) • 팥 (90g) • 국수 (건90g) • 떡 (150g) • 빵 (80g) **Tip.** 식이섬유 섭취를 늘리기 위해 전곡류 또는 잡곡 섭취 권장	**1인 1회 분량** • 쇠고기 (60g) • 닭고기 (60g) • 생선 (60g) • 달걀 (60g) • 두부 (80g) • 콩 (20g) **Tip.** 살코기 위주로 섭취 지방 함량이 높은 부위는 제거 후 섭취 권장	**1인 1회 분량(1접시)** • 고추 (70g) • 오이 (70g) • 콩나물 (70g) • 배추김치 (40g) • 느타리버섯 (30g) • 미역 (30g) **Tip.** 매끼 1회분 이상 섭취 제철 채소 이용한 음식 섭취 권장	**1인 1회 분량** • 참외 (150g) • 수박 (150g) • 사과 (100g) • 귤 (100g) • 포도 (100g) • 과일음료 (100mL) **Tip.** 매일 1회분 이상 섭취 주스보단 생과일 섭취 권장	**1인 1회 분량** • 우유 (200mL) • 액상요구르트 (150g) • 호상요구르트 (100g) • 아이스크림 (100g) • 치즈 (20g*0.3회) **Tip.** 매일 1회분 이상 섭취 단순당질 및 지방이 적게 함유된 제품 권장

권장섭취 횟수에 맞춰 섭취하세요.

섭 취 주 의

➤ **과잉의 지방** 섭취 주의

➤ **짠 음식**의 섭취는 줄이고 싱겁고 단백한 음식 섭취 권장

➤ **첨가당**(설탕, 물엿 등) **되도록 적게** 섭취

식 사 원 칙

➤ **제때에!** 신체리듬에 맞춰 제때에 규칙적인 식사 권장

➤ **골고루!** 영양적으로 균형 잡힌 식사를 위해 다양한 식품 골고루 섭취

➤ **알맞게!** 신체에 필요한 양만큼 알맞게 섭취

_____ 님의 식사지침

출처 : 보건복지부, 한국영양학회, 2015 한국인 영양소 섭취기준, 2015

다이어트 외식

외식은 주로 친목을 도모하거나 중요한 계약을 위한 자리일 경우가 많다. 친목을 도모하는 경우라면 자연스럽게 고열량 요리가 많은 양식이나 중식보다는 한식을 선택하는 것이 좋으며, 불가피하게 원하지 않는 외식 상차림을 접하게 되더라도 지혜롭게 절제하는 식사를 하도록 한다.

상차림별 선택

한 식
한식은 다이어트를 하는 사람에게 탁월한 메뉴이다. 한식 조리법은 세계적으로 다이어트 조리법으로 알려지고 있으며, 특히 요즈음은 채식 전문점 등에 대한 관심이 집중되면서 이러한 식단이 환영받고 있다. 한식 중에서도 채소를 위주로 한 식사, 생선구이, 편육 등 기름이 적은 조리법으로 조리된  식사가 다이어트에 좋다(예 : 쌈밥, 된장찌개, 비빔밥, 생선구이, 해물탕, 쇠고기버섯전골 등).

양 식
양식은 지방의 섭취 열량이 총 식이 섭취 열량의 40%가 넘을 정도로 고지방식이 되기 쉬우므로 바람직한 선택이 되기 어렵다. 불가피하게 이러한 상차림을 접하게 되었을 때는 샐러드나 채소수프를 먼저 주문해서 포만감을 느끼는 것이 좋으며, 닭구 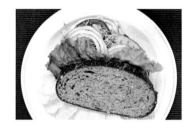 이나 연어 등의 생선요리를 주문하는 것이 좋다. 그리고 뷔페식당은 자신도 모르게 과식을 하기 쉬우므로 가능한 한 피하는 것이 좋다(예 : 토마토소스스파게티, 통밀빵샌드위치, 해물시금치파이 등).

표 7-14 외식 시 칼로리를 절약할 수 있는 대체음식

대체되어야 할 음식	대체음식	칼로리 절약 정도(kcal)
더블버거 1개	된장찌개 백반 1인분	300
짬뽕(중식) 1인분	냄비우동 1인분	220
햄버그스테이크 1인분	만둣국 1인분	450
오므라이스 1인분	김치찌개 백반 1인분	200
비빔냉면 1인분	물냉면 1인분	50
크루아상 1개	베이글 1개	80
크림수프 1인분	채소수프 1인분	90
일반우유 1컵	저지방우유 1컵	30
프렌치프라이 1인분	구운 감자 1인분	100

중 식

중식은 기름을 많이 사용하기 때문에 피하는 것이 좋다. 불가피하게 이러한 상차림을 접하게 된다면 기름에 볶지 않은 냉채, 양장피, 해물을 중심으로 선택하는 것이 바람직하며, 적당량으로 절제하여 먹는 것이 중요하다(예 : 쌀국수채소쌈, 새우브로콜리볶음, 두부완자수프, 닭고기수프, 죽순볶음, 청경채요리 등).

일 식

대체로 무난한 선택이 일식이다. 그러나 일식의 경우도 생각보다 열량이 높은 경우가 많다. 당연히 튀김류의 요리는 피해야 한다(예 : 생선초밥, 메밀국수, 알밥, 대구탕 등).

식사 요령

끼니는 꼬박꼬박

한두 끼니를 거르면서 칼로리를 줄이겠다는 생각은 큰 오산이다. 특히, 외식을 앞두고는 조금씩이라도 먹어 둬야 음식에 대한 과욕이 생기지 않는다.

채소 먼저

외식 때 밥·찌개부터 먹지 말고 채소부터 먹는다. 배부른 느낌이 오기 때문에 밥이나 다른 고칼로리 식품을 덜 먹게 된다.

늦은 외식은 사절

밤에 먹는 음식은 미처 에너지로 소비되지 못하고 체내에 축적될 우려가 있다. 특히, 오후 8시 이후에는 외식을 멀리한다. 습관성 밤참은 더더욱 피한다. 공복감이 심하면 당근이나 오이 또는 저지방우유로 속을 달랜다.

꼭 필요한 양만 주문

많은 양을 주문하여 남게 되면, 남은 음식이 아까워서 마저 먹게 되어 과식하게 된다. 약간 부족한 듯이 주문하는 것도 다이어트를 하는 사람에게는 꼭 필요한 지혜이다.

외식 및 간식의 칼로리

사회활동이 많은 현대인에게 외식은 피할 수 없는 선택인 경우가 많다. 또한 간식은 복잡한 사회생활에 지친 현대인에게 즐거움의 하나이기도 하다. 그러나 고칼로리 음식이 범람하고 있는 외식·간식 환경과 과거에 비해 외식에서의 1인분 양이 점차로 증가되는 경향을 고려한다면 다이어트하는 사람에게 외식은 분명 해결하기 어려운 문제이다. 따라서 무조건 외식이나 간식을 피하기보다는 외식 및 간식의 1인분 칼로리를 비교하여 현명하게 선택할 줄 아는 지혜가 필요하다. 특히 음료(커피, 탄산음료 등) 섭취량이 지난 10년간 3배 이상 증가하였다. 특히 여자보다는 남자의 섭취량이 높은 것으로 나타났다.

콜라   감자튀김   햄버거
1970년대 2000년대   1970년대 2000년대   1970년대 2000년대

그림 7-1 시대에 따른 음식의 양 변화

표 7-15 한식의 칼로리

음식명	제공 형태, 제공량	주 내용물	칼로리(kcal)
갈비탕	갈비 1대, 쇠고기 밥 210g	소갈비, 양지고기, 당면 밥 1공기	402 300
곱창전골	쇠고기 30g, 쇠고기 부산물 10g 밥 210g	곱창, 쇠고기, 시금치, 양파 밥 1공기	214 300
갈비구이	1인분, 양념 포함 250g	소갈비, 양파, 간장, 설탕, 참기름	550
김치찌개	400g 밥 210g	김치, 돼지고기, 두부 밥 1공기	112 300
된장찌개	뚝배기(小) 밥 210g	감자, 호박, 두부, 바지락 밥 1공기	143 300
불고기	1인분, 양념 포함 250g	쇠고기, 배, 양파, 설탕	395
비빔밥	200g 밥 210g	쇠고기, 고사리, 당근, 무, 시금치, 콩나물, 고추장, 설탕 밥 1공기	280 300
삼계탕	영계 1마리, 찹쌀 30g	영계, 마늘, 대추, 찹쌀, 국수사리	900
설렁탕	고기 50g, 당면 15g 밥 210g	양지고기, 사골, 당면 밥 1공기	235 300
순두부백반	뚝배기(小) 밥 210g	순두부, 돼지고기, 바지락, 달걀 밥 1공기	208 300
육개장	고기 50g, 달걀 20g 밥 210g	쇠고기, 고사리, 대파, 달걀 밥 1공기	295 300
낙지전골	낙지 70g 밥 210g	낙지, 양파, 마늘 밥 1공기	177 300
닭강정	닭고기 60g	전분, 물엿, 달걀	274
떡국	가래떡 150g	달걀, 쇠고기, 간장	439
만둣국	냉동만두 150g	쇠고기, 달걀, 파	382
부대찌개	어육햄 30g, 돼지고기 30g 밥 210g	두부, 김치, 콩나물, 양파 밥 1공기	353 300
물냉면	냉면사리 300g, 육수 400cc	양지고기, 무, 오이, 달걀 1/2개	435
비빔냉면	냉면사리 300g	냉면, 양지고기, 물엿, 무, 오이, 달걀, 설탕	442
수제비	밀가루 90g	감자, 호박, 바지락	410
칼국수	칼국수 150g	칼국수, 호박, 쇠고기, 양파	489
비빔국수	국수 120g	국수, 오이, 달걀, 쇠고기	522
라면	라면 117g	라면, 달걀, 파	525
떡라면	라면 117g, 떡 20g	달걀, 파	548
컵라면	컵라면 86g		327
떡볶이	떡 70g	양배추, 고추장, 양파, 파	229
전복죽	쌀 50g	쌀, 전복, 참기름	290

표 7-16 양식의 칼로리

음식명	제공 형태, 제공량	주 내용물	칼로리(kcal)
돈가스(포크커틀릿)	직경 29cm 접시, 샐러드용 접시, 밥접시, 수프그릇	돼지고기, 달걀, 빵가루, 곁들이는 채소(튀긴 감자, 브로콜리, 당근), 채소샐러드(양배추, 오이), 밥 또는 빵, 소스, 크림수프	980
안심스테이크	직경 29cm 접시, 샐러드용 접시, 밥접시, 수프그릇	쇠고기, 곁들이는 채소, 채소샐러드, 밥 또는 빵, 소스, 크림수프	860
생선가스(생선커틀릿)	130g(생선 튀긴 것)	동태살, 빵가루, 달걀, 밀가루, 곁들이는 채소, 밥, 크림수프	880
햄버그스테이크	180g	쇠고기, 돼지고기, 빵가루, 달걀, 양파, 곁들이는 채소, 밥, 소스, 크림수프	900
피자	레귤러 9인치 480g	밀가루, 모차렐라치즈, 피자소스, 토핑(피망, 페퍼로니, 쇠고기, 돼지고기, 햄, 양송이)	1,120
오므라이스	20~30cm 타원형 접시 400g	쇠고기, 당근, 피망, 케첩, 양파, 밥, 달걀	680
카레라이스	20~30cm 타원형 접시	돼지고기, 양파, 감자, 당근, 셀러리, 카레, 밥	600
미트소스스파게티	1인분 248g	스파게티, 미트볼	690
콘플레이크와 우유	콘플레이크 50g, 우유 200mL	콘플레이크, 우유	342
감자샐러드	1인분 130g	감자, 양파, 당근	129
채소샐러드	1접시 125g	양배추, 오이, 사과, 마요네즈	116
달걀프라이	달걀 50g	달걀	96
새우필라프	쌀 80g, 새우 30g	쌀, 새우, 양파, 당근, 감자	397
비프스튜	1접시	쇠고기, 감자, 토마토케첩	231
오믈렛	1인분 90g	달걀, 우유, 돼지고기	240
크림수프	1접시 300g		72
양송이버섯수프	1접시 300g		114
채소수프	1접시 300g		63
마요네즈	1큰스푼		39
사우전드아일랜드드레싱	1큰스푼		67
프렌치드레싱	1큰스푼		62
이탈리안드레싱	1큰스푼		67
머스터드소스	1큰스푼		51
케첩	1큰스푼		21

표 7-17 중식의 칼로리

음식명	제공 형태, 제공량	주 내용물	칼로리(kcal)
자장면	1인분	국수, 양배추, 쇼트닝, 돼지고기, 양파, 오이, 호박, 설탕	660
짬뽕	1인분	국수, 양배추, 바지락, 물오징어, 호박, 양파, 당근	572
볶음밥	볶음밥 350g, 자장소스 100g	밥, 돼지고기, 양파, 당근, 대파, 달걀, 자장소스	720
탕수육	1접시(직경 29cm)	돼지고기, 달걀, 녹말, 설탕, 양파, 오이, 당근, 버섯	1,780
잡탕밥	1인분 270g	쌀, 오징어, 새우, 양파, 돼지고기, 호박, 메추리알, 전분	521
깐풍기	1인분 126g	닭고기, 고추장, 물엿, 전분	509
군만두	1인분 265g	돼지고기, 두부, 밀가루, 숙주	314
찐만두	1인분 222g	돼지고기, 두부, 부추, 당면	268
우동	우동면 130g	우동면, 어묵, 달걀	461
잡채밥	1인분 270g	쌀, 당면, 돼지고기, 어묵, 시금치	525
해파리냉채	1인분 170g	해파리, 오이, 당근, 달걀	136
라조육	1인분 126g	닭고기, 전분, 고추장	293
마파두부	1인분 123g	두부, 양송이, 쇠고기, 양파, 피망	207

표 7-18 일식의 칼로리

음식명	제공 형태, 제공량	주 내용물	칼로리(kcal)
회덮밥	200g 밥 210g	참치, 상추, 양배추, 오이 밥 1공기	220 300
알탕	명란 40g 밥 201g	알, 두부, 쑥갓 밥 1공기	230 300
대구매운탕	뚝배기(大) 밥 210g	대구, 콩나물, 양파, 쑥갓 밥 1공기	207 300
생선초밥	1인분 250g	전복, 장어, 문어, 새우, 참치, 조갯살, 밥, 설탕	520
메밀국수	삶은 면 350g, 국물 250cc	메밀국수, 양념장	312
유부초밥	10개 300g	유부, 밥, 설탕	540
김초밥	10개 300g	김, 맛살, 오이, 우엉, 밥, 설탕	360
고기덮밥	1인분 205g	쌀, 쇠고기, 양파, 당근, 느타리버섯	864
닭고기꼬치구이	1인분 45g	닭고기, 양파, 마늘	274
돈가스 정식	돼지고기 80g, 마요네즈 40g	돼지고기, 감자, 양파, 양배추	850
채소튀김	감자 40g, 고구마 40g	감자, 고구마, 양파, 당근, 밀가루	225
우동	우동(생것) 130g	우동, 어묵, 달걀, 맛살	456

표 7-19 간식의 칼로리

식품명	어림치	중량(g)	칼로리(kcal)	식품명	어림치	중량(g)	칼로리(kcal)
김밥	1개	30	40	프렌치토스트	1쪽	30	100
유부초밥	1개	30	50	애플파이	1쪽	90	295
찹쌀떡	1개	70	160	피자	1쪽	100	250
개피떡	1개	30	80	핫도그	1개	100	280
송편	1개	20	60	셈베이	1개	7	25
소보로빵	1개	60	200	아이스크림	1개	60	100
링도넛	1개	30	125	밀크셰이크	1컵	240	340
카스텔라	1개	100	317	초콜릿	1개	30	150
파운드케이크	1쪽	70	230	캐러멜	6개	30	102
핫케이크	1개	70	200	팥시루떡	1인분	100	205
백설기	1쪽	100	234	인절미	4개	100	217
약밥	1인분	100	259	꿀	1큰스푼	15	44
사탕	5개	20	52	딸기잼	1큰스푼	21	51
설탕	1큰스푼	3	9	미숫가루	1큰스푼	17	62

알 아 두 기

샐러드와 드레싱

원래 샐러드는 소금을 뿌려 먹던 습관에서 생긴 것으로 기원전 로마·그리스시대부터 먹었던 것으로 전해진다. 샐러드는 현대인의 식생활에서 식이섬유소와 비타민, 미네랄 등의 좋은 공급원이 될 수 있으나, 드레싱이 고지방·고칼로리인 경우가 많아 다이어트를 하는 사람들은 다이어트용 드레싱을 필히 이용해야 한다. 다이어트용 샐러드드레싱을 소개하면 다음과 같다.

- 요구르트드레싱 : 플레인 요구르트 1큰스푼, 레몬즙 1작은스푼, 샐러드유 1과 2/3작은스푼, 소금, 후춧가루 조금
- 간장드레싱 : 진간장 1큰스푼, 샐러드유 1큰스푼, 식초 1작은스푼, 참기름 1작은스푼
- 마늘드레싱 : 마늘 1통, 키위 3개, 체리 15개, 양겨자 2큰스푼, 샐러드유 1컵, 식초 5큰스푼, 소금 2작은스푼, 설탕 조금
- 딸기무즙드레싱 : 무즙 1/4컵, 딸기(간 것) 2개, 레몬즙 1/4컵, 꿀 1과 1/2큰스푼, 올리브오일 2큰스푼
- 겨자소스 : 겨자 2큰스푼, 물 1큰스푼, 식초 1큰스푼, 설탕·소금·다진 마늘 약간씩
- 두부마요네즈소스 : 두부 1모, 양파 1개, 물 1/4컵, 레몬즙 3큰스푼, 소금 소량을 믹서에 곱게 갈아 소스로 이용한다. 기호에 따라 오이, 피망, 풋고추 등을 다져 넣고 함께 갈아 변화를 줄 수 있다. 3~4일이 지나면 물이 생기므로 먹을 때마다 조금씩 만들어 먹는다.

IET&
HEALTH ⫴⫴⫴⫴⫴|⫴⫴⫴⫴⫴

비만의 종류에 따른
다이어트와 실례

비만을 치료하기 위한 식사요법의 종류는 무수히 많다. 대부분 식사요법의 문제점은 너무 단시간에 많은 감량을 원하는 데 있다. 이러한 생각으로 다이어트를 시작하면 오랜 기간 지속하기 어렵기 때문에 초기에는 체중이 감소될지 모르나 옛날 식생활로 되돌아가게 되면 지방 축적은 오히려 늘어나게 된다. 체중을 줄인 비만인의 대다수가 원래 체중으로 되돌아가기 때문에 체중 조절 전문가들은 체중 감량도 중요하지만 감량된 체중을 유지하는 것이 더욱 중요하다고 입을 모은다.

CHAPTER 8

비만의 종류에 따른 다이어트와 실례

직장인 비만

직장인들은 과다한 업무, 승진 스트레스, 동료 간의 갈등, 업적 평가 등으로 인해 다양하고 많은 스트레스를 받게 된다. 또한 청년들은 학업 스트레스, 이성관계, 취업 스트레스와 더불어 다양한 동아리 활동의 일환으로 술자리를 자주 갖는다. 그들이 스트레스에서 헤어나기 위해 혹은 원활한 인간관계를 위해 쉽게 선택하는 것이 바로 음식과 술이다. 스트레스가 많은 사람들은 특히 밤참을 많이 먹기 때문에 비만으로 이어지기 쉽다. 그러나 이러한 방법보다는 요가, 명상, 운동, 등산, 동아리 활동, 취미 활동 등을 통하여 스트레스를 해소하도록 해야 한다.

음주와 비만

알코올은 1g당 7kcal로, 지방과 비슷한 열량을 낸다. 술은 칼로리만 있고 다른 영양소는 거의 없다. 그러므로 술을 '엠티 칼로리 푸드(empty calorie food ; 칼로리만 있고 실제 영양소는 텅 비어 있는 식품)'라고 말한다.

술 1잔은 대략 60~140kcal의 에너지를 낸다. 술은 될 수 있는 대로 4~5% 정도로 도수가 낮은 맥주가 좋고, 소주를 마셔야 한다면 15~16%로 낮은 도수를 선택하는 것이 좋다. 술을 마실 때 함께 먹는 안주 때문에 비만이 되는 경우가 많으므로 주의를 해야 한다.

바람직하지 않은 음주 유형

한 끼 식사의 칼로리가 500~600kcal이므로, 식사와 함께 술을 곁들이면 한 끼에 1,000kcal가 넘어 버린다. 즉, 한 끼로 섭취하는 에너지가 하루 필요한 에너지 양인 2,000kcal의 1/2이된다.

소주 2잔과 삼겹살 1인분(150g)을 먹었을 때 : 680kcal

+

칼로리 : 680kcal
콜레스테롤 : 96mg

지방 에너지 비율 : 62%
소금 : 0.6g

포화지방 : 23g

맥주 2잔과 닭튀김(1/4마리)을 먹었을 때 : 650kcal

+

칼로리 : 650kcal
콜레스테롤 : 185mg

지방 에너지 비율 : 44%
소금 : 2.2g

포화지방 : 3g

맥주 2잔과 땅콩 · 오징어(1접시)를 먹었을 때 : 330kcal

+

칼로리 : 330kcal
콜레스테롤 : 152.7mg

지방 에너지 비율 : 30%
소금 : 0.6g

포화지방 : 1.2g

위스키 2잔과 육포를 먹었을 때 : 520kcal

 +

칼로리 : 520kcal   지방 에너지 비율 : 21%   포화지방 : 5.6g
콜레스테롤 : 90mg   소금 : 3.3g

바람직한 음주 유형

맥주 2잔과 과일(1접시)을 먹었을 때 : 250kcal

 +

칼로리 : 250kcal   지방 에너지 비율 : 0%   포화지방 : 0mg
콜레스테롤 : 0mg   소금 : 0g

맥주 2잔과 북어포(1접시)를 먹었을 때 : 250kcal

 +

칼로리 : 250kcal   지방 에너지 비율 : 4.5%   포화지방 : 0mg
콜레스테롤 : 80mg   소금 : 0.5g

표 8-1 각종 술의 칼로리

종 류	용량(mL)	알코올 농도(%)	제공단위(cc)	1잔당 열량(kcal)
고량주	250	40	1잔(50)	140
소주	360	20	1잔(50)	70
이강주	750	25	1잔(50)	90
문배주	700	40	1잔(50)	140
청하	300	16	1잔(50)	65
막걸리	750	6	1대접(200)	110
맥주	500	4.5	1컵(200)	63
생맥주	500	5	1잔(500)	175
위스키 (패스포트)	360	40	1잔(40)	110
백포도주	100	12	1잔(100)	84
적포도주	700	12	1잔(100)	84

표 8-2 각종 안주의 칼로리

종 류	눈대중량	중량(g)	열량(kcal)
새우깡	1봉지	85	440
팝콘	1접시	20	109
돈가스	1인분	121	340
마른 오징어	1마리	60	198
부대찌개	1인분	200	250
프랑크소시지	1조각	31	89
베이컨	1조각	7	45
땅콩	10개	10	45
아몬드	7개	8	45
삼겹살구이	1인분	150	505
파인애플 통조림	1캔(큰 것)	520	400
굴 통조림	1캔(큰 것)	480	320
황도 통조림	1캔(큰 것)	440	320
깐 포도 통조림	1캔(큰 것)	167	135
말린 바나나	33조각	50	140

술이 삼겹살을 만났을 때

술의 역사는 인류 초기의 수렵 시대부터 과일주가 만들어졌을 정도로 길다. 예부터 우리는 결혼이나 장례식 등 즐거울 때나 슬플 때나 술을 마셔 왔다. 현대인들은 스트레스를 풀기 위해, 사회생활을 위해, 또 어떤 경우에는 건강을 위해서도 술을 마신다. 우리나라에서는 술을 쉽게 살 수 있으며, 사람들은 술을 즐겨 마시고 술 취한 사람에 대해 관대하다. 이러한 술 문화가 우리나라를 세계 2위의 술 소비국으로 만들었다.

술은 영양학적인 측면에서 보면 그야말로 칼로리만 있고 영양소는 거의 없는 빈껍데기 식품이다. 우리가 다른 음식을 먹을 때는 칼로리만 얻는 것이 아니라 탄수화물, 지방, 단백질, 비타민, 무기질 등 다양한 영양소를 얻는다. 그런데 술은 탁주, 포도주에 있는 소량의 영양소를 제외하고는 영양소를 거의 가지고 있지 않다. 따라서 술을 과도하게 마실 경우 균형 잡힌 식생활을 할 수 없게 된다.

술은 간에서 지방으로 바뀌어 저장된다. 지방의 일부는 혈액으로 떨어져 나오게 되어 혈액의 중성지방을 높이게 되며 중성지방은 혈관벽에 붙어 동맥경화를 가져오는 데 한몫한다. 그런데 우리는 술을 마실 때 술만 마시는 것이 아니라 기름진 안주도 같이 먹는다. 한국 남성들은 돼지고기 삼겹살, 곱창구이, 장어구이, 생선회 등의 안주를 좋아하고, 여성들은 닭튀김, 땅콩, 드레싱을 듬뿍 얹은 샐러드를 즐겨 먹는다. 이러한 음식들은 모두 지방이 많아 술과 함께 먹었을 때에는 막대한 칼로리를 섭취하게 된다.

만약 저녁 회식에서 소주 5잔(350kcal)에 돼지고기 삼겹살 1인분(150g, 500kcal)을 먹게 되면, 술과 안주로 밥 3공기(밥 1공기 300kcal)에 해당하는 칼로리를 섭취한 것이 된다. 특히, 돼지고기 삼겹살은 지방이 많아 맛은 고소하나, 1인분에 성인이 하루에 먹는 지방이 다 들어 있다. 돼지고기 삼겹살은 나쁜 지방인 포화지방이 잔뜩 들어 있어서 혈액의 콜레스테롤을 높여 이것 역시 혈관벽에 쌓여 동맥경화의 원인이 된다. 따라서 술이 돼지고기 삼겹살을 만나면 지방간 및 혈관, 심장에 악영향을 미치는 최악의 콤비가 된다. 결과적으로 일주일에 3~4번씩 술과 기름진 안주로 회식하는 사람들은 대부분 지방간과 고지혈증에 시달리게 된다.

그러므로 술안주로는 지방이 많은 것보다는 북어포나 채소 길게 썰은 것, 과일로 대신하자! 한번 폭음을 하면 뇌세포 10만 개가 파괴된다고 한다. 따라서 절주가 가장 좋으나, 꼭 마셔야 한다면 여자는 하루에 1잔(맥주 작은 병 반 병, 혹은 와인 1잔, 소주 1잔), 남자는 2잔(맥주 작은 병 1병, 혹은 와인 2잔, 소주 2잔) 이상 마시지 말자!

출처 : 손숙미, 건강소식지, 2002년 봄호

회식에서는 이렇게!!

술자리는 피할 수 없는 경우가 많다. 다이어트를 해야 할 경우 회식에서 어떻게 대처해야 할까?

• 술을 마실 때는 항상 물, 얼음을 달라고 해서 술과 교대로 마시든지 술에 타서 희석해서 마신다.

• 안주는 고기보다는 과일, 채소, 마른 안주(생선포), 생두부 등으로 한다.

• 채소 안주를 먼저 먹고 술을 마시기 시작한다.

• 식사를 곁들일 때는 고기부터 먹지 말고 반찬부터 먹기 시작한다. 고기는 밥과 곁들여서 몇 점만 먹는다.

외식과 비만

외부 활동 등의 이유로 외식을 자주 하게 되면 자연히 높은 열량의 음식을 섭취하게 되어 비만이 되기 쉽다. 외식에서 섭취하게 되는 음식은 대부분 지방과 설탕이 많이 들어 있고 자극적이며 맛이 있어 과식하기 쉽기 때문이다.

특히, 양식과 중식을 하는 경우 한 끼에 하루 필요 열량의 1/2을 섭취하는 경우도 많다. 그러므로 외식을 할 때에는 양식이나 중식보다는 일식이나 한식을 택하는 것이 좋으며, 한식은 일품요리보다는 밥, 국, 김치, 나물, 생선으로 구성된 전통 한정식이 칼로리는 낮으면서 만복감을 가질 수 있어서 좋다. 일품요리 중에서는 된장찌개, 순두부찌개가 칼로리가 낮으며 갈비탕이나 삼계탕은 1그릇당 칼로리가 높다. 외식 시에는 중요 음식의 열량, 지방, 포화지방, 콜레스테롤, 소금 함량을 비교해 볼 필요가 있다.

표 8-3 한식의 종류와 칼로리 · 지방에너지 비율

떡갈비구이(밥 1공기 포함)	삼계탕	갈비탕(밥 포함)

떡갈비구이(밥 1공기 포함)	삼계탕	갈비탕(밥 포함)
칼로리 : 565kcal	칼로리 : 900kcal	칼로리 : 702kcal
지방 에너지 비율 : 62%	지방 에너지 비율 : 47%	지방 에너지 비율 : 29%
포화지방 : 13.3g	포화지방 : 6g	포화지방 : 6.8g
콜레스테롤 : 140.2mg	콜레스테롤 : 337.7mg	콜레스테롤 : 132.8mg
소금 : 1.2g	소금 : 2.3g	소금 : 2.6g

육개장(밥 포함)	설렁탕(밥 포함)	된장찌개(밥 포함)

육개장(밥 포함)	설렁탕(밥 포함)	된장찌개(밥 포함)
칼로리 : 595kcal	칼로리 : 535kcal	칼로리 : 443kcal
지방 에너지 비율 : 23%	지방 에너지 비율 : 59%	지방 에너지 비율 : 6%
포화지방 : 3.4g	포화지방 : 6.7g	포화지방 : 0.2g
콜레스테롤 : 131.3mg	콜레스테롤 : 39.8mg	콜레스테롤 : 21.1mg
소금 : 1.9g	소금 : 1.8g	소금 : 2.4g

표 8-4 일식의 종류와 칼로리 · 지방에너지 비율

유부초밥	회덮밥	대구매운탕(밥 포함)

유부초밥	회덮밥	대구매운탕(밥 포함)
칼로리 : 540kcal	칼로리 : 520kcal	칼로리 : 507kcal
지방 에너지 비율 : 39%	지방 에너지 비율 : 9.3%	지방 에너지 비율 : 7.6%
포화지방 : 0.7g	포화지방 : 0.5g	포화지방 : 0.3g
콜레스테롤 : 0mg	콜레스테롤 : 57.4mg	콜레스테롤 : 69.5mg
소금 : 1.6g	소금 : 1.1g	소금 : 1.9g

표 8-5 양식의 종류와 칼로리 · 지방에너지 비율

돈가스(빵 포함)	함박스테이크(빵 포함)	오므라이스

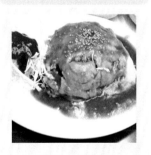

돈가스(빵 포함)	함박스테이크(빵 포함)	오므라이스
칼로리 : 712kcal	칼로리 : 680kcal	칼로리 : 680kcal
지방 에너지 비율 : 56%	지방 에너지 비율 : 66%	지방 에너지 비율 : 24%
포화지방 : 16.4g	포화지방 : 15.6g	포화지방 : 2.3g
콜레스테롤 : 130mg	콜레스테롤 : 92.1mg	콜레스테롤 : 263.3mg
소금 : 1.6g	소금 : 1.9g	소금 : 1.3g

표 8-6 중식의 종류와 칼로리 · 지방에너지 비율

탕수육(직경 30cm)	자장면	짬뽕
칼로리 : 1,780kcal	칼로리 : 660kcal	칼로리 : 572kcal
지방 에너지 비율 : 67%	지방 에너지 비율 : 17%	지방 에너지 비율 : 15%
포화지방 : 53.6g	포화지방 : 3.2g	포화지방 : 1.4g
콜레스테롤 : 322.6mg	콜레스테롤 : 11.3mg	콜레스테롤 : 85.1mg
소금 : 2.1g	소금 : 2.7g	소금 : 5.2g

야간 근무와 비만

야간 근무를 하는 직장인들은 저녁시간에 라면, 떡볶이 등의 간식을 먹고 밤늦게 집에 와서 또 정식으로 저녁을 먹는 경우가 많다. 이렇게 밤늦게 섭취하는 저녁은 비만으로 가는 지름길이 된다. 야간 근무를 하는 경우에는 저녁시간에 간식으로 때우지 말고 정식으로 저녁을 먹어야 한다. 그리고 퇴근 후에는 과일이나 저지방우유 1잔 정도를 마신 후 취침하는 것이 좋다.

불규칙한 식사습관에 의한 비만

나쁜 식사습관

밤늦게 야식을 먹은 사람들은 아침에 입맛이 없어 거르거나, 간단하게 빵, 우유, 커피 등으로 때우게 된다. 일부 직장 여성들은 다이어트를 목적으로 아침을 거르기도 한다. 그러나 이렇게 하면 점심은 자연히 과식을 하게 되고 오랜 공복 후에 섭취하는 칼로리는 지방으로 저장되는 과정이 촉진된다.

좋은 식사습관

- 하루 중에 아침식사를 제일 많이 섭취한다. 아침 : 점심 : 저녁을 3 : 2 : 1의 비율로 한다. 아침식사를 제대로 하려면 일찍 자고 일찍 일어나는 습관을 들인다. 일찍 자면 밤참의 유혹을 받지 않게 되고, 아침에도 자연스럽게 일찍 일어나게 되어 시간 부족이나 식욕이 없어서 아침을 거르는 일이 없어진다.

- 오후 4~5시에 적당한 간식을 먹는다. 오후 4~5시에 간식을 먹지 않으면 저녁을 과식하기 쉽다. 그러나 4~5시에 라면, 떡볶이, 순대, 김밥, 어묵, 빵, 과자 같은 고칼로리 식품으로 간식을 먹게 되면 저녁을 조금 먹게 되고 밤참으로 또 다른 간식을 섭취하게 된다. 따라서 4~5시 간식은 삶은 고구마, 저지방우유, 과일 혹은 달걀 삶은 것, 녹차 등으로 한다.

70kcal × 5잔 = 350kcal(1일)
350kcal × 20일 = 7,000kcal = 1kg의 체중

그림 8-1 하루에 자판기 커피 5잔 마실 경우

- 자판기에 너무 자주 가지 않는다. 자판기에 가서 커피, 청량음료 등을 자주 마시면 그것도 칼로리 양이 상당하다. 자판기 커피는 설탕, 크림이 많아 1잔에 70kcal 정도 된다. 하루에 1잔 정도만 마시고 녹차, 생수를 마시는 것이 좋다.

- 운동하는 습관을 들인다. 직장인은 운동하는 데 시간을 내기가 쉽지 않다. 따라서 틈틈이 시간을 내는 수밖에 없다.

여성 비만

남성들이 주로 직장생활과 각종 모임으로 인한 불규칙한 식생활, 과다한 음주, 운동 부족 등이 비만의 원인인 데 반해, 여성들은 임신과 출산, 폐경을 겪으면서 나타나는 생리적 현상으로 비만이 되는 경우가 많다.

임신 중의 과잉 영양과 비만

과거에는 임신부의 저영양이 태아의 안전에 영향을 미친다고 알려져 임신부에게 많은 보양식을 권했다. 그러나 실제로는 임신 초기에서 중기 사이에는 하루에 150kcal, 중기에서 후기 때에는 350kcal만 더 섭취해도 충분하다. 출산 후 6개월 정도 되면 산모의 60% 정도는 출산 전 체중으로 돌아가나 나머지 40%의 경우에는 체중이 증가된 상태로 남아 있게 된다. 임신 중에 체중이 너무 늘면 정상 분만이 어렵고 임신중독의 위험이 증가될 수 있다.

임신 시의 영양 중에 가장 중요한 것이 단백질, 칼슘, 철분의 섭취이다. 단백질은 하루에 70g이 필요하며 동물성으로 30% 이상을 섭취해야 한다. 칼슘은 하루에 우유 1잔을 추가하면 되고 철분은 식사만으로 공급이 힘들므로 보충제를 따로 먹는 것이 좋다.

출산 후의 과잉 영양과 비만

출산 때 에너지 사용량이 많은 것은 사실이나 산후 몸조리 기간 동안 별로 움직이지 않으면서 열량이 높은 음식만을 자꾸 먹으면 체지방으로 저장되기 쉽다. 될 수 있는 대로 몸을 움직이고 하루에 5끼 정도의 보양식을 한다면 한 끼의 분량을 평소의 2/3 정도로 줄이는 것이 좋다.

- 모유 수유 : 모유 수유 시에는 하루에 400~800kcal의 열량이 소모되므로 체지방이 분해되어 쓰인다. 모유를 먹이는 산모는 분유를 먹이는 산모에 비해 출산 6개월 후에 체중이 3kg 정도 덜 나간다고 보고되고 있다.
- 신체 활동 개시 : 출산 후 3주일 후부터는 신체 활동을 시작하는 것이 좋으며, 가벼운 집안일부터 한다. 출산 후 6개월이 지나면 대부분 정상체중으로 돌아간다.
- 산후 우울증의 극복 : 산모의 50~80%가 분만 후 3~10일경에 산후 우울증을 느끼게 된다. 이때 우울증을 음식으로 풀게 되면 비만으로 연결되므로 남편과 가족 혹은 전문가의 도움으로 우울증을 극복해야 한다.

폐경과 비만

폐경과 더불어 에스트로겐이 급격히 떨어지면서 신체 열량 소모가 줄어들고 기초대사량
이 저하되어 지방 축적이 더 쉽게 이루어진다. 이때의 지방 축적은 복부에서 많이 일어나
만성질병 위험이 높아지게 된다. 따라서 폐경 이후에는 평소 먹던 음식량을 줄여야 옛날
체중을 유지할 수 있다. 만약, 폐경 전과 같은 식사를 하면 비만으로 쉽게 연결된다.

다이어트 실패의 반복

다이어트를 할 때 칼로리 섭취량을 줄이면 우리 몸은 기초대사량을 감소시켜 에너지를
절약하게 된다. 따라서 다이어트를 반복하면 할수록 몸은 에너지를 점점 덜 쓰게 되어
기초대사량이 지속적으로 낮아져서 비만이 되기 쉽다. 그러므로 다이어트는 식습관을
고쳐서 일생 동안 계속해야 하는 것이다.

다이어트 프로그램 실천

1단계 : 첫째 주 – 하루에 물 6~7잔 마시기

- 물은 우리 몸의 70% 정도를 차지하며 지구의
  2/3가량을 덮고 있다. 우리는 몇 주일 이상을
  먹지 않고 살 수 있으나 물 없이는 하루나 이틀
  밖에 살지 못한다.
- 물은 그 자체가 칼로리가 없다. 그러나 물은 마
  셨을 때 공복감을 없애 주기도 하고 식후에는
  편안한 만복감을 주기도 한다. 또한 물을 충분
  히 마셔 줌으로써 우리 몸의 혈액과 세포액을
  유지시켜 혈액 순환을 원활히 할 뿐 아니라 세
  포 내 신진대사를 원활하게 해준다.

걸을 경우에 대비하여
햇빛 가리는 모자

찐 고구마

뻥튀기

달걀 삶은 것

녹차 티백

오이, 당근 스틱

언제든지 마실 수
있는 생수병

덤벨

만보기

항상 편안한 자세로
걸을 수 있는
걷기용 운동화

그림 8-2 살과의 전쟁에 나선 K양

물 마시는 습관을 기르기 위한 요령

1. 아침에 일어나자마자 차가운 물을 1컵 마신다.

2. 식전에 물을 1컵씩 마신다.

3. 과일주스에 물을 타서 마신다.

4. 배가 고플 때는 물부터 마시고 10분이 지나도 배가 고프면 그때 먹는다.

5. 커피나 차는 카페인이 없는 것으로 바꾼다. 카페인은 이뇨작용을 촉진시켜 탈수를 가져오기
   때문이다. 커피 대신 엷게 탄 녹차, 둥굴레차가 좋다.

6. 자동차 안에 항상 물을 가지고 다닌다.

7. 책상에도 생수를 항상 놓아둔다.

8. 보온이 되는 물통을 사서 항상 물을 채워 다닌다.

9. 밖에서 돌아오자마자 마실 수 있게 냉장고에 시원한 물은 마련해 둔다. 생수기가 있으면 더
   욱 좋다.

10. 그냥 물 마시기가 힘들면 물에 레몬이나 딸기 같은 과일을 띄워 향을 우려서 마신다.

알 아 두 기

물을 마시는 것이 왜 다이어트에 좋은가?

첫째, 배가 고플 때 물을 마시면 배고픔을 훨씬 덜 느끼게 된다. 그리고 식전에 물을 마시면 음식을
조금 먹어도 만족감이 크다.

둘째, 물을 충분히 마시면 우리의 몸의 기능이 원활하게 작용한다. 우리 몸의 70%는 물이고 세포
안에서 일어나는 거의 모든 작용은 물을 매개체로 일어나는 경우가 많다. 물은 자동차의 엔진오일과
같이 우리 몸이 영양소를 잘 태울 수 있는 기관으로 바꾸어 준다.

셋째, 다이어트 시에 분해되는 많은 물질을 배설시켜 준다. 또한 시원한 물은 장을 자극해 배변
작용을 원활하게 해준다.

2단계 : 둘째 주 - 정해진 장소에서 정해진 시간에 먹기

- 하루에 식사 3끼, 간식 2끼를 정해진 시간과 장소에서 먹는다.
- TV나 신문을 보면서 혹은 독서를 하면서 먹지 않는다. 먹을 때는 음식의 맛을 즐겨야 한다.
- 저녁은 6시 이전에 먹는 것이 좋고, 아침 : 점심 : 저녁을 3 : 2 : 1의 비율로 먹는다.
- 하루에 적어도 1끼는 친구나 가족들과 함께 식탁에 앉아 전통 한식을 먹는다.
- 음식은 최소한 20번을 씹어 삼킨다.

3단계 : 셋째 주 - 식생활에서 학점 따기(섭취 열량 줄여서 1학점)

- 학점따기란 무엇인가? 학점을 딴다는 것은 식생활에서 섭취 열량을 줄이거나 운동으로 소모 열량을 늘리는 것을 의미하며 100kcal는 1학점에 해당한다.
- 3,500kcal는 체중 0.5kg에 해당하므로 35학점을 따면 0.5kg이 줄어든다. 즉, 하루에 5학점을 따면 일주일에 35학점을 따게 되어 0.5kg이 줄어든다. 또한 하루에 10학점씩 따면 일주일에 70학점을 따서 1kg이 줄어든다.
- 5학점을 단순히 굶거나 섭취 열량을 줄여서 딸 수 있다. 그러나 그렇게 되면 몸의 에너지 절약 시스템이 작동되어 점점 체중 감량이 힘들어진다. 그러므로 에너지 절약 시스템이 작동 안 될 만큼 충분히 먹으면서 한편으로 몸이 필요한 것보다는 적게 먹는 것이다. 그래야 저장된 지방을 꺼내 쓸 수 있다.

- 식생활에서는 1학점(최대 2학점) 정도 따고 나머지는 운동량을 늘려서 4학점을 따서 하루에 5학점을 따도록 한다.

표 8-7 식생활과 운동에서 학점따기

식생활	운동

음식에서 100kcal 줄이기(1학점)	운동으로 100kcal 소모하기(1학점)

→ 하루에 5학점(식생활에서 1학점, 운동에서 4학점) → 일주일에 35학점
⇒ 일주일에 0.5kg 체중이 줄어듦

TIP

식생활에서 1학점 따기의 예

섭취 에너지는 '에너지 절약장치'가 작동 안 될 만큼 충분하면서, 몸이 필요한 것보다는 적게 섭취해야 한다. 이는 기초대사량의 90% 정도를 뜻한다. 하루에 필요로 하는 기초대사량은 다음과 같이 계산한다.

여자 : 현재체중 × 24 × 0.9
남자 : 현재체중 × 24 × 1.0

예를 들어, 현재체중 62.5kg인 여자는 기초대사량이 1,350kcal가 필요하다. 여기에서 우리는 10% 정도만 감량하도록 한다. 그 이상으로 줄이면 '에너지 절약장치' 작용! 경보음이 울린다.

1,350 × 0.1 = 135kcal ≒ 100kcal(1학점)

따라서 1,350kcal에서 100kcal 줄여서 1,250kcal를 섭취하면 식생활에서 1학점을 딸 수 있다.

식생활에서 학점 따기

쓸데없이 칼로리만 내면서 다른 영양소는 별로 없는 정크푸드를 건강한 식품으로 바꾼다. 그리고 식사는 하루에 5번 정도로 횟수를 늘리고, 한 번에 먹는 분량을 조절한다.

1. 식사 전에 물을 1컵 마신다.

2. 식탁에 생채소바구니를 마련하여 채소부터 먹기 시작한다. 생채소는 마음껏 먹어도 좋다. 단, 이때 마요네즈에 찍어 먹는 것은 피해야 한다. 고추장에 살짝 찍어 먹는 것은 괜찮다.

3. 아침, 점심에는 지금까지 하던 식사의 2/3로 양을 줄인다. 특히, 밥의 1/3은 미리 덜어 낸다.

4. 가능하면 아침, 점심, 저녁은 모두 한식으로 하고 현미밥으로 먹는다.

5. 저녁은 밥 1/3공기만 먹고 반찬은 고단백식으로 한다(달걀흰자 2개). 또한 저녁에는 해조류를 이용한 국을 먹는다. 자기 전에 너무 허전하면 수프, 죽 혹은 과일을 조금 먹는다.

6. 반찬은 채소 반찬 2가지에 단백질 식품 1가지(콩, 두부, 생선, 달걀찜, 닭살코기 중 1가지) 정도로 한다.

7. 식후에 배가 부르지 않다고 여기면 물 1잔 마신다. 20분쯤 기다려 보고 그때도 배가 고프면 약간 더 섭취한다.

8. 간식으로 먹는 것은 크기가 한 주먹보다 크면 안 된다. 지방이 많거나 당분이 많은 음식은 건강한 음식으로 바꾼다. 특히, 간식으로 떡볶이, 오뎅, 순대, 족발, 인절미, 라면, 김밥, 빵, 과자 등을 섭취하고 있었다면 저지방우유, 달걀(흰자), 과일, 감자, 고구마 등으로 바꾼다.

4단계 : 넷째 주 – 운동에서 학점 따기(나가는 열량 늘려서 4학점)

• 우리는 항상 에너지를 쓰고 있다. 우리가 만약 극도로 움직이지 않거나 혹은 운동하지 않고 섭취하는 칼로리로만 기초대사량을 20% 이상 줄인다면 어떻게 될까? 이런 경우에는 에너지 절약장치가 가동되어 근육, 골밀도가 주로 감소되고 우리가 원하는 지방은 거의 줄어들지 않는다. 이러한 경우 다이어트 후에 옛날 습관으로 돌아가면 옛날 몸무게보다 좀 더 많은 몸무게로 돌아가게 된다.

• 우리가 일상적으로 활동할 때는 하루에 약 300kcal를 활동 에너지로 연소시키게 된다. 자신이 하고 있는 활동에서 조금만 바꾸면 이 활동 에너지에서 400kcal(4학점) 더 높일 수 있다.

1. 통학 시 짧은 거리는 자가용 대신 자전거를 사용한다.

2. 화장실은 2~3층 아래나 위의 것을 사용한다.

3. 전화받을 때는 무선전화기로 왔다 갔다 하면서 받는다.

4. TV를 보면서 실내자전거를 탄다.

5. 점심을 먹으러 나간다면 걸어서 갔다 오고 점심 후에는 산책을 즐긴다.

6. 학교 건물 안에서는 엘리베이터보다는 걸어 다닌다.

7. 개를 가지고 있다면 더 자주 산보 나간다.

8. 시장이나 슈퍼에 갈 때는 걸어간다. 혹은 한 구역 전에 내려 걷는다.

9. 운동을 하고 있다면 시간을 늘려 본다.

10. 정말 운동할 시간이 없으면 걸음 속도를 빠르게 하고 팔을 힘차게 흔든다.

11. 새로 운동을 시작한다. 자신이 정말로 좋아하고 오랫동안 즐길 수 있는 운동을 찾는다.

    첫째 주 : 최소 30분 운동

    둘째 주 : 최소 45분 운동

    셋째 주 : 최소 55분 운동

    넷째 주 : 최소 60분 운동

- 운동은 특별한 것으로 생각할 필요가 없고, 자신의 일상의 일부분이 되어야 한다. 자신이 평소에 하고 있었던 활동시간을 늘리거나 활동 정도를 높이면 되고, 운동을 활동이라고 생각하면 된다.

- 뛰는 것과 빠르게 걷는 것은 거의 비슷한 칼로리를 소모한다. 우울한 채로 그냥 있기보다는 활동을 통해 기분을 고조시켜 본다. 운동함으로써 생기, 충만감, 에너지, 행복감을 얻을 수 있다.

- 점수를 채워 놓으면 하루쯤 과식했다고 해서 실패했다고 볼 수는 없다. 점수를 다시 채워 주면 되기 때문이다. 만약, 저녁을 과식했다면 저녁 후 오랫동안 걷거나, 테니스를 치거나, 다른 활동을 하면 된다.

운동으로 학점 따기의 예

개와 산보	30분	−100kcal 소모(1학점)
줄넘기	10분	−100kcal 소모(1학점)
진공청소기로 청소	30분	−100kcal 소모(1학점)
저녁 준비	30분	−100kcal 소모(1학점)
		합 계 4학점

표 8-8 운동 종류와 학점

1학점 운동			2학점 운동
유산소 운동	근육 강화 운동	유연성 운동	
걷기 20분	체조 30분	요가 30분	노젓기 30분
수영 12분	팔굽혀펴기 20분	스트레칭 30분	야구 1시간
달리기 1.6m	윗몸일으키기 20분	호신술 30분	테니스 1시간
자전거 타기 3km	헬스 20분		권투 30분
에어로빅 15분			볼링 1시간
자전거 타기(실내) 15분			춤추기 30분
계단 오르기 15분			스키 30분
줄넘기 10분			승마 1시간
			롤러스케이트 30분
			스케이트 30분
			하이킹 30분
			보드 타기 1시간
			태권도 30분
			골프 40분
			축구 30분

DIET&
HEALTH

유행 다이어트

비만에 대한 국민의 관심이 고조되고 있는 반면, 획기적인 치료법은 아직 발견되지 않았다. 이에 따라 전문가에 의한 체계적인 치료보다는 쉽게 따라할 수 있는 유행 다이어트 방법이 매스컴 및 인터넷을 통해 빠른 속도로 알려지고 있다. 유행 다이어트가 대중적인 인기를 끌게 된 것은 대부분 저열량식이어서 초기에 체중 감량이 빠르게 진행되기 때문이다. 그러나 유행 다이어트에 의한 초기의 빠른 체중 감량은 대부분 수분 손실에 의한 것으로, 장기적인 체중 조절에는 별로 효과적이지 않다. 유행 다이어트 방법의 문제점과 개선책을 알아보자.

유행 다이어트

단 식

단식(fasting)은 물만 마시고 칼로리가 있는 음식물은 전혀 섭취하지 않는 다이어트 방법이다. 주로 생수, 녹차, 옥수수차, 결명자차 등 칼로리가 없는 음료수를 먹게 된다. 다이어트 초기에 급격하게 체중을 감소시킬 수 있다는 장점 때문에 과다 비만인 경우에는 단식을 선호하는 편이다. 또한 방법이 단순하고, 사전 준비가 필요없고, 비용이 들지 않는다는 장점이 있다.

> **TIP**
>
> **유행 다이어트(fad diet)**
>
> 유행 다이어트의 유래
>
> 1856년 영국의 외과의사인 윌리엄 하베이(William Harvey)가 처음 사용하였다. 1972년 미국인 의사 로버트 앳킨스(Robert Atkins)가 그의 저서 《앳킨스 박사의 다이어트 혁명(The Dr. Atkins Diet Revolution)》에서 다이어트 방법을 제안하면서, 체중을 빠르게 줄일 수 있다고 강조하여 선풍적인 인기를 끌었다. 아직까지 앳킨스 다이어트는 대표적인 유행 다이어트로 알려져 있다.
>
> 건강을 해치는 유행 다이어트 주의!
>
> 미국영양사협회에 따르면 다음과 같이 선전하는 다이어트는 따라하지 말라고 경고한다.
>
> - '단 10일 만에 10kg 감량' 등 빠르게 체중을 줄일 수 있다고 한다.
> - 비만의 원인은 살피지 않고, 어떤 경우라도 체중을 줄일 수 있다고 한다.
> - 일부 특정한 음식만을 특정한 끼니에 먹으라고 한다.
> - 특정 음식의 섭취는 철저히 제한한다.

그러나 단식의 체중 감소 원인은 50% 이상이 수분 배설에 의한 것이다. 따라서 초기에 체중이 감소되더라도 단식을 중단하면 곧바로 체중이 다시 증가되는 요요현상이 나타난다. 장기적으로 보면 체중 감량의 효과는 거의 없다고 볼 수 있다. 음식을 섭취하지 않는 다이어트법이다 보니 당연히 모든 영양소가 부족하게 되고, 감량 단계에서는 체수분과 체단백질이 주로 손실된다. 하지만 다시 음식을 먹게 되면 체단백질보다는 체지방이 증가함에 따라 오히려 체지방 비율을 늘리게 된다. 단식으로 인한 부작용으로는 케톤증, 저혈압, 요산에 의한 통풍, 담석증 등이 관찰되고 있다.

고단백질 · 저탄수화물 다이어트

저칼로리 식사 때 주로 나타나는 단백질 부족으로 인한 부작용을 예방하면서, 체중 감량을 효과적으로 하기 위해 개발된 것이 고단백질 · 저탄수화물 다이어트이다. 단백질이 많은 육류, 생선, 닭고기, 달걀 위주로 식사하며, 우유와 치즈도 일부 섭취한다. 그러나 곡류와 과일, 채소 중에서 탄수화물이 많이 포함된 일부 식품은 철저히 금지한다.

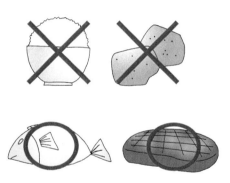

이 다이어트에는 식품 형태의 고단백질 식사(앳킨스 다이어트, 덴마크 다이어트)와 액상 단백질 식사(식품을 사용하는 대신에, 우유나 달걀에서 추출한 액상 단백질을 하루에 3~5회 나누어 섭취하는 방법)가 있다.

시행 초기에는 체중 감량이 매우 크다. 이는 탄수화물 섭취가 극도로 제한되어 케톤증이 유발되면서 심한 이뇨현상에 의한 체액 손실 때문이다. 저칼로리 식사임에도 불구하고 공복감은 비교적 적게 느껴진다는 장점 때문에 이 다이어트를 선호하고 있다.

단점으로는 식품 섭취가 제한됨에 따라 비타민, 무기질의 섭취가 부족해지고, 탄수화물 섭취량이 낮아 케톤증뿐 아니라 체액의 산성화, 혈중 요산 증가, 메스꺼움, 피로, 탈수 등이 유발되기도 한다. 또한 고단백질 식사는 포화지방이나 콜레스테롤 함량이 많아, 심혈관질환의 위험도가 높아진다. 식품 비용이 높은 편이고, 쉽게 싫증이 나서 일정 기간 지속하기가 힘들다. 특히, 칼로리 섭취의 70% 이상을 탄수화물에서 섭취하는 한국 사람의 경우, 탄수화물 식품을 엄격하게 제한하기 때문에 탄수화물 탐식증이 생겨서 오히려 먹고 싶은 갈망이 더욱 강해진다.

케톤 다이어트

- 저탄수화물·고지방 형태의 다이어트법이다.
- 전체 칼로리 섭취량의 55~60%를 지방에서 섭취하고, 단백질 10~15%, 탄수화물을 30% 이하로 섭취한다.
- 한국적인 식사 형태에서는 지방 섭취 비율을 높이기가 매우 어렵다.
- 대표적인 예 : 삼겹살 다이어트

앳킨스 다이어트

미국인 의사 로버트 앳킨스(Robert Atkins)가 제안한 방법으로, 2주일 코스로 진행된다. 육류와 기름진 음식을 마음대로 먹으면서 체중을 줄일 수 있다고 하여, 구미 지역에서는 매우 호응이 높았다. 그러나 탄수화물 섭취 의존도가 높은 한국 사람의 경우에는 실패 가능성이 높다. 마음대로 먹을 수 있는 음식(육류, 생선, 달걀, 상추, 무, 오이, 치즈 등), 절대 섭취하지 말아야 하는 음식(밥, 밀가루 음식, 감자, 고구마, 당근, 미역, 다시마, 김, 바나나, 사과, 배 등의 당질이 들어 있는 음식)으로 구분하고 있으며, 공복감이 비교적 적게 들지만, 탄수화물 음식에 대한 유혹이 너무나 강해져서 중도에 포기하기 쉽다.

특 징

- 탄수화물은 최소한도만 섭취한다(1일 20g 이하).
- 채소를 많이 먹는다(3컵의 생채소 또는 1컵의 익힌 채소).
- 단백질과 지방은 원하는 만큼 먹어도 된다.
- 살코기, 닭고기 및 생선을 사용하여 표준체중 1kg당 약 1.5g의 단백질을 섭취한다.

- 1일 8잔의 물과 탄수화물이 전혀 들어 있지 않은 커피, 차, 다이어트 소다를 마실 수 있다.
- 향신채, 소금, 후추, 레몬, 식초 등의 조미료를 이용할 수 있다.

문제점

- 케톤증이 발생할 수 있고, 심한 이뇨작용에 의하여 체수분 손실이 따른다.
- 고콜레스테롤혈증의 위험성이 크게 증가한다.
- 탄수화물 음식에 대한 갈망이 심해져 다이어트 효과를 보기 전에 중도 포기자가 많다.

TIP

앳킨스 다이어트의 식단 구성의 예와 영양 평가

식단 구성

- 아침 : 삶은 달걀 2개, 오이 1개, 베이컨 2줄
- 점심 : 쇠고기(등심 200g) 또는 돼지고기(등심 200g), 상추, 깻잎, 고추장, 된장
- 저녁 : 광어회(130g), 상추, 깻잎, 간장, 고추장, 된장, 와사비

영양 평가

1일 섭취량 : 칼로리 1,400kcal, 단백질 140g, 지방 80g, 콜레스테롤 880mg

아침　　　　　　점심　　　　　　저녁

덴마크 다이어트

덴마크 국립병원에서 치료식으로 개발된 식단에서 비롯된 것으로, 일주일치 식단을 두 번 반복하여 2주간 실시하도록 고안되어 있다. 달걀과 채소를 이용한, 고단백·저열량

식품으로 짜여 있고, 탄수화물은 거의 섭취하지 않으나 앳킨스 다이어트보다 심하게 제한하지는 않는다. 2주 코스의 다이어트에 따라 7~12kg의 체중을 감량할 수 있다고 제시하고 있으나, 그 이후에도 계속 쌀이나 고구마 등 탄수화물이 함유되어 있는 음식 섭취를 자제해야만 감량된 체중을 유지할 수 있다. 음식의 종류가 제한되어 있고, 맛이 없어 장기간 시행하기 어려우며, 끊임없이 음식에 대한 갈망을 느끼게 한다. 하루 섭취하는 단백질의 80%가 동물성이며, 오랫동안 시행하면 영양 불균형이 와서 건강을 해칠 수 있다.

특 징
- 모든 요리에 소금을 넣지 않는다. 달걀 삶을 때나 스테이크, 생선 등을 구울 때도 절대 소금을 넣지 않는다. 고기는 기름 없이 굽거나 찐다. 흰살생선이나 쇠고기도 소금기와 기름기가 절대 없도록 프라이팬에 굽거나 찌도록 한다. 토스트나 모닝빵도 잼이나 버터를 바르지 않고 그냥 먹는다.
- 채소샐러드는 레몬즙이나 식초만으로 양념한다. 기름으로 되어 있는 샐러드드레싱은 절대 사용하지 말고, 레몬즙이나 식초를 뿌려 상큼한 맛을 즐긴다.
- 커피는 블랙으로 마신다. 크림이나 설탕을 타지 않고 커피의 농도도 연하게 해서 마신다.
- 운동을 반드시 하도록 권고하고 있다.

문제점
- 케톤증이 발생한다.
- 동물성 단백질 섭취량이 높아서 장기간 실시하면 칼슘 배설이 증가하여 칼슘 부족이 우려된다.
- 음식의 양보다는 식단에서 제시한 음식 종류를 빠뜨리지 말고 그대로 시행해야만 효과를 볼 수 있다고 한다. 따라서 한 끼라도 다른 음식을 먹으면 첫날 식단부터 다시 시작해야 한다.

덴마크 다이어트의 식단 구성의 예와 영양 평가

식단 구성(1일)

- 아침 : 삶은 달걀 3개, 자몽 1개, 토스트 1장, 블랙커피
- 점심 : 삶은 달걀 3개, 모닝빵 1개, 블랙커피
- 저녁 : 삶은 달걀 3개, 채소샐러드(토마토, 셀러리, 오이, 양상추, 식초나 레몬즙소스)

식단 구성(2일)

- 아침 : 삶은 달걀 1개, 자몽 1개, 블랙커피
- 점심 : 삶은 달걀 2개, 자몽 1개, 토스트 1장, 블랙커피
- 저녁 : 쇠고기 스테이크, 채소샐러드, 블랙커피

영양 평가

- 1일 섭취량 : 칼로리 700~900kcal, 탄수화물 95g, 단백질 60g, 지방 35g, 콜레스테롤 700~2,300mg

저탄수화물 다이어트

고단백질 식사를 주로 섭취하나, 하루에 한 끼는 소량의 탄수화물이 포함되므로 탄수화물에 대한 끊임없는 갈망이 해소될 수 있다. 잡곡 등 복합 탄수화물이 들어 있는 음식은 가능하지만, 설탕이나 포도당 등 단순 탄수화물이 들어 있는 과일, 과일주스, 빵, 파스타, 시리얼, 감자, 고구마, 카페인 음료와 스낵은 철저히 제한하고 있다.

존 다이어트

- 미국인 의사 배리 시어즈(Barry Sears)가 제안한 다이어트 방법이다.
- 칼로리를 내는 영양소의 바람직한 섭취를 통하여 호르몬의 균형적인 작용을 유도한다.

- 탄수화물 40%, 단백질 30%, 지방 30%로 구성한다. 이러한 구성으로 영양소를 섭취 해야만 인슐린과 글루카곤의 혈당 조절 호르몬 균형이 가장 좋은 범위(zone)에 있 게 된다고 한다.
- 식사 3회에 간식 2회로 섭취 횟수를 늘린다.
- 매 식사의 간격은 5시간을 넘지 않도록 하여, 공복감을 느끼기 전에 식사를 하도록 한다.
- 제한식품 : 파스타, 빵, 밥, 국수, 떡, 고구마, 감자, 바나나, 멜론, 수박, 과일주스 등 의 곡류식품과 과일류
- 권장식품 : 닭가슴살, 칠면조, 살코기, 저지방생선, 두부, 무지방치즈, 저지방우유, 양파, 버섯, 콩, 토마토, 구아카몰, 땅콩 등의 저지방 흰살코기 육류, 생선, 두부, 저 지방유제품, 채소류 및 견과류

존 다이어트의 영양소 분배의 예와 영양 평가

아보카도와 함께 구운 닭고기와 채소요리

- 닭가슴살 100g(단백질 4단위)
- 조리된 가지 1컵(탄수화물 0.5단위)
- 당근 1.5컵(탄수화물 0.5단위)
- 완두콩 1.5컵(탄수화물 1단위)
- 토마토소스 1컵(탄수화물 2단위)
- 아보카도 1큰스푼(지방 1단위)
- 라이트 크림치즈 2큰스푼(지방 1단위)
- 올리브유 0.7작은스푼(지방 2단위)

영양 평가

1끼니 섭취량 : 칼로리 700kcal, 탄수화물 44g, 단백질 38g, 지방 41g

(탄수화물 4단위, 단백질 4단위, 지방 4단위)

데이 미라클 다이어트(Day Miracle diet)

- 혈액의 인슐린 농도를 일정하게 하여 탄수화물 탐식증을 없앤 다이어트 방법이다.
- 혈당지수 조절을 통한 체중 조절 효과를 제시하고 있다.
- 흰 밀가루와 단순 탄수화물 섭취를 금한다.
- 아침식사 때는 통밀빵 같은 전분류와 달걀흰자 등의 단백질을 섭취한다. 아침식사 후 2시간 이내에 사과, 셀러리와 같이 단단하여 씹어 먹을 수 있는 간식을 섭취한다. 저작운동을 많이 해야 삼킬 수 있는 단단한 간식이 혈당을 천천히 높여 준다.
- 가능하면 점심식사를 1시 이전에 하고, 단백질과 채소가 풍부한 식사를 한다. 오후에는 한두 번의 간식을 하며, 간식의 간격은 3시간을 넘기지 않도록 한다.
- 저녁 8시 이전에 저녁식사를 한다. 단백질과 채소가 풍부한 식사를 한다.
- 매일 45분 정도 스트레칭을 하거나, 30분 정도 걷는다.

슈거 버스터즈 다이어트(Sugar Busters diet)

- 단백질 식품 위주로 구성되며, 혈당지수가 높은 식품을 철저히 제한하는 다이어트 방법이다.
- 탄수화물 30%, 단백질 30%, 지방 40%로 구성한다.
- 설탕 등 칼로리 함량이 높은 정크푸드(junk food)를 철저히 제한한다.
- 체중 감량 속도가 빠른 편이고, 당뇨병 환자에게 효과적이다.
- 제한식품 : 정제당류, 쿠키, 케이크, 파이, 아이스크림, 감자, 흰 빵, 밥, 당근, 알코올, 수박, 옥수수, 바나나, 파스타

슈거 버스터즈 6일 쿠키 다이어트(3일씩 2번 반복)

1~2일

- 아침 : 슈거 버스터즈 쿠키 1~2개, 슈거 버스터즈 음료 1개
- 점심 : 슈거 버스터즈 음료 1~2개
- 저녁 : 저탄수화물 식사
- 간식 : 슈거 버스터즈 음료 1개
- 음료 : 물, 탈지우유, 홍차, 커피, 설탕은 제외

3일

저탄수화물 식사

혈당지수 다이어트

- 칼로리를 줄이는 대신, 혈당지수(GI : Glycemic Index)가 낮은 음식을 주로 섭취함으로써 다이어트 효과를 유발하고자 한다.
- 튀김이나 단 음식은 일반적으로 혈당지수가 높으므로 제한한다. 가공식품은 혈당지수가 높기 때문에 가공하지 않은 자연 식품을 먹도록 한다.
- 같은 식품이라도 날 것으로 먹는 것이 좋으며, 조리하거나 으깬 것은 혈당지수가 높아진다.

표 9-1 식품의 혈당지수

고혈당지수 식품 Glycemic index 70 이상		중혈당지수 식품 Glycemic index 56~69		저혈당지수 식품 Glycemic index 55 이하	
백미	70~90	현미	50~60	콩	18
흰 식빵	70	보리빵	65	전곡빵	30~45
감자	80~100	요구르트	64	우유	27
콘플레이크	84	잡곡플레이크	66	올브란플레이크	42
수박	70	바나나	53	사과	36

- 생과일주스보다는 생과일로 먹어 혈당지수를 낮춘다.
- 설탕보다는 과일의 당분을 섭취하는 것이 바람직하다.

혈당지수의 모든 것

혈당지수
- 음식물이 당으로 전환되는 지수이다.
- 흰빵이나 포도당 형태로 탄수화물을 섭취할 때 혈액에 나타나는 총 포도당 양을 100으로 정의하고, 특정 식품을 섭취할 때 혈액에 나오는 포도당의 수치를 등급으로 매겨서 사용한다(예 : 우유 — 혈당지수 30).
- 혈당지수가 낮을수록 혈당이 느리게 상승하여 인슐린 분비가 낮아진다. 인슐린 분비가 많을수록 체지방 합성속도가 빨라진다. 따라서 혈당지수가 낮은 식품은 인슐린 분비를 자극하지 않아 체지방 합성을 높이지 않는다.
- 주로 당뇨병 식사요법에서 사용되었으나, 요즘은 체중 감량을 위한 다이어트에도 활용되고 있다.

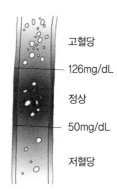

고혈당

126mg/dL

정상

50mg/dL

저혈당

혈당 조절의 중요성
- 정상상태의 혈당 : 식전 공복 시 50~126mg/dL
- 혈당이 126mg/dL 이상일 때 : 고혈당증 유발
- 혈당이 50mg/dL 이하일 때 : 신경이 예민해지고, 불안정, 공복감, 두통, 저혈당증 유발

혈당지수에 영향을 미치는 요인
- 식이섬유소 : 식이섬유소 함량이 많을수록 당 흡수를 느리게 하여, 혈당지수를 낮춘다. 그 외 콜레스테롤 흡수를 방해하여 혈청 콜레스테롤을 감소시키는 효과도 있다.
- 소화흡수 속도 : 소화흡수가 빠를수록 혈당지수가 높아진다.
- 오트밀 등의 식품은 소화가 천천히 진행되므로 섭취했을 때 혈당이 천천히 상승한다. 반면, 으깬 감자 등의 식품은 소화가 빨리 되어 혈당이 빨리 상승한다.

고탄수화물 · 저지방 다이어트

고탄수화물 · 저지방 다이어트는 지방 섭취량을 줄이고, 설탕이나 감미료를 제한하는 대신에 과일, 채소, 곡류 등의 수분이 많이 함유된 고탄수화물 식품을 이용한다.

섬유소가 풍부하기 때문에 어느 정도 포만감을 얻을 수 있으며, 식사를 통해 공급되는 탄수화물이 체액의 전해질 손실을 예방하고 이뇨작용을 줄이므로, 기립성 저혈압을 예방할 수 있다. 가장 돋보이는 부분은 곡류음식 형태이어서 한국 사람의 식생활 습관에 적합하다는 점이다. 대표적으로는 스즈키 다이어트, 죽 다이어트가 있다.

그러나 고탄수화물 · 저지방 다이어트는 단백질 섭취량이 상당히 부족한 편이다. 특히, 필수 아미노산, 비타민, 무기질 등이 부족하여, 영양 불균형이 초래되기 쉽다. 장기적으로 실시하면 골다공증, 빈혈 등의 영양 문제가 발생할 수 있다.

스즈키 다이어트

일본의 스즈키 소노코라는 여성이 다이어트에 여러 번 실패한 자신의 아들을 위해 개발한 다이어트 방법으로, 일본에서는 상당히 유명하다.

필요한 만큼의 에너지를 공급함으로써 뇌와 자율신경, 내장의 활동을 활발하게 하고 몸의 대사 기능을 상승시키는 작용을 한다. 또한 탄수화물 식단 위주이기 때문에 만복감을 얻을 수 있고, 우리나라 사람에게 비교적 잘 어울린다. 특히, 다이어트 후유증으로 변비, 생리 불순, 빈혈 등이 있는 사람에게 권장되고 있다.

다이어트 방법 및 영양 평가
- 식전 : 다시마물은 일어나자마자 마신다. 다시마물은 다시마 1조각을 물 1컵에 담가 24시간 동안 냉장고 안에 넣어 우려내어 만든다.
- 아침 : 밥 1공기(210g), 콩자반 1큰스푼, 조미하지 않은 김, 미역을 조금 넣은 된장국, 채소조림 1작은스푼
- 점심 : 밥 1공기(210g), 콩자반 1큰스푼, 조미하지 않은 김, 채소조림 1작은스푼, 해조류 1작은스푼

- 간식 : 찐빵 또는 단팥죽, 커피(설탕 1작은스푼 첨가), 양갱 1조각 등 하루에 1개씩 골라 먹는다.
- 저녁 : 밥 1공기(210g), 콩자반 1큰스푼, 부식으로 일품요리(연어구이, 대구탕, 기름 뺀 닭백숙)
- 제한식품 : 유제품, 지방, 수분이 너무 많은 음식 또는 식품첨가물이 든 음식
- 영양 평가 : 1일 섭취량−칼로리 1,000∼1,100kcal, 탄수화물 210g, 단백질 40g, 지방 7g

장 점
- 주식이 쌀밥이어서 우리 식생활에 자연스럽고 경제적인 편이다.
- 식단이 짜여 있어 지방이나 단백질 등 칼로리 계산을 따로 할 필요가 없다.
- 아침에는 콩, 된장국 등 단백질을 많이 섭취하고 저녁에는 일품요리까지 먹을 수 있어 영양의 불균형을 막아 준다.
- 하루 세 끼 적당량의 식사를 하고 간식도 먹으므로 공복감이 비교적 적다.

문제점
- 식단이 고정적이어서 늘 똑같은 음식만 먹어야 하기 때문에 싫증이 나기 쉽다.
- 쉽게 포기할 수 있다.

표 9-2 스즈키식 요리법

시금치참깨무침

재료(4인분 기준) 시금치 1단, 양념장(깨소금, 간장, 설탕, 얇은 가다랭이포)

조리법
① 시금치는 잘 씻어서 소금을 조금 넣은 끓는 물에 데치고 소쿠리에 건져 물기를 뺀다.
② 시금치의 물기를 꼭 짜내고 4~5cm의 길이로 자른다.
③ 깨소금, 간장, 설탕, 가다랭이포를 섞어서 양념장을 만든다.
④ 데친 시금치에 ③의 양념장 1큰스푼을 섞는다.

미역샐러드

재료(4인분 기준) 물미역 100g, 파 적당량, 오이·당근 각각 조금씩, 양념장 적당량

조리법
① 미역을 물에 잘 씻어서 소금기를 빼고, 먹기 좋은 크기로 자른 다음 물기를 꼭 짜서 뺀다.
② 당근은 채 썰어서 데쳐 둔다.
③ 오이는 넓적하게 썰어서 ①, ②와 함께 담고 흰 파를 얹어 양념장과 함께 먹는다.

콩자반

재료(4인분 기준) 콩 100g, 설탕 5큰스푼, 소금 1/3작은스푼

조리법
① 콩을 분량의 약 5배 되는 물에 불린다(10시간 이상).
② ①의 콩을 잘 씻어서 냄비에 넣는다. 콩이 약간 보일락말락할 정도로 물을 붓고 약한 불에 얹는다.
③ 불에 얹은 지 10분이 지나면 물을 버린다. 콩의 2배 분량의 물을 다시 붓고 뚜껑을 덮어 약한 불로 슬슬 조린다(조리는 도중에 콩을 휘젓지 말 것).
④ 콩이 말랑말랑해지면 잠길 정도의 물만 남기고 따라 낸다.
⑤ 여기에 설탕과 소금을 넣고 다시 10분을 더 조린다.

비벌리힐스 다이어트

할리우드 연예인들이 많이 하는 다이어트 방법으로 유명하다. 황제 다이어트와는 반대로 동물성 단백질과 지방의 섭취를 극도로 제한하는 대신에 탄수화물과 식물성 단백질 위주로 섭취한다.

다이어트 방법

- 첫째 주 : 저지방우유, 요구르트, 치즈 같은 유제품과 함께 채소와 과일을 양껏 섭취한다.
- 둘째 주 : 밥, 빵, 국수, 메밀묵과 같은 탄수화물 식품과 두부, 비지찌개, 된장찌개 같은 식물성 단백질을 추가한다. 단, 육류, 생선, 버터 등 동물성 단백질과 지방은 절대 먹지 말아야 한다. 운동을 병행하면 더욱 효과적이다.
- 허용식품 : 채소, 과일, 밥, 빵, 국수, 감자, 고구마, 저지방우유, 요구르트, 저지방치즈, 녹차, 홍차, 블랙커피
- 제한식품 : 쇠고기, 돼지고기, 닭고기, 햄, 소시지, 베이컨, 버터, 크림빵, 케이크, 생선, 새우, 오징어

장 점

- 단기간 내 체중 감량 효과가 크다.
- 단백질이나 지방 위주의 다이어트가 간이나 신장에 영향을 미치는 것에 비해 안전하다.

문제점

- 유제품의 과다 섭취에 따라 장기적으로는 칼슘 흡수 기능 저하, 신장 결석 위험 증가 등 심각한 부작용을 가져올 수 있다.

- 설탕과 곡류에 대한 제한을 적게 받아 다시 체중이 증가되는 경우가 많다.
- 오랜 기간 계속된다면 단백질과 필수 지방산의 결핍을 초래할 수 있다.

죽 다이어트

채소죽, 감자죽, 당근죽, 현미죽, 시래기죽 등 각종 죽으로 하는 다이어트이다. 다른 방법보다 칼로리 섭취를 제한하므로 체중 감소 효과가 크다.

그러나 단백질과 비타민, 무기질 섭취가 모두 부족한 방법이다. 또한 반찬으로 섭취하는 식물에 따라서 칼로리가 예상보다 높아지기도 한다.

단백질을 보충하기 위해서는 흰살생선이나 닭가슴살 등 필수 아미노산이 풍부한 저칼로리 단백질 식품을 사용하여 대구죽, 닭죽 등을 섭취하도록 한다.

또한 칼슘을 보충하기 위해서는 연두부를 이용한 두부죽이나 우유를 넣고 끓인 타락죽, 치즈죽 등을 활용해도 좋다.

이때 반드시 채소를 넉넉히 섭취하여 변비를 예방하도록 한다.

죽 다이어트의 영양 평가
- 흰죽 : 칼로리 210kcal, 탄수화물 47g, 단백질 3g, 지방 0.2g
- 당근죽 : 칼로리 225kcal, 탄수화물 50g, 단백질 5g, 지방 0.4g
- 현미죽 : 칼로리 200kcal, 탄수화물 44g, 단백질 3g, 지방 1.2g
- 호박죽 : 칼로리 300kcal, 탄수화물 65g, 단백질 7g, 지방 0.5g
- 닭죽 : 칼로리 250kcal, 탄수화물 35g, 단백질 22g, 지방 1.5g

1일 섭취량 : 칼로리 600~800kcal, 탄수화물 120g, 단백질 10g, 지방 4g

쿠키 다이어트

1975년 내과의사인 샌포드 시겔 박사가 개발한 다이어트 방법이다. 쿠키는 밀가루, 단백질파우더, 콩, 달걀, 우유로 만들어지며, 오트밀, 건포도, 초콜릿, 블루베리, 바나나, 코코

닛 향의 6종류로 구성된다. 1일 6개의 쿠키와 1알의 종합비타민 무기질 제제를 복용하도록 제안하고 있다. 이후 다양한 회사에서 이와 유사한 쿠키를 개발하여 다이어트용으로 시판하고 있다.

우리나라에서도 몇몇 제과회사에서 일상식사대용식으로 개발하였다. 비타민 A, 비타민 B_1, 비타민 B_2, 칼슘, 인 및 근육형성에 도움을 주는 아미노산인 발린, 이소루이신 등이 영양강화되어 있다. 1개의 칼로리는 평균 100~120kcal이며, 시리얼맛, 치즈맛, 초콜릿맛, 과일맛 등 다양한 맛을 지니고 있다.

쿠키 한 개의 가격은 평균 700~1,000원선. 쿠키다이어트는 간편하다는 장점이 있지만, 단백질과 무기질, 비타민 등 필수영양소가 부족하기 쉽고, 또 요요현상이 나타날 수 있다.

다이어트를 위해 식사대용으로 할 경우에는 아침, 점심 식사는 600kcal 내외의 저칼로리 균형식을 하고, 저녁식사 대용으로 사용할 것을 권장한다.

원푸드 다이어트

원푸드(one-food) 다이어트는 말 그대로 한 가지 식품만을 계속 섭취하는 것을 말한다. 선택된 식품에 의해 체중 감량 효과가 나타나는 것이 아니라, 한 종류의 식품만을 섭취하다 보니 전체 음식 섭취량이 감소하게 되고 에너지 섭취량이 매우 저하되어 체중이 감량된다. 주로 젊은 여성에게 선호되는 방법이다.

매우 단순하여 실수할 염려가 없고, 준비가 간편하다는 장점을 갖고 있지만, 칼로리뿐만 아니라 모든 영양소의 섭취가 극도로 제한되어 영양 결핍 가능성이 높다는 단점을 갖고 있다. 또한 단조로워 오래 지속하기 어렵고, 감량된 체중을 유지하기도 매우 어렵다. 요구르트 다이어트나 아이스크림 다이어트와 같은 일부 다이어트는 영양적 불균형이면서 실제 많은 칼로리를 함유하고 있는 것도 문제시되고 있다.

과일 다이어트

포도, 사과, 바나나, 토마토 등 제철에 나오는 계절 과일을 모두 활용할 수 있다. 식사 대신 과일을 양껏 섭취하는 방법이다.

사과 다이어트

- 3일간 하루 5~6개의 사과를 틈틈이 먹는다. 마지막 날에 올리브유 2작은스푼을 마신다.
- 다이어트가 끝나면 위에 부담이 없는 죽이나 채소 등의 가벼운 식사를 하고, 서서히 그 양을 늘려 나간다.
- 한 번에 3일을 넘기지 말고 한 달에 한 번으로 제한해야 한다.
- 영양 평가 : 사과(5개) 1,250g-칼로리 550kcal

포도 다이어트

- 1일 약 5송이의 포도만 섭취하는 방법이다.
- 포도에는 수분과 당분이 많아 공복감이 비교적 적다.
- 영양 평가 : 포도(5송이) 1,250g-칼로리 625kcal

토마토 다이어트

- 3일 동안 배고플 때마다 토마토만 먹는다. 소금을 약간 뿌려서 먹어도 좋고, 생으로 먹기 싫으면 주스를 만들어 먹거나 샐러드나 수프를 만들어 먹어도 좋다.
- 4일째부터는 회복식에 들어간다. 처음에는 죽으로 시작해서 조금씩 밥과 반찬을 곁들여 먹는다.
- 변형식으로 아침·점심은 평상시처럼 식사하고, 저녁은 식사 대신 토마토만 먹기도 한다.
- 영양 평가 : 토마토(5개) 1,250g-칼로리 175kcal

채소 다이어트

아침 · 점심은 평소처럼 먹고, 저녁을 당근이나 오이 등의
신선한 채소를 갈거나 생으로 먹는다.

　당근이나 오이를 1~2개 섭취하면 30~60kcal 정도 칼
로리를 섭취할 수 있다. 따라서 저녁식사 대신 채소를 섭
취하면, 하루에 평균 500kcal 줄일 수 있다.

　셀러리 등 섬유소가 많은 채소는 식욕을 줄이는 데에도 효과적이다.

　반드시 생채소를 그대로 먹어야 칼로리를 줄일 수 있다. 마요네즈나 사우전드아일랜
드소스 등은 칼로리가 매우 높으므로 절대 찍어 먹지 않도록 한다.

탄수화물 식품 다이어트

감자 다이어트

- 기름을 전혀 사용하지 않고 찌거나 구워서 담백하
  게 익힌 감자를 2~3주 정도 밥 대신 먹는다.
- 섭취량은 많아도 괜찮지만 소금은 많이 섭취하지
  않도록 한다. 소금을 먹고 나면 김치나 다른 음식
  이 먹고 싶어지는 역효과를 내기 때문이다.
- 영양 평가 : 감자(5개) 750g-칼로리 495kcal

건빵 다이어트

- 아침식사는 평소처럼 먹고 싶은 음식을 마음대로 먹는다.
- 점심식사 대신 건빵 한 봉지를 먹는다.
- 저녁은 평소의 반 정도로 저열량식을 먹는다.
- 영양 평가 : 건빵 50g-칼로리 208kcal

강냉이 다이어트

- 3일 정도 식사를 전혀 하지 않고 강냉이와 물만 먹는 것이다.
- 식사를 하지 않는 동안, 공복감을 줄이기 위해서는 강냉이를 먹기 전에 반드시 물을 한 컵 마신다.
- 영양 평가 : 강냉이 100g-칼로리 374kcal

벌꿀 다이어트

- 식사 대신 꿀물만 3일 정도 마시는 방법으로, 처음엔 연하게 타서 마셔 본 다음, 기호에 맞는 농도로 물에 타 마시면 된다.
- 하루에 벌꿀 150g 이내로 제한한다.
- 다이어트 이후 3일 정도 죽 종류로 보식을 한 후, 다시 꿀물 다이어트를 하면 효과가 좋다.
- 영양 평가 : 벌꿀 150g-칼로리 441kcal

단백질 식품 다이어트

두부 다이어트

- 세 끼 식사를 하되, 식사량의 2/3를 두부로 먹고, 밥은 다이어트 이전 분량의 1/3만 먹는다.
- 2개월 정도는 계속해야 효과가 나타난다.
- 영양 평가 : 두부(1모) 275g-칼로리 450kcal

검은콩 다이어트

- 검은콩을 볶은 다음 갈아서 가루로 만들어 놓고, 마시고 싶을 때마다 차처럼 타서 마신다. 하루 2잔 이상이 좋다. 단, 콩의 열량에 주의하여, 너무 많이 먹지 않도록 한다.
- 영양 평가 : 검은콩 100g-칼로리 378kcal

우유 다이어트

- 3~4일간 우유만 섭취하는 다이어트로서, 열량이 낮은 채소와 식이성 섬유소 식품과 함께 병행하는 것이 좋다.
- 영양 평가 : 우유(5팩) 1,000mL−칼로리 600kcal

요구르트 다이어트

- 아침식사 대신 채소주스, 점심은 플레인 요구르트(500g 정도), 저녁은 요구르트 섞인 채소주스를 먹는다.
- 영양 평가 : 플레인 요구르트(1개) 100g−칼로리 56kcal

치즈 다이어트

- 아침식사 대신 치즈를 먹는다. 채소를 함께 먹으면 더욱 좋다.
- 영양 평가 : 치즈(슬라이스 치즈 1장) 20g−칼로리 63kcal

외국에서 유행하는 다이어트

양배추수프 다이어트(Cabbage Soup Diet)

양배추수프는 원하는 만큼 먹을 수 있고, 1일 8컵의 물이나 다이어트 소다를 마신다. 빵, 알코올, 당질이 함유된 음료를 마셔서는 절대 안 된다.

양배추수프 만들기

넉넉한 양의 물에 양배추, 양파, 토마토, 셀러리를 넣고 푹 끓인 후 소금, 후춧가루로 간을 한다.

TIP

양배추수프 다이어트의 식단 구성의 예

- 1일 : 양배추수프와 바나나를 제외한 모든 과일을 먹는다.
- 2일 : 양배추수프와 원하는 채소를 먹는다. 저녁에는 군감자를 먹는다.
- 3일 : 양배추수프를 먹는다. 바나나를 제외한 과일과 채소를 먹는다.
- 4일 : 양배추수프를 먹는다. 바나나 6개와 원하는 만큼의 우유를 마신다.
- 5일 : 양배추수프를 먹는다. 280~560g의 쇠고기, 토마토, 8잔의 물을 먹는다.
- 6일 : 양배추수프를 먹는다. 원하는 만큼의 쇠고기와 채소를 먹는다.
- 7일 : 양배추수프, 현미, 무가당주스, 채소를 먹는다.

스카스데일 다이어트(Scarsdale diet)

탄수화물 식품의 섭취를 제한하였으며, 반드시 정해진 식품을 정해진 분량만큼, 정해진

표 9-3 스카스데일 다이어트 식단

날 짜	아 침	점 심	저 녁
1일	커피 또는 차(대체감미료 이용)+자몽 1/2개	육류(쇠고기 또는 닭고기 살코기, 생선)+토마토샐러드	구운 생선+토마토·양상추샐러드+자몽 또는 멜론
2일	커피 또는 차(대체감미료 이용)+자몽 1/2개	과일샐러드+커피	빵을 제외한 햄버거+조리된 채소
3일	커피 또는 차(대체감미료 이용)+자몽 1/2개	참치샐러드+자몽 또는 멜론	살코기로 만든 폭찹+채소샐러드+커피
4일	커피 또는 차(대체감미료 이용)+자몽 1/2개	달걀 2개+코티지치즈+삶은 호박+토스트 1장+커피	껍질을 제거한 치킨+시금치
5일	커피 또는 차(대체감미료 이용)+자몽 1/2개	치즈+시금치+토스트 1장	군생선+조리한 채소 또는 채소샐러드+토스트 1장
6일	커피 또는 차(대체감미료 이용)+자몽 1/2개	과일샐러드+커피	구운 치킨(껍질 제거)+토마토·양상추샐러드+자몽 또는 멜론
7일	커피 또는 차(대체감미료 이용)+자몽 1/2개	치킨+토마토·양상추샐러드+자몽 또는 멜론	쇠고기 살코기+샐러드+커피

끼니에 먹도록 고안되었다. 1일 8컵의 물이나 다이어트 소다를 마시며 소금, 후추, 레몬, 식초, 간장, 토마토케첩 등의 조미료를 이용할 수 있다.

3일 다이어트(3 day diet)

3일 동안 정해진 식품을 정해진 분량대로 먹도록 고안된 다이어트 방법이다. 탄수화물 섭취량을 매우 줄인 형태이며, 대신 단백질 식품과 채소를 넉넉히 먹을 수 있도록 식단 이 구성되어 있다.

표 9-4 3일 다이어트 식단

날 짜	아 침	점 심	저 녁
1일	커피 또는 홍차, 설탕 조금+자몽 1/2개+1스푼의 땅콩버터와 토스트 1장	75g의 살코기+완두콩 1컵+당근 1컵+사과 1개	참치 1/2컵+토스트 1장+커피 또는 홍차(설탕 포함 안 됨)
2일	커피 또는 홍차, 설탕 조금+달걀 1개+바나나 1/2개+토스트 1장	코티지치즈 또는 참치 1컵+크래커 8개	쇠고기 프랑크 소시지 2개+양배추 또는 브로콜리 1컵+당근 1/2컵+바나나 1/2개+바나나 아이스크림 1/2개
3일	커피 또는 홍차, 설탕 조금+크래커 5개+체더치즈	사과 1개+달걀 1개+토스트 1장+커피 또는 홍차(설탕 포함 안 됨)	참치 1컵+당근 1컵+콜리플라워 1컵+멜론

4일 다이어트(4 day diet)

달걀, 닭가슴살 등 고단백질 · 저탄수화물 식단으로 구성되어 있다. 반드시 식단을 준수 해야 효과가 나타난다고 주장하는 다이어트 방법이다.

표 9-5 4일 다이어트 식단

날 짜	아 침	점 심	저 녁
1일 (537kcal)	달걀 완숙 1개(80kcal)+오렌지 1/2개(35kcal)	참치 100g(120kcal)+당근 2개(20kcal)	닭가슴살 170g(230kcal)+시금치 1/2컵(12kcal)+토마토 1/2개(15kcal)+사과 1/2개(25kcal)
2일 (631kcal)	호상요구르트 1/2개(75kcal)+자몽 1/2개(50kcal)	달걀 완숙 2개(160kcal)+토마토 1/2개(15kcal)+오이 1/3개(10kcal)	다진 쇠고기 170g(282kcal)+양상추 6잎(12kcal)+딸기 1/2컵(27kcal)
3일 (611kcal)	우유 1컵(80kcal)+자두 1개(30kcal)	치킨 또는 연어 100g(140kcal)+오이 1개(30kcal)+붉은 고추 1/2컵(15kcal)	닭가슴살 또는 쇠고기 살코기 170g(270kcal)+호박 1/2컵(14kcal)+양상추 2잎(4kcal)+포 도 1/4송 이(27kcal)
4일 (578kcal)	코티지치즈 1/2컵(120kcal)+파파야 또는 멜론 1/2개+레몬주스(30kcal)	체더치즈 28g (100kcal)+토스트 1장(40kcal)+토마토 1개(30kcal)+커피 또는 홍차, 설탕 조금+크래커 5개	닭가슴살 225g(196kcal)+셀러리 2개+당근 1개(17kcal)+오렌지 1/2개(45kcal)+바닐라 아이스크림 1/2컵

메이요 클리닉 다이어트(Mayo Clinic diet)

미국의 다이어트 치료식으로 유명한 메이요 클리닉에서 고안한 체중 감량식이다. 1주단위의 순환식 메뉴를 2주일간 반복하여 시행한다.

표 9-6 메이요 클리닉 다이어트 식단

날 짜	아 침	점 심	저 녁	간 식
1일	자몽 또는 주스	자몽 또는 주스+달걀 2개+토마토+커피 또는 홍차	자몽 또는 주스+달걀+샐러드+토스트 1장+커피 또는 홍차	토마토주스 또는 우유 1잔
2일	자몽 또는 주스	자몽 또는 주스+달걀 2개	자몽 또는 주스+스테이크+토마토, 양상추, 셀러리, 올리브, 오이+커피 또는 홍차	토마토주스 또는 우유 1잔
3일	자몽 또는 주스	자몽 또는 주스+달걀+시금치+토마토+커피 또는 홍차	자몽 또는 주스+폭찹 또는 코티지치즈 1컵+토마토, 양상추, 셀러리, 올리브, 오이+커피 또는 홍차	토마토주스 또는 우유 1잔
4일	자몽 또는 주스	자몽 또는 주스+달걀 2개+시금치+토마토+커피 또는 홍차	자몽 또는 주스+코티지치즈 1컵+양배추+토스트 1장+커피 또는 홍차	토마토주스 또는 우유 1잔
5일	자몽 또는 주스	자몽 또는 주스+달걀 2개+시금치+토마토+커피 또는 홍차	자몽 또는 주스+구운 생선+샐러드+토스트 1장+커피 또는 홍차	토마토주스 또는 우유 1잔
6일	자몽 또는 주스	자몽 또는 주스+과일샐러드	자몽 또는 주스+스테이크+토마토, 셀러리, 오이+커피 또는 홍차	토마토주스 또는 우유 1잔
7일	자몽 또는 주스	자몽 또는 주스+냉치킨+토마토+커피 또는 홍차	자몽 또는 주스+치킨 또는 코티지치즈+토마토, 익힌 양배추, 당근	토마토주스 또는 우유 1잔

대사 다이어트(Metabolism diet)

1주 단위 메뉴로 구성되어 있다. 점심, 저녁에 고단백질 식품을 섭취하며 탄수화물은 극도로 제한하는 방법이다.

표 9-7 대사 다이어트 식단

날 짜	아 침	점 심	저 녁
1일	블랙커피 또는 홍차(설탕 1스푼 미만 함유)	달걀 완숙 2개+익힌 시금치 1컵	170g 스테이크+양상추 · 셀러리샐러드
2일	블랙커피 또는 홍차(설탕 1스푼 미만 함유)+크래커	양상추, 셀러리샐러드+170g 스테이크	220~280g 햄
3일	블랙커피 또는 홍차(설탕 1스푼 미만 함유)+크래커	달걀 완숙 2개+완두콩 1컵+토마토	220~280g 햄+완두콩 · 토마토샐러드 2컵
4일	블랙커피 또는 홍차(설탕 1스푼 미만 함유)+크래커	달걀 완숙 1개+당근 1컵	호상요구르트 1개+모차렐라 치즈 28g+과일샐러드
5일	블랙커피 또는 홍차(설탕 1스푼 미만 함유)+크래커+레몬주스	생선살 튀김+토마토샐러드	스테이크 1/2인분, 채소샐러드
6일	블랙커피 또는 홍차(설탕 1스푼 미만 함유)	껍질 벗긴 닭고기 구이	달걀 완숙 2개+당근 1컵
7일	홍차	스테이크 1/2인분, 과일 1/2개	일상식

뉴 비버리힐스 다이어트(the New Beverly Hills diet)

35일로 계획된 과일 위주의 식단이며, 철저히 시행할 경우 4.5~7kg의 체중을 감량할 수 있다고 한다.

다른 식품으로 대체하지 말고, 정해진 식품, 정해진 양을 모두 먹도록 한다. 이 다이어트는 단백질, 비타민, 무기질의 결핍이 염려된다.

뉴 비버리힐스 다이어트의 식단 구성의 예와 영양 평가

식단 구성

- 1일 : 파인애플, 빵과 옥수수, LTO샐러드(양상추, 토마토, 양파, 오이)와 올리브 오일(Mazel dressing)
- 2일 : 자두(200g), 딸기(200g), 구운 감자 2개
- 3일 : 포도(1,000g)

영양 평가

- 1일 : 칼로리 600kcal, 탄수화물 100g, 단백질 17g, 지방 17g
- 2일 : 칼로리 458kcal, 탄수화물 105g, 단백질 12g, 지방 1.3g
- 3일 : 칼로리 550kcal, 탄수화물 133g, 단백질 5g, 지방 3g

무염식 화학반응 다이어트

대표적인 미국식 다이어트로 짜여진 식단대로 따라 하면 몸속에서 화학적인 반응이 일어나 지방의 합성을 막고 이뇨작용이 촉진된다. 하루 섭취 열량은 1,000kcal 이하로 하고 염분 섭취를 금하고 있으며, 2주 동안 10kg 정도 감량 효과를 볼 수 있다고 한다.

다이어트 방법

- 식단에 있는 식품은 반드시 섭취하며, 육류를 제외한 음식은 양의 제한 없이 섭취하여 간식을 줄인다.
- 식초나 레몬즙을 제외한 모든 조미료와 향신료의 사용을 금지한다.
- 식사 사이를 공복으로 유지해 화학적 반응을 유도한다.
- 인스턴트 식품은 금물이며, 조리할 때는 재료를 물에 담가 불순물을 완전히 제거한 후 기름을 사용하지 않고 조리한다.
- 1주일 식단을 두 번 반복해 총 14일간 다이어트를 한다.

장단점

- 장점 : 단기간 내 체중 감량 효과가 크다.
- 단점 : 적용하기 어려우며, 식단 자체가 까다로워 일상생활을 하면서는 불가능한 다이어트 방법이다. 장기간 계속할 시에는 영양 불균형을 초래할 수 있다.

표 9-8 무염식 화학반응 다이어트 식단

날 짜	아 침	점 심	저 녁
1일	자몽 1/2개, 토스트 1쪽, 블랙커피	차가운 닭고기, 토마토, 블랙커피	생선구이 1쪽, 채소샐러드, 모닝빵 1개, 블랙커피 또는 차
2일	자몽 1/2개, 토스트 1쪽, 블랙커피	과일샐러드(바나나, 딸기, 사과, 오이 등), 블랙커피 또는 차	기름 없이 구운 쇠고기 스테이크, 오이, 데친 콜리플라워, 체리토마토, 블랙커피 또는 차
3일	자몽 1/2개, 토스트 1쪽, 블랙커피	기름 없이 구운 참치나 연어구이, 채소샐러드(양상추, 브로콜리, 오이 등), 자몽, 블랙커피 또는 차	쇠고기 구운 것, 오이, 블랙커피 또는 차
4일	자몽 1/2개, 토스트 1쪽, 블랙커피	차가운 닭고기 찜, 시금치(소금 없이 물에 데친 것), 블랙커피 또는 차	삶은 달걀 2개, 치즈, 양배추, 토스트 1쪽, 블랙커피 또는 차
5일	자몽 1/2개, 토스트 1쪽, 블랙커피	치즈, 시금치(소금 없이 물에 데친 것), 토스트 1쪽, 블랙커피 또는 차	생선구이, 채소샐러드(양상추, 브로콜리, 오이 등), 토스트 1쪽, 블랙커피 또는 차
6일	자몽 1/2개, 토스트 1쪽, 블랙커피	과일샐러드(바나나, 딸기, 사과, 오이 등), 블랙커피 또는 차	차가운 닭고기찜, 토마토, 자몽, 블랙커피 또는 차
7일	자몽 1/2개, 토스트 1쪽, 블랙커피	닭가슴살구이(기름 없이 구운 것), 토마토, 당근, 양상추, 브로콜리(데친 것), 자몽, 블랙커피 또는 차	쇠고기스테이크, 브로콜리, 데친 콜리플라워, 블랙커피 또는 차

쉬어
가기 유행 다이어트의 진실

놀랄 만큼 체중 조절이 잘되는 획기적인 식품이나 음식은 지구상에 없다.

만일 육류나 곡류를 제한하는 등, 일부 식품군의 섭취를 엄격히 제한한다면, 당신의 체중은 감소되는 것이 아니라, 영양 불균형만 초래하여 건강만 해치게 된다. 다시 말해, 특정한 음식이나 다이어트 식품을 구입한다는 것은 체중을 줄이는 것이 아니라, 지갑 무게를 줄이는 것이다.

– 미국영양사협회

따라서 바람직하고 안전한 체중 조절을 하려면 다음을 고려해야 한다.

첫째, 전체 열량 및 영양소 섭취량이 건강을 해치지 않도록 안전한 수준이어야 한다.

둘째, 주변에서 쉽게 구할 수 있는 식품 위주로 다이어트를 계획하여 장기간 실행하는 데 어려움이 없어야 한다.

셋째, 영양교육을 받고 행동수정을 하여 스스로 통제 능력을 키워, 지속적이며 효율적으로 체중을 감량하고, 또한 감량된 체중을 유지할 수 있어야 한다.

알 아 두 기

채식과 영양

채식가

채식가(vegetarian)는 식물성 식품만을 섭취하는 사람을 일컫는다. 이는 다음과 같이 구분될 수 있다.

- 달걀유제품채식주의자(ovolactovegetarian) : 식물성 식품을 섭취하되 우유, 유제품, 달걀을 섭취하는 채식가
- 유제품채식주의자(lactovegetarian) : 식물성 식품을 섭취하는 것을 원칙으로 하되 우유, 유제품만은 섭취하는 채식가
- 완전채식주의자(pure vegetarian or vegans) : 동물성 식품은 물론이며 유제품 및 달걀 등도 섭취하지 않으며, 식물성 식품만을 먹는 채식가
- 과일만 먹는 사람(fruitarians) : 신선한 과일이나 견과류, 꿀, 올리브유를 먹는 사람

채식의 장점

- 비만인 사람이 적다. 섬유소가 높은 채소, 과일, 곡물을 주로 섭취하기 때문이다.
- 관상동맥 심장병의 위험이 낮다. 실제로 육식가보다 혈중 콜레스테롤 함량이 낮기 때문에 심혈관 질병의 발병률이 낮다.
- 고혈압환자가 적다.
- 변비, 골다공증, 요석, 담석과 성인 당뇨병 등의 발병률이 낮다.

채식의 문제점

- 동물성 식품을 섭취하지 않기 때문에 영양소가 결핍되기 쉽다. 순수한 채식주의자(vegan)와 과일섭취자(fruitarian)에게서는 영양 결핍이 더 심각할 수 있다.
- 임산부나 수유부, 신생아, 성장기에 있는 아이들이나 청소년 또는 질병에 걸렸거나 질병으로부터 회복기에 있는 사람은 채식만으로는 매우 위험하다.

채식으로 부족하기 쉬운 영양소

- 성인은 에너지 섭취 부족, 어린이는 성장 부진
- 필수 아미노산 부족
- 칼슘, 철분, 아연 부족
- 비타민 D 부족(생선, 달걀 및 유제품 섭취 부족에 의한 것)
- 비타민 B_1, 비타민 B_{12} 부족

채식으로 부족하기 쉬운 영양소의 보완방법

- 건강한 성인 이외에는 권장하지 않는다.
- 콩류, 종자류, 견과류를 섭취하여 단백질이나 에너지 섭취량을 충족시켜야 한다.
- 아미노산을 골고루 섭취할 수 있도록 다양한 식품을 섭취해야 한다.
- 여러 종류의 과일, 채소를 통해 비타민 C를 충분히 섭취하여 철분 흡수를 증진시키도록 한다.
- 정상 체중을 유지하도록 충분한 양의 음식을 섭취한다.

DIET & HEALTH

다이어트와 식사 장애

식사 장애란 섭식 행위에 현저한 문제가 있는 신경정신과 질환이다. 거식증(신경성 식욕부진증), 폭식증(신경성 과식욕증)은 서구사회에서는 오래전부터 알려져 왔고, 국내에서는 1970년대부터 발표되기 시작했다. 날씬함을 강조하는 미의 기준의 변화와 함께 매력적이고 경쟁적인 외모의 선호가 체중에 대한 왜곡된 신체상을 만들어 내게 되고 질환으로까지 발전하게 되었다. 대개 여성에게 압도적으로 많이 발생하고, 사춘기에 처음 시작되어 20세 전후 여성에게 증가되고 있는 추세이다. 미와 건강, 자아 성취에 대한 바른 가치관의 확립과 더불어 균형 잡힌 영양 섭취의 중요성에 대한 인식이 필요하다고 할 수 있다.

건강보험심사평가원의 통계자료에 따르면 2015년 거식증과 폭식증 환자는 각각 2,354명, 3,356명이었다. 거식증 환자 중 여성은 74.9%, 남성은 25.1%로 여성에게서 더 많이 발생한다는 것을 알 수 있다. 폭식증 또한 여성 89.8%, 남성 10.2%로 여성 환자가 훨씬 많았다. 또한 폭식증 환자들 중 20대가 31.5%로 가장 많았으며 30대가 24.3%, 40대가 17.9%로 뒤를 이었다.

다이어트와 식사 장애

거식증(신경성 식욕부진증)

거식증이란

이 병은 신경성 식욕부진증(anorexia nervosa)으로 병적으로 식욕이 없거나 먹는 것을 거부하는 병이다. 심하면 체중이 계속 감소하다가 결국 죽기도 한다. 식사를 거부한다고 '거식증' 이라고 한다. 최근 20년 동안 젊은 여성들 사이에서 급증하고 있는데, 보통 10~30세 사이에 발

TIP

신경성 식욕부진증의 사례

대학 재학 중인 J씨는 165cm의 키에 40kg의 체중을 유지하고 있었다. 성격도 완벽주의적이고 깔끔한 그녀는 학교에서도 다른 사람들에게 인정받는 편이었다. 그런데도 TV에 나오는 모델들과 자신을 비교하며 자신을 뚱뚱하다고 생각하고 모델처럼 날씬한 여자가 되기 위해 체중을 더 빼야 한다고 생각했다. 그녀는 자신이 먹는 음식 하나하나가 얼마나 살을 찌게 할까 늘 고민하며 매일매일 다이어트에 몰두했다. 또한 얼마나 자기 제어력이 강한지에 대해 자신감을 보여 주기 위하여 과도하게 운동을 하곤 했다. 조금이라도 많이 먹은 듯한 날은 자신이 먹는 음식 때문에 살이 찔 것이 두려워 몇 시간이고 운동을 계속했다. 몇 달 전부터는 다른 신체적 이상 없이 월경도 중지되었고, 기분이 우울해지기도 했다. 최근에 와서는 무기력함을 느낄 뿐만 아니라, 불면증으로 밤을 지새우기도 했다. 결국 그녀는 건강을 걱정하는 가족들에 이끌려 병원을 찾게 되었다.

병하며 십대 후반에 가장 많다. 거식증 환자들은 실제 자신의 모습보다 더 뚱뚱하게 느낀다.

증 상

살찌는 것에 대한 심한 두려움과 강박적 혐오로 인해 식사를 하지 않는다. 그러나 음식에 대해서는 관심이 많아 늘 음식에 대해 생각하고 요리책을 수집한다거나, 다른 사람을 위해 요리를 하기도 한다. 더러 살 빼는 약을 남용하기도 한다. 이 때문에 후유증으로 구강, 식도, 위장계통에 상처가 생기고 신체대사 장애가 와서 경련이 유발되기도 하며, 체중을 줄이기 위해 심한 운동을 시도해 문제를 일으키기도 한다.

흔히 강박 행동, 불안, 우울 등의 증상을 보이는데, 신경성 식욕부진증 환자들 중 50%가 우울증을 동반한다고 한다. 체중이 감소함에 따라 후유증으로 무월경, 서맥, 저혈압, 탈모증, 신생아와 같은 체모의 출현, 갑상선 기능 저하, 기초대사 감소, 월경과 관련된 호르몬의 감소 등이 나타나고, 사망률도 5~18%나 된다.

알 아 두 기

아! 이럴 때 신경성 식욕부진증을 의심해 보세요

• 심한 다이어트를 하거나 극히 낮은 열량만을 섭취하고 굶는다.
• 매우 적은 양의 음식을 먹음에도 불구하고 배가 고프지 않다고 주장한다.
• 자신이 저체중이고 말랐음에도 불구하고 만족하지 않고 계속 살을 빼려 한다.
• 자신은 먹지 않으면서 남들에게만 음식을 계속 만들어 준다.
• 신체적인 원인이 없이 월경이 중단된다. (3개월 연속 월경이 없는 경우)

원 인

생물학적 요인

신경성 식욕부진증 환자의 가족력에서 우울증, 알코올 중독, 식사 장애가 대부분 발견되는 점으로 보아 유전적 소인이 있다고 보고되고 있다. 신경전달물질의 장애로 인해 발병한다고도 보고된다.

심리적 요인

먹는 행위를 성 충동이나 성 행위와 동일시하여 음식을 혐오하고 두려워하고 피하기도 한다. 뚱뚱한 것은 성적·육욕적인 것으로 생각하며, 가냘픔은 청순함과 동일시하는 경향이 있다. 또한 자기 자신에 대해 열등감이 심한 경우 그 열등감을 보상하기 위해 지나치게 외모에 집착하게 된다. 이때 남들이 자기에 대해 평가하는 것보다 스스로의 평가에 의한 자기 신체 이미지에 더 집착하게 되는 것으로 알려져 있다.

사회적 요인

가족관계에 있어 부모와 가깝긴 하지만 말썽을 자주 피우는 편이다. 이런 증상은 부모의 관심을 환자 자신에게로 끌고자 하는 시도로 간주된다. 예를 들어, 아버지가 재혼하려 할 때 딸이 신경성 식욕부진증에 걸린 경우도 있었다. 또한 날씬함을 강조하는 사회적 분위기, 여성을 미모로만 판단하는 일부 그릇된 가치관의 영향도 무시할 수 없는 부분이다.

성격적 원인

신경성 식욕부진증 환자들은 완벽주의적이고 지나치게 예민한 강박적 성격이 많다. 내성적·이기적이며 고집이 센 면도 있다. 그러나 대부분 우수한 능력을 가지고 있다.

치 료

신경성 식욕부진증은 심리적·내과적 증상이 복합적으로 나타나므로 입원 치료뿐만 아니라, 개인 및 가족 치료, 정신 및 행동 치료가 포함된 포괄적인 치료를 필요로 한다.

치료하면 예후는 좋은 편이다. 그러나 부모 사이의 갈등이 심하고 소아기에 신경증적 증상을 보인 과거력이 있으며 심한 행동 장애가 동반되는 경우에는 예후가 별로 좋지 않다.

입원 치료

입원 치료는 환자의 신체적 상태와 환자의 협조 여부에 따라 결정한다. 체중이 키에 비해 정상적인 체중보다 20% 이하로 적으면 통원 프로그램에 참여시키고, 30% 이하로 떨어지면 2~6개월간의 입원 치료가 필요하다. 우선 영양실조를 원상 복구하는 것이 급선무이다. 극도의 전신 쇠약, 탈수, 전해질 장애로 인해 생명을 잃을 수도 있기 때문이다.

매일 소변을 본 후 체중을 조사하여 섭취량과 배설량을 기록한다. 구토가 심해 저칼륨 증상이 나타나면 전해질을 공급하고, 식사 후 적어도 2시간 이내에는 화장실에 못 가게 함으로써 더 이상의 구토를 막는다. 갑자기 많이 먹으면 위장에 무리가 오므로 조금씩 식사량을 늘려 가야 하며, 식기를 큰 것으로 사용해 같은 양이라도 환자에게는 적은 양처럼 보이는 방법을 쓰는 것이 좋다.

약물 치료

항우울제를 처방하기도 한다. 식욕촉진제도 사용된다. 일반적으로는 신경성 식욕부진증의 일차 증상을 치료함에 있어서 약물 치료가 효과적이지 못한 경향이 있다. 대부분의 약물 치료는 포만감이나 식욕과 관련된 기분을 조절하는 것에 역점을 둔다.

정신 치료

인지적 행동 치료를 통해 체중 증가를 모니터하고, 식사 행위를 스스로 기록하고 조절하게 한다. 또한 처음에는 환자를 침대에만 누워 있게 하다가 환자의 협조와 체중 증가에 따라 점차 활동을 허용해 주는 행동 치료도 시도해 나간다. 이때 가족의 지지와 신뢰가 중요하다.

폭식증(신경성 과식욕증)

폭식증이란

이 병은 신경성 과식욕증(bulimia nervosa)으로 신경성 식욕부진증보다 더 빈번하다. 이는 주기적으로, 갑자기, 한꺼번에 대량의 음식을 먹고, 고의로 장 비우기를 반복하는 만

신경성 과식욕증 사례

항공사 승무원인 L씨는 정상 체중이었음에도 불구하고 자신의 외모 때문에 업무 능력을 정당하게 인정받지 못한다고 생각하여 스트레스를 많이 받고 있었다. 그래서 음식을 먹는 순간만은 스트레스로부터 해방되는 것 같아 많은 양을 먹었다. 그러나 곧 많은 음식을 먹었다는 것에 대한 죄책감과 이 먹은 음식이 모두 살로 갈 것이 두려워 입 안에 손을 넣어 토하거나 설사제·이뇨제를 복용하기 일쑤였다. 최근에는 많이 먹은 것에 대한 두려움이 들면 저절로 구역질이 나고 심지어 토하게 되어 병원을 찾게 되었다.

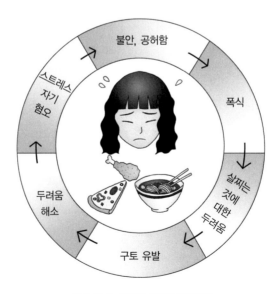

그림 10-1 폭식의 악순환 연결고리

성병이다. 젊은 여자의 1~3% 정도가 이 병인 것으로 추정되고 있다. 남자보다 여자가 많고 후기 청소년기나 초기 성인기에 더욱 많이 나타난다.

증 상

주로 고열량 음식으로 달고, 몰래 빨리 먹어 치우기 쉬운 부드러운 것들을 먹는다. 일단 음식을 먹기 시작하면 그 무엇으로도 중지시킬 수 없다. 그리고 끝내 구토를 한다. 심지어는 설사제나 이뇨제를 복용하기도 한다. 체중은 대개 정상이거나 과거에 비만이었던 경우가 있다.

신경성 식욕부진증과 다르게 무월경은 거의 없다. 또 살찌는 것을 두려워하여 살 빠지는 약을 상용하는 수가 있다. 대인관계도 좋지 않아 고립되어 있는 경우가 많다. 충동적이어서 술을 많이 마시거나 진정제, 각성제 등을 남용하기도 한다.

알 아 두 기

아! 이럴 때 신경성 과식욕증을 의심해 보세요

- 짧은 시간 내에 보통 사람들이 먹는 것보다 엄청나게 많은 양을 먹는다.
- 일단 먹기 시작하면 폭식을 통제할 수 없다.
- 폭식 후 살찌는 것이 두려워 장 비우기를 위하여 구토를 한다.
- 폭식과 장 비우기를 일주일에 2회 정도, 3달 이상 지속한다.
- 설사제, 이뇨제를 과다하게 사용한다.
- 잦은 구토로 인해 치아가 부식되거나 침샘이 붓는다.
- 체중 변화가 오르락내리락 반복된다.
- 음식이나 체중에 집착하거나 그것에 대해 계속해서 이야기한다.
- 음식점에 가기를 꺼리거나 식사 약속을 피한다.

원 인

생물학적 요인

여러 신경전달물질이 관여한다고 보고되고 있다. 특히, 우울증을 일으키는 세로토닌이나 노르에피네프린 등의 신경전달물질의 이상이라는 보고가 있다.

심리적 요인

신경성 과식욕증 환자들은 성격이 외향적이고, 화를 잘 내고 충동적이며, 정서 불안이 많다. 충동 조절도 잘 안 된다.

사회적 요인

성취도가 높고, 마르는 것에 대한 사회적 압력에 과민하게 반응한다. 늘 우울한 특징을 보이는데, 가족 내 우울증도 많다. 가족관계는 신경성 식욕부진증 환자보다 덜 밀접하고 갈등이 더 많은 편이다. 환자들은 자신의 부모가 무관심하고 거부적이라고 표현하는 경우가 많다.

치 료

신경성 식욕부진증과 비슷하다. 음식을 먹고 토하는 것을 자제할 수 없을 때, 자살 및 약물 남용 등의 정신과적 증상이 같이 있을 때, 토하는 증상이 너무 심해 전해질 장애가 일어날 때는 입원 치료를 한다. 인지적 행동 치료를 통해 폭식이 발생하는 횟수, 음식, 시간, 주변 상황 등을 기록하고, 이런 것에 대한 자기 조절을 하게 하는 치료가 더 효과적이다. 약물 치료로는 항우울제를 사용한다. 예후는 신경성 식욕부진증보다 좋다. 식사장애의 치료에서 가장 중요한 것은 건강한 신체 이미지를 형성하도록 도와주는 일이다. 자신의 몸을 아끼고 사랑할 수 있는 사람은 이 세상에 오직 한 사람, 자기 자신밖에 없다는 인식의 전환이 무엇보다 필요하다.

마구 먹기 장애

마구 먹기 장애란

기분이 우울하고 무력감을 느낄 때 음식을 마구 채워 넣음으로써 그러한 기분에서 벗어나려고 하는 것, 이러한 식행동은 쉽사리 조건화되기 때문에 '마구 먹기 장애(binge-eating disorder)'로 발전하게 된다. 일시적으로 불안이나 공허함을 덜어 낼 수는 있을지 모르지만, 심한 포만감으로 배가 거북해지고 뒤이은 죄책감

과 우울증이라는 정신적인 고통이 더욱 심해진다. 수많은 다이어트를 했으나 실패한 비만인에게 많이 나타난다.

쉬어 가기 마구 먹기 장애 사례

중년 주부인 P씨는 현재 155cm의 키에 60kg이다. 첫아이를 출산한 후부터 갑자기 불은 체중을 빼고자 항상 다이어트를 했으나 머릿속에는 항상 음식에 대한 생각으로 가득 차 있었고 체중은 계속 증가하였다. 남편이나 다른 사람들이 보는 앞에서는 음식을 많이 먹지 않으려고 부단한 노력을 해왔지만, 혼자 있을 때는 자제하기 어려웠다. 아이들이 커가면서 허전한 느낌은 커져만 가고, 다른 동창들이 사회적으로 성공한 것을 보면 스트레스를 많이 받았다. 그럴 때마다 그녀는 음식을 먹으면서 위안을 얻었다. 살찌는 것에 대해 걱정을 하면서도 때때로 먹는 행동을 중단할 수가 없었다. 다이어트란 다이어트는 다 시도해 보았으나 매번 실패하였다. 처음 시작할 때에는 그런 대로 지켜지지만 곧 얼마 되지 않아 폭식에 대한 욕구가 심해졌고, 다시 음식을 찾게 되었다.

증 상

흔히 사람들은 "배가 고프지 않아도 스트레스를 받으면 무언가를 먹게 된다."라고 말한다. 즉, 사람들은 배고픔 해소라는 단순한 이유 이외에도 여러 가지 이유로 음식을 먹는다. 우울증, 불안, 분노, 공허감 등의 정신적인 이유로도 음식을 습관적으로 먹는 경우가많다. 스트레스에 민감하거나 상처받기 쉬운 자아를 가진 사람들은 그로부터 벗어나고싶어 하는 욕구가 강하다. 그러한 사람들의 머릿속에는 부정적인 생각으로 가득 차서, 자신이 할 수 있는 유일한 일에 집중함으로써 그러한 생각에서 벗어나려고 하는 것이다. 가장 쉽게 집중할 수 있고 자신의 뜻대로 할 수 있는 일은 바로 '폭식'이기 때문이다.

알 아 두 기

아! 이럴 때 마구 먹기 장애를 의심해 보세요

- 한 가지 다이어트 방법에서 다른 다이어트 방법으로 계속 옮겨 간다.
- 체중이 많이 나갈 때는 남들 앞에서 적게 먹는다.
- 한꺼번에 너무 많은 음식을 먹는다.
- 폭식 후에는 심한 자책감과 우울감에 빠진다.
- 일단 먹기 시작하면 폭식을 통제할 수 없다.
- 배가 고프지 않아도 많은 양의 음식을 먹는다.
- 폭식 후 구토를 동반하진 않는다.

치 료

규칙적인 식사를 한다

규칙적인 식사와 폭식이 무슨 상관이 있느냐고 의아해할지도 모르겠으나 오랫동안 굶게되면, 다시 말해 오랫동안 위를 비워 두게 되면 음식물에 대한 감수성이 무척 높아지게된다. 따라서 폭식의 가능성은 매우 높아지게 된다. 폭식 충동이 있을 때에는 채소 등의칼로리가 낮고 섬유소가 많은 음식을 먹는 게 좋다.

식사 일기를 쓴다

자신을 관찰하여 기록하게 되면 식습관의 자세한 모습을 깨달을 수 있게 된다. 이것은 폭식 방지의 중요한 부분이다. 아무리 불편하고 귀찮더라도 상세하게 적는다. 일주일만 적더라도 자신의 식사 패턴에 대한 많은 정보를 알 수 있다. 또한 식사일기를 쓰는 자체만으로도 상당 부분 폭식을 줄일 수 있다. 자신이 언제, 어디서, 어떤 상황이나 상태에서 폭식하는지를 알아야만 미리 방지할 수 있다.

폭식 행동을 대체할 수 있는 활동들을 개발한다

폭식 행동과 양립할 수 없는 대체 행동을 개발하는 것이 도움이 된다. 폭식하는 대신 선택할 수 있는 즐거운 활동들의 목록을 작성해 본다. 친구에게 전화를 건다든지, 운동을 한다든지, 목욕을 하거나 샤워를 하는 활동 등을 포함한다.

만일 언제 폭식하는지 예상 가능하다면(예 : 일을 마치고 귀가 시 혹은 저녁 후), 위험한 시간대에 규칙적인 활동을 계획할 수 있다(예 : 헬스, 산책 등).

이러한 노력에도 불구하고 폭식 충동이 지속될 경우에는 폭식 충동이 일어날 때 종이를 준비하고 폭식 충동에 굴복했을 때의 이득(예 : 긴장 해소, 미각의 충족, 잠시 동안의 망각)과, 굴복했을 때의 손실(예 : 죄책감, 체중 증가)을 적도록 한다. 그러면 폭식이 현재 문제에 대한 좋은 해결방법이 아니라는 사실을 파악하게 되고, 대부분의 폭식 충동은 10분 안에 없어질 것이다. 그러나 계속 폭식 충동이 지속되는 경우에는 추가로 10분을 더 맞추어 놓고 어떤 대체활동을 할 것인지를 결정한다.

식사 장애 환자에 대한 가족의 대처

지나친 간섭을 하지 않는다

식사 행동에 대한 조절이나 통제는 치료자와 환자에게 맡기고 가족들은 무엇 때문에 환자가 힘들어하는지, 근본적인 문제나 환자의 고민을 이해하는 데 전력을 쏟는다.

환자의 나이에 맞는 적절한 권리와 책임을 준다

적절한 책임감과 규칙을 부여하는 것은 환자가 자신의 문제와 스스로 싸워 이길 수 있는 자신감과 힘을 기르도록 도와주는 중요한 첫걸음일 수 있다.

환자를 감시하지 않는다

다만, 환자가 자신에게 위해한 행동을 할 위험성이 있는 경우에는, 예외적으로 치료자의 지도하에 감시가 필요할 수도 있다.

식사 장애 환자에게 맞추기 위한 음식을 준비하지 않는다

폭식을 하는 환자가 유혹받을 수 있다는 이유로 가족 전체가 좋아하는 음식을 마련하지 않는 것은 다른 가족들의 불만을 사고, 환자의 문제를 오히려 더 부각되게 한다.

식사시간을 싸우는 시간으로 만들지 않는다

환자가 식탁에 오는 것을 꺼려하고 음식을 먹고 싶지 않다는 태도를 보일 때에는 받아들이는 것도 필요하다.

환자와 관계없이 외부 모임이나 외식 등의 가족 행사를 지속한다

억지로 환자를 데리고 나가, 환자에게 음식을 먹으라고 강요하거나 조금만 먹도록 제한하지 말고 환자의 의사를 최대한 존중하는 것이 좋다.

환자의 체중이나 외모에 대해 언급하지 않는다

날씬해 보인다, 건강해 보인다 등의 말은 환자에게 칭찬으로 들리지 않고, 자신의 외모나 체중이 다른 사람에 의해서 관찰되고 평가되고 있다는 사실로 받아들여지게 된다.

식사 장애 증상의 혼재

성인에서 흔히 볼 수 있는 식사 장애에는 크게 다음과 같은
세 가지 종류가 있다. 때로는 이들 증상이 혼재해 나타나기
도 한다.

- 거식증(신경성 식욕부진증, anorexia nervosa)
- 폭식증(신경성 과식욕증, bulimia nervosa)
- 마구 먹기 장애(binge eating disorder)

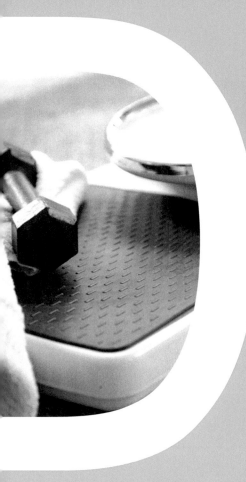

DIET&
HEALTH ⁞⁞⁞⁞⁞⁞⁞⁞⁞⁞⁞⁞

다이어트와 부작용

다이어트를 위해 식사 섭취량을 조절하면 칼로리 영양소 섭취뿐
아니라 미량 영양소 섭취가 줄어들어 여러 가지 부작용이 쉽게 나
타날 수 있다. 다이어트로 인해 가장 흔히 나타나는 부작용으로는
골다공증과 빈혈, 변비 등이 있다.

다이어트는 체중 감량 못지않게 건강을 유지할 수 있는 범위 내
에서 이루어져야 하므로, 이와 같은 부작용을 예방할 수 있는 방법
을 택하는 것이 무엇보다 중요하다.

다이어트와 부작용

다이어트와 골다공증

폐경기 이후, 비만한 여성이 체중을 감량하기 위해 극도로 칼로리를 줄이는 것은 바람직하지 않다. 비만한 여성은 대개 골다공증의 빈도가 적지만, 체중을 줄이기 위해 저탄수화물, 저단백질 식사를 함으로써 골다공증이 유발될 수 있기 때문이다. 따라서 체중 감량을 위한 식사 조절 동안에도 칼슘 섭취를 위해 유제품 섭취는 부족하지 않도록 해야 한다.

그림 11-1 칼슘 함량이 많은 식품

유제품 중에서도 칼로리와 지방 함량이 적은 제품, 예를 들어 저지방우유, 저지방요구르트로 대체해서 먹도록 한다. 뼈째 먹는 생선

이나 해조류는 칼로리는 적고 칼슘의 함량이 많아 권장되는 식품이다 .

골다공증이 있는 경우에는 체중 부하가 되는 운동이 좋으므로 수영, 자전거 타기보다는 걷기, 산책, 러닝머신 등을 이용하는 것이 좋다. 근력 운동을 심하게 하거나 점프와 같이 충격이 심한 운동을 할 경우 골절이 생길 위험이 있으므로 주의해야 한다.

골다공증이란?

골다공증은 골질량의 감소와 골격 기능 손상으로 쉽게 골절이 일어날 수 있는 상태를 말하며, 영양 상태에 영향을 받는 대사성 골질환이다. 인체 내 무기질 중 칼슘은 성인 체중의 1.5~2% 정도를 차지하며, 그 이용은 그림 11-2와 같다.

출생 시 우리 골격은 20~30g의 칼슘을 포함하고 20~35세에 가장 많은 칼슘을 함유하며 그 이후 남녀 모두 0.6~1% 정도의 뼈조직을 매년 잃게 된다. 그러나 여성은 폐경을 하면 매년 6% 정도 뼈조직을 잃게 되어 결국 70세 여성은 20대 최대 골질량의 절반인 400~500g의 칼슘만을 갖게 된다.

또한 노화가 진행됨에 따라 조골세포의 기능이 감소해 유골조직의 형성은 감소되지만 뼈의 용해는 계속되므로, 뼈조직이 손실되어 뼈조직 사이에 구멍이 나거나 얇아지며 작은 충격에도 쉽게 골절이 일어난다. 따라서 칼슘이 충분히 함유된 영양적으로 균형 잡힌 식사를 해야 한다.

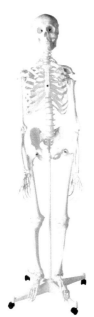

◀ 체내 칼슘의 99% : 골격, 치아 형성

나머지 1% : 세포 내외액에 존재
- 혈액응고
- 근육 수축 및 이완
- 심장의 규칙적인 박동
- 신경 흥분과 자극 전달
- 효소 활성화

그림 11-2 체내 칼슘의 분포와 기능

그림 11-3 골다공증에 의한 자세 변화

골다공증과 칼슘

혈중 칼슘 농도

혈중 칼슘 농도는 9~11mg/dL로 일정하게 유지되며, 이 항상성은 뼈와 소장, 신장의 상호작용을 통해 조절된다. 골질량은 뼈 생성과 분해의 균형에 의해 이루어지며 혈액 칼슘 농도가 저하되면 부갑상선 호르몬 등에 의해 칼슘이 용출되기 때문에 혈중 칼슘 농도를 일정하게 유지하는 것은 정상적인 골질량을 유지하는 주요 생리요인이다.

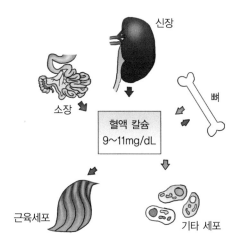

그림 11-4 혈액 칼슘의 농도 조절

혈중 칼슘 농도와 호르몬

골격은 끊임없이 재생성 과정을 거치는 활발한 조직으로 생성과 분해(재흡수)를 담당하는 조골세포와 파골세포로 이루어진다. 파골세포는 무기질을 용해하고 콜라겐 기질을 분해함으로써 뼈를 분해한다. 파골세포는 부갑상선 호르몬, 활성형 비타민 D_3, 칼시토닌

그림 11-5 혈중 칼슘 농도와 호르몬의 역할

등에 의해 활성이 조절된다. 조골세포는 콜라겐과 점성 다당류로 구성된 뼈 성분을 분해하여 새로운 뼈를 생성하는 세포로서, 부갑상선 호르몬, 비타민 D₃, 에스트로겐의 영향을 받는다.

칼슘 흡수 및 생체 이용률

칼슘 흡수는 개인의 칼슘 보유 상태, 연령, 임신, 수유상태 등에 따라 달라진다. 즉, 칼슘 요구도가 클 때 흡수가 증가되며 지속적으로 칼슘 섭취가 낮은 경우에도 증가된다. 또한 식이 내 칼슘이 실제로 체내에서 얼마나 유용할 수 있는가 하는 칼슘 생체 이용률 역시 칼슘 흡수를 증가시키거나 감소시키는 내적인 생리상태나 식이 내 구성 성분들에 의해 결정된다.

표 11-1 칼슘 흡수의 증가 및 억제 요인

칼슘 흡수 증가 요인	칼슘 흡수 억제 요인
• 성장기 아동(75%), 청소년(20~40%) • 임신기(60%) • 소장 내의 산도, 비타민 D • 부갑상선 호르몬 분비 • 탄수화물, 지방의 적당한 섭취 • 우유 및 유제품의 섭취(25~40%)	• 노년기 • 폐경기 여성(20%) • 에스트로겐 분비 감소 • 나트륨, 인, 피틴산, 수산, 탄닌, 섬유소 • 채식 위주의 식이(10~30%) • 카페인, 흡연 및 음주

주 : ( ) 안은 칼슘 흡수율

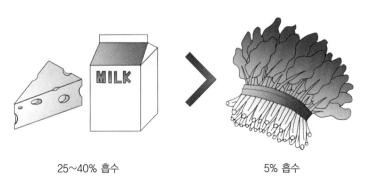

25~40% 흡수   5% 흡수

그림 11-6 칼슘 흡수율의 차이

알 아 두 기

식물성 식품을 많이 먹으면 칼슘 흡수율이 떨어진다?

수산

시금치, 땅콩 등에 상당량 함유되어 있는 수산은 체내에서 칼슘과 불용성 복합체를 형성하여 흡수되지 않고 배설시킨다. 실질적으로 우유와 수산을 함께 섭취한 경우 우유만 섭취한 경우보다 칼슘 흡수율이 감소된다.

피틴산

곡류, 두류, 종실류 및 견과류의 식물성 식품 중에 1~5% 함유되어 있으며, 칼슘과 결합하여 불용성 복합체를 형성하여 칼슘 흡수율을 낮춘다.

칼슘 배설과 짜게 먹는 식습관

칼슘은 대변, 소변, 피부를 통해 배설되며, 정상 성인에서 식이 칼슘 섭취와 소변을 통한 칼슘 배설은 체내 칼슘 보유에 가장 중요한 요소이다. 소변 내 칼슘 배설은 칼슘 섭취량과는 관계가 적은 데 비해, 소변 나트륨 배설량과는 상관성이 높다.

소변 칼슘 배설량은 인(우유, 곡류, 두류 등에 존재)의 섭취 시 감소되며, 식이 칼슘 섭취가 많아지면 증가되고, 이외에도 카페인 섭취, 단백질 혹은 아미노산 섭취, 염분 섭취 시에 증가된다.

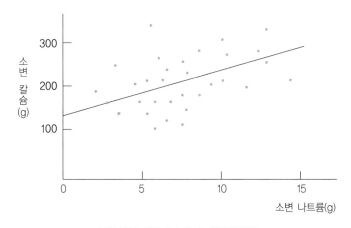

그림 11-7 요중 칼슘과 나트륨과의 관계

자료 : 이종호 외(1992), 한국영양학회지, 2(92), pp. 140~149.

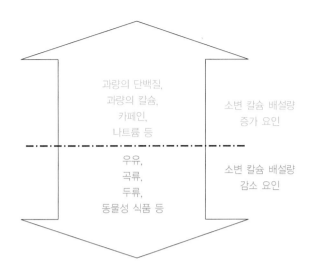

과량의 단백질,
과량의 칼슘,
카페인,
나트륨 등

소변 칼슘 배설량
증가 요인

우유,
곡류,
두류,
동물성 식품 등

소변 칼슘 배설량
감소 요인

그림 11-8 소변 칼슘 배설에 영향을 미치는 식품

쉬어 가기 우리는 너무 짜게 먹어요!!

한국인영양섭취기준(2015)에서는 성인의 1일 나트륨 충분섭취량은 2,000mg(소금 섭취량 5.0g/일)이나 현재 19세 이상의 우리나라 사람의 1일 나트륨 섭취량은 4,103.8mg (소금 약 10g)으로 권장되는 양보다 훨씬 많다(국민건강영양조사, 2014). 따라서 우리나라 사람의 경우, 칼슘 섭취량은 적고 소변 칼슘 배설을 증가시키는 나트륨의 섭취량은 많아서 최대 골질량이 적게 형성되고, 특히 여성의 경우 폐경 후 골다공증이 증가될 위험이 크다.

골다공증의 식사요법

골다공증의 예방과 치료를 위한 식사요법의 목표는 골격 구성에 필요한 충분량의 칼슘, 적당량의 단백질과 인, 비타민 A·C·D의 섭취를 통해 최대 골질량을 확보하고, 칼슘 평형을 유지시킴으로써 골격의 손실을 억제시키는 것이다.

칼 슘

골다공증을 예방, 치료할 수 있는 가장 중요한 식이요소는 칼슘이다. 칼슘은 최대 골질량에 영향을 미치고 충분한 칼슘 섭취는 골 손실률을 최소화시키는 것을 도와준다.

칼슘이 풍부한 식품이 제한되어 있기 때문에 이러한 식품을 하루에 두 종류 이상 한 번에 한 교환단위 이상 섭취하지 않는다면 칼슘 섭취량은 우리나라 권장량인 700mg의 절반 정도에도 미치지 못하게 된다. 우리나라의 국민건강영양보고서(2014)에 따르면 19

표 11-2 칼슘이 들어 있는 식품

칼슘이 많이 들어 있는 식품	칼슘이 적게 들어 있는 식품
우유 및 유제품, 녹황색 채소, 두부, 뱅어포, 동태, 미역, 멸치, 장어 등	육류, 과일, 흰색 채소, 쌀밥, 국수, 떡, 빵 등

세 이상의 우리나라 사람의 1일 칼슘 섭취량은 494.7mg으로 권장량에 크게 미치지 못하고 있으며, 이와 같은 현상은 모든 연령층에서 나타난다. 특히, 식품의 섭취량이 크게 줄어드는 체중 감량 시에는 칼슘 섭취가 절대적으로 부족하기 쉬우므로, 이에 대한 주의가 필요하다.

필수 영양소인 칼슘과 칼슘 권장량

우리 신체는 칼슘을 만들 수 없으므로 대변, 소변, 피부 등을 통하여 소실되는 필요한 양의 칼슘을 섭취해야 한다. 땀, 피부, 소변, 소화관 내로 분비되는 불가피한 칼슘 손실은 하루 약 250~300mg이고, 이러한 칼슘 손실을 보충하기 위하여 흡수율을 고려하여 하루 약 500~600mg의 칼슘 섭취가 최소한으로 필요하다. 이것보다 적은 섭취량은 체내 칼슘 농도를 감소시키게 되므로 주의해야 한다.

칼슘의 경우 체내 필요량에 따른 요구도의 변화가 민감하기 때문에 지난 몇 년 동안 칼슘을 많이 섭취하지 못했더라도 이제부터 충분한 양의 칼슘을 섭취하면 골격 소실이나 골절률을 최소화시킬 수 있다.

알 아 두 기

칼슘 권장량을 어떻게 구할까?

최소 필요량 + 개인차에 따른 안전율
- 1단계 : 최소 필요량 결정(체중 증가량, 골격 보유량 및 소변과 피부를 통해 배설되는 손실량과 흡수율 고려)
- 2단계 : 개인차에 따른 안전율 더해 주기
  → 이렇게 책정된 성인 남녀의 칼슘 권장량은 1일 700mg
  (단, 임신기에는 태아의 성장발달 및 모체조직의 증대를 촉진하기 위해 1일 300mg, 수유부인 경우에는 1일 400mg을 추가 섭취하도록 하고 있다)

표 11-3 각 식품의 칼슘 함량

칼슘 다량 함유식품 (200mg)		중정도 칼슘 함유식품 (200~100mg)		기타 칼슘 함유식품 (100~50mg)	
우유	1컵	잔멸치	2큰스푼	새우	중 4마리
요구르트	2개	뱅어포	1장	꽃게	1/2컵
요플레	1개	순두부	1컵	굴	1/3컵
치즈	1장	동태	1토막	조갯살	1/3컵
두부	1/5모	고등어통조림	1토막	장어	1토막
		꽁치통조림	1토막	정어리	1토막
		달래(익힌 것)	1/3컵	근대(익힌 것)	1/3컵
		고춧잎(익힌 것)	1/4컵	무(익힌 것)	1/3컵
		무청(생것)	1/2컵	쑥갓(생것)	2/3컵
		무청(익힌 것)	1/4컵	냉이(생것)	2/3컵
		깻잎(생것)	1/2컵	더덕(익힌 것)	1/3컵
		깻잎(익힌 것)	1/4컵	우엉(익힌 것)	1/4컵
		물미역(생것)	1/2컵	두유	1컵
		물미역(익힌 것)	1/3컵	호두	대 3개
		귤	1개	아몬드	15알

칼슘 강화식품

소비자들이 건강 유지나 증진에 도움을 주는 식품을 선택하는 경향이 높아지면서 특정 영양소를 강화한 식품들이 많이 시판되고 있다. 이 중에서도 특히 칼슘 강화식품은 일상 식사 대용식품인 시리얼이나, 과자, 우유, 유제품 등 다양한 식품에 적용되고 있는데, 대표적인 제품의 칼슘 성분을 일반 제품과 비교해 보면 표 11-4와 같다. 그러나 칼슘의 경우, 1일 2,500mg 이상 섭취하면 다른 무기질의 흡수가 방해되는 부작용이 일어날 수 있다. 따라서 칼슘 강화식품 섭취 시 과도한 양을 섭취하지 않도록 주의해야 한다.

표 11-4 각 식품의 칼슘 함량

구 분	판매 업체	칼슘 함유량(mg/100g*)	
		칼슘 강화제품	일반 제품
시리얼류	A사	175	5
과자류	B사	105	2
치즈류	C사	1,000	600
우유류	D사	240	105
주스류	E사	300	8

주 : * 우유의 경우 단위는 mg/100mL

칼슘 보충제

최근 들어 칼슘 보충이 골격 성장과 골다공증 예방에 효과적이라는 연구들이 발표되면서 과량 섭취가 관심 대상이 되고 있으나, 과다한 칼슘 복용은 신장 결석, 고칼슘혈증, 신장 기능 부전, 다른 무기질 흡수 감소 등의 부작용을 초래할 수 있다. 하루 1~2g의 칼슘 보충제를 투여하는 경우 부작용이 없다고는 하나 변비, 가스 발생, 속이 더부룩함 등을 호소하는 환자들이 많다.

현재 가장 널리 사용되고 있는 칼슘 보충제는 '칼슘 카보네이트'로 이는 굴껍데기, 타조알 등에 다량 함유된 성분이다. 칼슘 카보네이트는 용해성이 높아 평균 26% 정도 체내에 흡수된다. 칼슘 보충제에는 일반적으로 비타민 D가 함께 첨가되어 있으며, 그 양은 권장량인 10g을 초과하지 않는다. 충분한 비타민 D의 섭취는 골격의 무기질 침착에 필수적인 요소이며, 규칙적으로 햇볕을 쪼이고 비타민 D 강화우유를 마신다면 비타민 D의 섭취는 충분하다.

쉬어 가기 칼슘과 철분은 함께 섭취하지 마세요

철분 흡수에 대한 칼슘의 방해 효과는 철분과 칼슘을 동시에 섭취할 경우 나타나는 현상이다. 이를 방지하기 위해 철분 섭취 1시간 후에 칼슘을 섭취하는 것이 바람직하다. 또한 칼슘 보충은 늦은 밤에 섭취하거나 식사시간 사이에 보충하는 것이 바람직하다. 노인과 같이 위산 분비가 적은 경우에는 식사와 함께 복용하는 것이 좋다. 칼슘 보충제는 나누어 섭취할 때 칼슘이 더 효과적으로 흡수되므로 한 번에 500mg을 넘지 않도록 한다.

예방과 치료

골질량이 많을수록 뼈 손실률이 저하되므로 골다공증 예방은 골격 강도와 골질량을 최대로 유지하는 데 있다. 따라서 골격 구성에 필요한 충분한 양의 칼슘, 적당량의 단백질과 인, 비타민 C와 D의 섭취 등의 균형 있는 식사가 중요하며, 이때 칼슘 섭취는 양적인 고려와 함께 칼슘 흡수와 이용성을 높이도록 고려한다. 또한 적당한 운동으로 골질량을 최대화하고 뼈 손실을 최소화해야 한다.

한편, 골다공증의 치료는 뼈조직을 원상태로 재생시키기보다 더 이상 뼈의 손실이 계속되지 않도록 하고 진행속도가 지연될 수 있도록 하는 데 있다. 골다공증 환자의 골질량 감소를 억제하기 위해 칼슘 보충, 에스트로겐 요법 및 운동 등이 이용되고 있다.

알 아 두 기

골다공증을 예방하려면?

- 카페인 섭취를 제한한다(하루 커피 2잔 이하).
- 섬유소 섭취량이 1일 35g을 넘지 않도록 한다.
- 과량의 단백질 섭취(권장량의 2배 이상)를 피한다.
- 지나친 알코올 섭취를 피한다(1일 맥주 2잔, 포도주 1잔, 소주 1잔 이하).
- 금연한다.
- 골다공증 정도에 따라 골절의 위험이 없는 적절한 운동을 규칙적으로 한다.
- 걷기, 하이킹, 에어로빅, 자전거 타기 등이 권장되는 운동이다.

알 아 두 기

골격 건강에 도움이 되는 식생활 관리법

- 매일 칼슘이 풍부한 식품을 2번 이상 섭취한다. 특히, 어린아이나 청소년, 젊은 성인(24세까지), 임산부나 수유부는 매일 3번 이상 섭취하는 것이 좋다.
- 저체중인 경우에는 표준체중이 되도록 노력한다.
- 비타민 D를 충분히 섭취한다. 비타민 D는 신체가 칼슘을 흡수하고 이용하는 데 도움이 되는 것으로 비타민 D와 칼슘이 없으면 튼튼한 뼈를 만들 수 없다.
- 싱겁게 먹는다. 짜게 먹는 식습관은 칼슘의 소변 배설량을 증가시켜 뼈를 약하게 만든다.
- 균형식을 섭취하여 칼슘뿐 아니라 미량 원소도 충분히 섭취한다.

다이어트와 빈혈

청소년기나 가임기 여성의 경우 비만하면서 빈혈이 동반되어 영양 불균형 상태를 보이는 경우가 있다. 이런 경우에는 무조건적인 식사 제한보다는 균형식을 해야 한다. 철분, 단백질, 비타민 C의 섭취는 충분히 해야 하므로, 육류, 살코기, 조개류, 해조류, 과일 등의 섭취가 부족하지 않도록 해야 하며, 별도로 철분 제제를 복용하도록 한다. 빈혈의 원인을 밝혀 치료를 하는 것은 비만 환자에서도 예외는 아니다.

빈혈과 영양소

빈혈의 분류
적혈구의 구성요소인 헤모글로빈은 4개의 단백질 소단위로 구성되어 있는데, 이들 소단위들이 활성의 헤모글로빈으로 전환되려면 헴(heme)이 부착되어야 한다. 헴은 철을 포함하고 있는 구조로 산소와 결합 능력을 갖고, 헴 합성이 감소되면 궁극적으로 체내의 산소 농도에 영향을 미칠 수 있다.

빈혈은 헤모글로빈 농도 또는 적혈구 수의 감소를 의미하는데, 혈액의 산소 운반 능력이 감소되어 저산소상태가 되어 있는 상태를 뜻한다. 빈혈은 크게 세 종류로 구분할 수 있다.

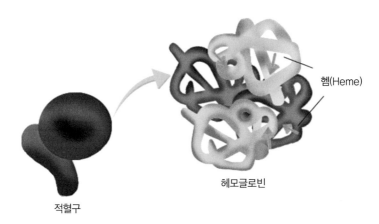

헴(Heme)

헤모글로빈

적혈구

그림 11-10 적혈구와 헤모글로빈

- 첫째는 적혈구 수가 감소되는 형태(철 결핍성 빈혈),
- 둘째는 조혈과정에 문제가 있어 발생되는 빈혈(거대적 아구성 빈혈)이며,
- 셋째는 적혈구의 수명이 감소되는 형태의 용혈성 빈혈이다.

이 중 다이어트로 인해 가장 빈번하게 발생하는 빈혈의 형태는 철 결핍성 빈혈이다.

빈혈 관련 주요 영양소

- 철분 : 헤모글로빈의 주 성분으로 부족 시 헤모글로빈 농도가 감소하여 저색소성 빈혈의 원인이 된다. 인체 내 총 철분은 3~5g이고, 이 중 약 70%는 헤모글로빈 합성에, 27%는 간이나 비장, 골수에 저장되어 있다가 필요할 때 방출되며, 나머지는 미오글로빈과 철 함유 효소 합성에 이용된다. 철분이 결핍되면 혈액 중 운반 단백질인 트랜스페린이 감소되며, 이어 세포에 저장된 페리틴이 감소되어 결국 헤모글로빈의 정상적인 합성에 문제가 생겨 빈혈이 발생된다.

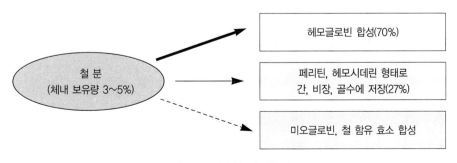

그림 11-11 체내 철분의 이용 경로

- 엽산과 비타민 B_{12} : DNA나 RNA 합성에 관여하며, 단백질 합성에 필수적이다. 따라서 둘 중 한 가지라도 부족하면 적혈구의 단백질이 합성되지 않아 적혈구 수가 감소하여 악성 빈혈의 원인이 된다. 혈청 엽산은 3ng/mL 이하, 적혈구 내 엽산은 140ng/mL 이하일 때 빈혈이 나타난다.

원인 및 식사요법

철 결핍성 빈혈의 원인 및 증상

철 결핍성 빈혈의 특징은 적혈구의 크기가 작고 혈중 헤모글로빈 농도가 낮다는 것이다. 이는 만성적인 철분 결핍에 의한 것이므로, 근육 기능 부전과 피곤, 식욕 감퇴, 안면 창백 등이 나타나고, 증상이 심한 경우에는 상피세포의 기능과 구조적인 결함이 나타날 수 있다.

철 결핍성 빈혈의 원인을 살펴보면 다음과 같다.

- 섭취 부족 : 지나친 다이어트, 부실한 식사, 채식주의자
- 흡수 불량 : 설사, 위 절제 무산증 및 흡수 불량 증후군
- 필요량 증가 : 성장기, 임신부 및 수유부
- 배설량 증가 : 소화성 궤양, 위염, 암, 치질, 자궁근종, 생리 과다, 운동 과다 등으로 인한 급성 또는 만성 출혈 시

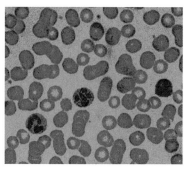
정상세포

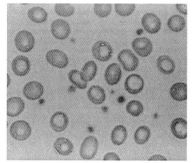
철 결핍성 빈혈세포

그림 11-12 철 결핍성 빈혈세포

철 결핍성 빈혈의 증상

- 손톱 : 손톱이 잘 부서지고 납작하게 되며 세로로 줄이 나타난다. 심한 경우 손톱이 밑으로 숟 가락처럼 오목한 모습이 되며 손톱 색깔이 창백하게 변하기도 한다.
- 혀와 입 : 혀의 돌기 부분에 위축이 일게 되면서 아프고 입에도 구각염이 생긴다.
- 소화기관 : 위염, 무산증, 위 위축이 일어나 식욕이 떨어지며 속이 더부룩하고 변비가 생긴다. 간과 비장이 커지기도 한다.
- 손과 발 : 손과 발의 감각이 없어지고 따끔거리면서 아프기도 한다.

알 아 두 기

헴철과 비헴철

헴철

섭취 후 체내에서 헤모글로빈 생성에 바로 이용될 수 있는 철분으로, 동물성 식품에만 존재한다. 흡수율이 23%로 높은 편이다.

비헴철

섭취 후 체내에서 흡수되기 위해 여러 단계를 거쳐야 하는 철분으로, 특히 식물성 식품에 많이 존재한다. 흡수율이 비교적 낮아 3~8%이다. 비타민 C 섭취가 부족한 경우 3%에 불과하지만, 비타민 C를 충분히 먹는 경우 8%까지 높아진다.

동물성 식품   식물성 식품   하루 평균 섭취량

철 결핍성 빈혈의 영양관리

식사요법의 목적은 철분의 섭취를 증가시키고 철분의 흡수를 높이는 동물성 단백질과 비타민 C의 섭취를 증가시켜 조혈 기능을 촉진하는 것이다. 식단 구성 시에는 다음과 같은 사항을 고려하도록 한다.

- 철분 함량이 높은 간, 육류, 내장, 난황, 말린 과일, 녹조류 및 당밀 등을 첨가한다.
- 동물성 식품에 존재하는 철은 식물성 식품의 철에 비해 흡수율이 높으므로 자주 이용한다.
- 비타민 C는 철분의 흡수를 증가시키므로 보충한다.
- 지방은 과다 섭취 시 식욕 감퇴와 철분 흡수를 방해할 수 있으므로 유의한다.
- 수산염, 인산염, 탄산염, 피틴산 등은 철과 결합하여 흡수를 저해하므로 과량의 채소 섭취에 유의한다.

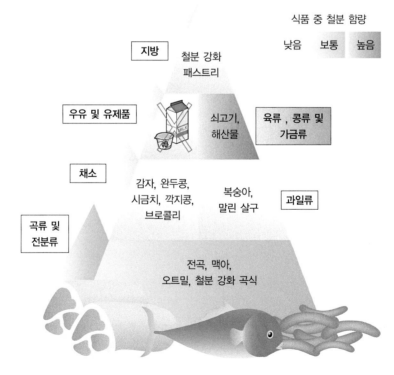

그림 11-13 철분 급원 식품

- 섬유소와 탄닌도 철분의 흡수를 방해한다. 따라서 식사 전후에는 철분의 흡수를 저해할 수 있는 녹차나 커피, 홍차의 음용은 삼가야 한다. 제산제와 같은 알칼리제제 복용도 철흡수를 감소시키므로 유의하도록 한다.

다이어트와 변비

비만한 사람들은 반복적인 다이어트와 일부 설사제 등의 남용으로 변비를 호소하는 경우가 많다. 또한 체중 감량을 위해 음식 섭취량이 줄어들면 변의 양이 줄어들어 변비가 동반된다. 이러한 경우 섬유질이 많은 해조류, 채소, 잡곡류 등의 섭취를 늘려 체중 감량뿐 아니라 변비에도 호전을 기대할 수 있다. 수분의 섭취를 늘리고 특히 아침에 찬물이나 찬 우유를 마시면 장운동이 촉진되어 변을 수월하게 볼 수 있다.

이완성 변비

보통 대변은 식사 후 1~3일 이내에 배설된다. 그러나 대장 내에 오랜 시간 동안 배설되지 못하고 머무르게 되면 수분이 많이 흡수되어 딱딱하게 굳은 대변을 보게 되는데, 이렇듯 수분이 부족한 대변을 배설하는 증상을 변비라고 한다. 다이어트로 인해 생기는 변비는 대부분이 이완성(상습성) 변비로, 이는 주로 장의 기능이 저하되거나 대변 자체에 문제가 생겨 배변이 잘 되지 않게 된다.

이완성 변비의 원인을 살펴보면 다음과 같다.

- 아침에 결식을 하거나 갑작스러운 식사량의 감소
- 소식하는 습관
- 식사성 요인(저지방 식사, 저섬유질 및 난소화성 다당류의 섭취, 우유 및 유제품 같은 유당 함유식품의 섭취 부족, 인스턴트 식품 등의 잦은 섭취)

TIP

변비의 종류

- 일시성 변비 : 환경 변화나 정신적인 스트레스가 원인
- 지속성 변비 : 이완성(상습성), 경련성(과민성)으로 구분되며 잘못된 생활습관이 원인

이와 같이 다양한 원인에 의하여 변비가 시작되면 굳고 건조한 대변으로 인하여 고통을 받게 된다. 변비가 심해지면 복부 팽만감과 압박감을 느끼게 되고 장 내에 생긴 유해성 중독물질이 체내로 흡수되어 두통이나 식욕 감퇴, 구토, 피로감, 불면증의 원인이 되기도 한다.

알 아 두 기

경련성 변비

경련성 변비는 대장 내 내용물의 이동이 늦어져 나타나는 변비로 정신적·심리적 요인에 의해 발생한다. 증상을 살펴보면 다음과 같다.

- 식사 후 하복부 통증
- 대변이 염소똥같이 굳고 작은 덩어리가 되거나 가늘고 굳은 형태로 변에 점액이 묻어 나옴
- 설사와 변비 증상의 반복
- 두통과 피로감

변비 예방을 위한 식사요법

변비는 식사량뿐만 아니라 섭취하는 식품의 종류, 식습관 등에 영향을
받으므로, 다이어트 시에 조금만 관심을 기울여도 예방이 가능한 증
상이다. 소화기관을 적절히 자극하면서 부피를 늘려
줄 수 있는 식품을 선택하면 이러한 불편함을 해소
하는 데 도움이 될 수 있다.

주 식

- 쌀밥 대신 도정하지 않은 현미나 통밀, 수수, 보
  리, 기타 잡곡을 사용한 혼합식
- 완두콩밥이나 감자, 고구마밥, 콩밥 등
- 흰빵 대신 호밀빵, 통밀빵, 보리빵 등
- 소화기관의 장애로 일반식 섭취가 어려운 경우에는 채소죽이나 잣죽, 깨죽 제공
- 지속적인 절식 및 다이어트로 소화기관의 기능에 장애가 있는 경우에는 소량씩 섭
  취량을 늘려 이에 따른 위장 장애가 나타나지 않도록 해야 한다.

우유 및 유제품

- 유기산과 유당을 많이 포함한 우유
- 많은 양의 젖산을 포함한 요구르트(발효유)
- 아이스크림이나 치즈 등
- 유제품들은 기상 직후나 아침식사 전에 섭취하는
  것이 가장 효과적이다.

채소 및 해조류

- 미역이나 김, 파래, 다시마와 같은 해조류
- 우뭇가사리를 원료로 한 한천
- 쑥, 고사리, 취나물, 토란, 칡 등 : 데치거나 물에 담

가 탄닌 성분을 제거한 후 사용

- 장 활동이 약해진 이완성 변비 환자에게는 지나친 섬유소 섭취로 인한 부작용이 우려되므로 주의가 필요하다. 이들에게는 부드러운 채소를 나물이나 국에 넣어 주면 좋고, 유기산이 많은 토마토 등은 갈아서 주스로 이용할 수 있다.

과일류

- 사과, 배, 복숭아와 같은 섬유질이 풍부한 과일
- 수박, 참외 등 당분이 많은 과일 : 물을 흡수하는 성질을 가지므로 대변량을 늘리고 변을 부드럽게 하여 통변에 효과적
- 과일류에는 섬유소뿐 아니라 펙틴, 당분, 유기산, 칼륨 등이 포함되어 있으므로 장의 연동운동을 활발하게 하는 역할을 할 수 있다.
- 신선한 과일을 그대로 섭취하는 것이 효과적이나, 갈아서 주스로 이용할 수도 있다. 그러나 탄닌 성분이 들어 있는 포도껍질은 이용하지 않는 것이 좋다.
- 위가 약해진 상태이거나 연식 환자에게는 주스 또는 과일죽, 넥타 등의 형태로 이용한다.

기 타

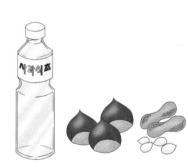

- 껍질을 완전히 제거한 호두와 땅콩, 밤 등
- 조미료 및 향신료 : 식초, 고춧가루, 계피 등
- 올리고당 : 장내 균총의 개선, 배변 개선, 혈당 저하, 장내 유해산물의 생성 억제 등

TIP

변비 해소 식사요법 시 주의사항

• 섬유소 섭취가 갑자기 증가하면 복부팽만, 가스, 복통, 설사 등을 유발할 수 있기 때문에 약 2주에 걸쳐 서서히 섭취량을 증가시키도록 한다.

• 김, 바나나 등에 다량 함유된 탄닌 성분은 수렴작용이 있으므로 과다섭취 하지 않도록 한다.

쉬어가기 이런 음식들은 왜 변비 해소에 좋을까?

• 지방 식품에 함유된 지방산은 장의 점막을 자극하여 장 연동운동을 촉진시키는 작용을 한다. 따라서 지방을 충분히 섭취하던 식생활에서 다이어트 등으로 인해 갑자기 저지방의 식사로 변하면 변비가 되기 쉽다.

• 유당은 섭취 후 장에서 박테리아에 의해 유산을 만들며, 유산은 연동운동을 촉진시킨다.

• 과일류에 많은 유기산과 당분도 장내에서 발효되어 산을 생성하므로 배변운동을 촉진시켜 변비 해소 및 예방에 도움이 될 수 있다.

DIET&
HEALTH

스트레칭을 통한
체형관리

우리의 몸은 누구나 전후좌우로 조금씩 비틀려 있다. 비스듬히 앉는 자세 등 바르지 못한 생활습관에 의한 것이다. 이러한 골격이나 근육의 비틀림은 바로잡아야만 아름다운 체형을 만들 수 있다. 몸의 비틀림을 바로잡으면 몸이 반듯하게 펴지면서 움직임이 부드러워지고 근육에 적당한 탄력이 생긴다. 칼로리 섭취량을 줄이는 다이어트를 하면 대부분 근육의 탄력이 줄어들게 된다. 따라서 스트레칭을 통해 근육의 탄력을 높이면, 신진대사도 활발하게 촉진되어 다이어트 효과가 높아질 뿐 아니라 체형도 유연하게 바뀐다. 스트레칭으로 몸의 비틀림을 없애고 탄력 있는 아름다운 체형을 만들어 보자.

스트레칭을 통한 체형관리

스트레칭

스트레칭이란

스트레칭은 준비운동으로 해왔던 유연체조에서 유래되었다. 스트레칭은 부드럽게 근육을 늘리면서 힘을 조금씩 가하여 관절이 움직일 수 있는 범위 내에서 근육 길이를 늘려주어, 약간 당긴다는 느낌이 올 때 멈추어 고정상태를 유지해 주는 동작이다. 주로 몸의 탄력을 이용하지 않는 정적인 스트레칭을 뜻한다.

이와는 반대로 신체에 반동을 주어 관절의 가동 범위 이상까지 스트레칭을 하는 동적 스트레칭도 있다. 그러나 동적 스트레칭은 근육 통증을 유발시키기도 한다. 동적 스트레칭의 예로서는 상체를 숙인 채로 손끝을 바닥에 닿으려고 여러 차례로 숙였다 폈다를 반복하기, 몸통 돌리기, 팔 돌리기 등을 들 수 있다.

스트레칭

- 스포츠 활동을 위한 초기 위밍업 효과
- 부상방지를 위한 준비운동
- 스트레칭 자체가 가벼운 운동

스트레칭 방법

- 신체 부위를 서서히 쭉 뻗은 후, 20~30초 동안 자세를 그대로 유지하여 근육과 힘줄을 이완시킨다.

- 힘줄이나 근육에 탄력을 주고, 관절의 가동 범위를 넓혀 유연성이 붙게 한다.
- 호흡을 가다듬고 신체를 천천히 이완시켜 몸이 펴지는 것을 상쾌하게 느낄 수 있어야 한다.
- 무리하게 힘을 세게 가하거나 탄력이나 반동을 이용하면 근육에 통증을 줄 뿐 유연성이 좋아지지는 않는다.
- 무리하지 않는 정도에서 쭉 뻗은 신체 자세를 유지하여 평소에 사용하지 않는 근육이나 퇴화되어 있는 근육이 사용되도록 꾸준히 반복한다.
- 호흡을 멈추지 말고 느긋한 기분으로 한다.

스트레칭의 효과

- 신체에 적절한 자극을 통해 신진대사를 활발하게 만들고 근육의 탄성을 높여 준다.
- 수축되었거나 긴장된 근육을 이완시키고, 신체의 유연성을 높여 다양한 동작을 부드럽게 해줌으로써 신체의 상해를 방지해 준다.
- 근육을 펴 주며 상쾌감을 주어 정신적 스트레스 해소에도 효과적이다.
- 근육을 강하게 사용하거나 유연성이 필요한 운동을 하기 전에는 근육의 긴장과 피

알 아 두 기

스트레칭 효과를 높이는 방법

- 매일매일 한다. 매일 하면 효과가 훨씬 좋아진다.
- 몸의 각 부분을 빠짐 없이 스트레칭한다. 신체 일부분만 집중적으로 스트레칭을 하거나 매일 신체 부위를 바꾸는 등의 부분적인 스트레칭은 효과가 적다.
- 편안한 자세로 한다. 아파도 참으면서 하는 스트레칭은 효과가 적다.
- 몸을 편 자세는 30~60초 정도 유지한다.
- 긴장을 풀고 가볍게 뛰어 몸을 가열한 다음 스트레칭을 한다. 음악을 들으면서 심신이 편안한 상태에서 스트레칭을 즐긴다.
- 강한 반동이나 무리한 스트레칭은 부상을 초래한다. 근육을 부드럽게 이완하는 기분으로 천천히 한다.
- 호흡은 쉬지 말고 편안히 한다.
- 간단한 것에서 어려운 것으로 스트레칭 능력을 점차 키운다.

로를 풀기 위해서 반드시 필요하다.

스트레칭 트레이닝

스트레칭의 원칙

단계적으로 점차 강도와 횟수를 늘리자

스트레칭의 강도는 서서히 자신의 능력에 맞춰 조금씩 강하게 조절한다. 처음에는 가볍게 상황을 살펴보다가 다음에는 서서히 길게 이완하는 식으로 하나의 동작도 단계적으로 실시하는 것이 효과적이다.

또한 트레이닝 시간이나 횟수를 늘려서 상쾌함을 느낄 수 있는 영역을 유지하여 신체 기능을 향상시킨다.

개인 차이를 고려하자

스트레칭은 편안하게 이완시키는 것이다. 따라서 적당하다고 느끼는 정도는 개인에 따라 매우 다르므로, 자신이 할 수 있는 정도까지 하도록 한다.

전신 근육을 골고루 사용하자

전신을 고루 사용하는 것이 중요하다. 같은 동작만 반복하지 말고 다양한 움직임을 통해 평소에 잘 사용하지 않는 근육도 운동하도록 한다.

매일 하자

신체는 자극하지 않으면 점차 퇴화되고 경직되므로, 매일 꾸준히 반복적으로 스트레칭을 함으로써 유연하고 탄력 있는 근육을 만들 수 있다.

목표를 정하자

스트레칭을 통해 어디를 이완시킬 것인지 목표를 분명히 의식하고 하면 효과가 달라진다. 부상을 방지하고 효율적으로 스트레칭을 하기 위해서는 스트레칭의 목적을 명확히 생각하면서 동작한다.

스트레칭을 위한 몸풀기

온몸 흔들기

다리를 어깨 너비로 벌린 후, 반듯하게 서서 양손을 들고 쭉 뻗어 올려 조금 느슨하게 한 후, 양손을 올린 채로 전신을 흔든다. 무릎도 느슨하게 하고 몸을 푼다. 살만이 아니라 뼈나 관절도 각자 따로 떨어져 나가는 것처럼 느껴진다면 더욱 좋다.

흔들

흔들흔들

쭈욱

좌우로
돌린다

목 돌리기

목을 앞으로 쭉 굽혀 머리 무게가 느껴질 정도로 숙인 후, 좌우로 부드러워질 때까지 살살 돌린다.

어깨 돌리기

양쪽 어깨를 힘껏 앞으로 모아 등 쪽의 견갑골을 편다. 다음,
옆에서 보았을 때 큰 원을 그리듯이 안쪽에서 천천히 돌린다.
가능한 한 천천히, 크게 돌린다. 또 반대로 돌린다. 빨리 돌리
는 것보다는 천천히 돌려야 몸이 더 잘 풀린다.

천천히,
크게
돌린다

허리 비틀기

손을 자연스럽게 펴고 멀리 던지듯이 허리를 비튼다. 양팔은
힘을 쭉 빼고 흔든다.

허리 돌리기

허리에 손을 대고 다리 근육은 쭉 뻗고 허리를 돌린다. 엉덩이를 오른쪽으로, 뒤로, 왼쪽
으로, 앞으로 내민다. 그리고 빙글빙글 좌우교대로 5~6회씩 돌린다.

상체 앞으로 숙이기

허리를 90° 이상 굽혀 앞으로 숙이고 손을 아래로 힘을 빼고 내려뜨린다. 다리는 쭉 펴서 무릎의 뒷부분을 펴고 허리를 좌우로 흔든다. 손의 무게에 집중하면 점점 몸이 유연해진다.

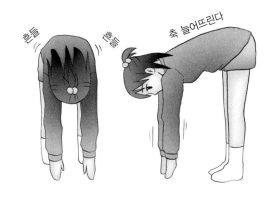

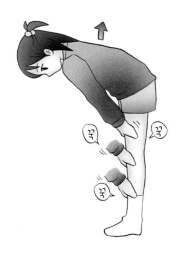

상체 천천히 일으키기

서서 앞으로 몸을 구부려 발목을 꼭 잡은 후, 발목부터 올라가면서 다리를 꾹꾹 잡아 누르며 상체를 서서히 일으킨다.

발끝까지 다리 뻗기

서서 한쪽 발꿈치를 바닥에 붙이면서 발끝은 위로 오게 하고 발을 앞으로 내민다. 또 발끝은 자신의 쪽으로 끌어당기듯이 하면서 다리 뒤쪽의 종아리와 허벅지를 늘린다. 장시간 서서 일을 하여 다리가 피곤해졌을 때도 효과가 좋다.

다리를 쭉 편다

발꿈치를 붙이고 발끝을 자신 쪽으로 끌어당기듯

위로
쭉 편다

서서 몸을 쭉 펴기

서서 손의 깍지를 끼고 위쪽으로 쭉 뻗는다. 전신을 위로 늘린다는 기분으로 쭉 펴고 잠시 정지한다.

허리를 구부려 손을 바닥에 대기

두 팔을 위로 쭉 뻗은 후 서서히 허리를 굽혀 바닥에 닿도록 한다. 혹시 손이 바닥에 닿지 않더라고 다리와 윗몸을 늘리는 기분으로 팔을 쭉 펴고 구부려 잠시 정지한다.

쭉
욱

반듯이 누워서 몸을 쭉 펴기

누워서 팔을 위로 쭉 펴고, 발끝에 힘을 주어 전체적으로 몸이 수평이 되도록 한다. 기지개를 켜듯이 몸을 쭉 펴고 잠시 정지한다.

쭉 욱

쭉 욱

스트레칭 각론

날씬한 목을 위한 스트레칭

머리 돌리기

반듯하게 서서 자신의 목보다 1~2cm 더 길다고 생각하며 목을 늘린 후, 시선은 머리가 움직이는 방향으로 하여 왼쪽, 오른쪽으로 머리를 돌린다. 다른 방향으로 돌리기 전에 10초 정도 정지한다. 천천히 3회 반복한다.

목 좌우 스트레칭

시선은 정면으로 하고, 머리를 앞으로 쭉 기울여 뒷목이 펴지도록 하고 10초 정도 정지한다. 바른 자세로 심호흡을 한 후, 뒤쪽으로 기울여 목의 앞부분이 쭉 펴지도록 하고, 10초 정지한다. 왼편, 오른편으로 기울일 때에는 반대편 목과 어깨가 쭉 펴지도록 하고 10초 정지한다. 천천히 3회 반복한다.

머리 전체 돌리기

머리를 앞으로 충분히 숙인 후, 천천히 부드럽게 시계 방향으로 목을 돌린다. 앞으로는 깊숙이 숙여도 되나, 뒤로 심하게 젖히는 것은 좋지 않다. 3회 회전 후, 시계 반대 방향으로 3회 회전한다.

가느다란 팔뚝을 위한 스트레칭

좌우로 팔 뻗기

한 팔을 들어 가슴을 가로질러 다른 팔 쪽으로 수평으로 쭉 뻗는다. 다른 팔을 들어올려 뻗은 팔을 끌어당긴다. 30초 정도 유지한 후, 다른 팔로 교대한다. 몸은 비틀지 않고 정면을 바라본다.

엎드려 팔 뻗기

무릎이 직각이 되도록 굽히고 앉아 상체를 반듯하게 든 후, 앞쪽으로 손을 대어 상체를 구부린다. 엉덩이는 든 채 서서히 손을 앞으로 밀면서 어깨를 바닥에 대고, 왼팔은 어깨 쪽으로 구부리고 머리를 대며, 오른팔을 오른쪽으로 쭉 편다. 30초 정도 유지한 후, 다른 팔로 교대한다. 무릎은 직각으로 세우고 엉덩이는 위로 한 채, 허리 뒤쪽이 쭉 펴지도록 하고 시선은 뻗은 팔을 바라본다. 팔과 등이 반듯해지는 스트레칭이다.

허리와 옆구리를 날씬하게 하는 스트레칭

크게 돌린다

허리 돌리기

두 손을 허리 위에 가볍게 올려놓은 후, 허리를 크게 돌린다. 오른쪽, 왼쪽 각각 10회씩 돌린다.

서서 상체 옆으로 구부리기

양팔을 머리 뒤로 보내 오른손으로 왼쪽 팔꿈치를 잡고 상체를 오른쪽으로 기울여 기울인 자세에서 10초간 정지하고 있다가 자세를 바르게 한다. 다시 팔을 바꾸어 왼쪽 방향으로도 기울인다.

앉아서 상체 구부리기

다리를 최대한 벌리고 앉아서 발끝은 수평이 되도록 한다. 오른팔은 몸의 앞쪽에, 왼팔은 뒤쪽으로 한 후 상체를 왼쪽으로 숙인다. 숙인 자세에서 잠시 10초 정도 정지한다. 자세를 바르게 한 후, 반대 방향으로 실시한다.

앉아서 몸을 뒤틀기

오른쪽 다리는 앞쪽으로, 왼쪽 다리는 뒤쪽으로 구부려 앉는다. 상체를 반듯하게 편 후, 왼손으로 왼쪽 발목을 잡고 머리와 상체를 오른쪽으로 돌려 뒤쪽을 바라본다. 왼쪽 허벅지와 상체를 쭉 펴는 느낌으로 10초 정도 정지한다. 자세를 바르게 하고 반대 방향으로 실시한다.

서서 윗몸을 숙이며 상체 뒤틀기

다리를 어깨 너비로 벌리고 서서 팔을 양옆으로 쭉 펴서 수
평이 되도록 한다. 오른팔은 위로 올리고, 상체를 뒤틀어 왼
팔은 다리 쪽으로 내려, 왼손으로 오른쪽 발목을 잡고 잠시
정지한다. 다리는 꼿꼿이 펴고, 허리를 숙여 상체를 뒤틀며
다리와 허리, 팔을 쭉 펼치도록 하고, 시선은 위로 올린 손
을 바라본다. 10초 정지한 후 자세를 바르게 하고, 반대 방
향으로 실시한다.

쭈 욱
10초 간 정지

가슴과 배의 근육을 탄력 있게 하는 스트레칭

엎드려 어깨 들기

다리를 어깨 너비로 벌리고 엎드려 두 손으로 바닥을 집는다. 두 팔을 쭉 펴며 상체를 들
어 가슴을 편다. 머리는 반듯하게 들어 복부를
중심으로 가슴 위 상체와 하체가 90° 각도가 되
게 한다. 상체를 든 자세에서 잠시 20초 정도 정
지한다. 허리에 무리가 가지 않도록 천천히 한
다. 탄력을 이용하거나 고개가 뒤로 젖혀지지
않도록 한다.

천천히
쭉 편다

무릎으로 서서 상체 뒤로 젖히기

다리를 어깨 너비로 벌리고 무릎으로 서서 허리에 손을
얹고 상체를 뒤로 젖힌다. 가슴과 목을 쭉 펴서 뒤로 젖
힌 후, 두 손은 발목을 잡는다. 20초 정도 정지한다.

날씬한 등을 위한 스트레칭

앉아서 상체 앞으로 구부리기

다리를 나란히 쭉 펴고 앉아 두 팔을 앞으로 뻗는다. 상체를 숙일 수 있을 만큼 숙이고 20초 정도 잠시 정지한다. 발끝은 쭉 펴서 수평이 되게 한다.

쭉 편다

앉아서 상체 옆으로 뒤틀기

팔로 무릎을
쭉 당긴다

왼쪽 다리는 쭉 펴고 오른쪽 다리는 무릎을 굽혀 앉아서, 왼쪽 다리를 오른쪽 다리 뒤쪽으로 돌린다. 오른팔로 왼쪽 무릎을 몸 쪽으로 당기고, 고개는 왼쪽으로 돌려 하체는 오른쪽으로, 상체는 왼쪽으로 뒤틀리게 한다. 몸이 쭉 펴진다는 느낌이 들도록 한다. 20초 정도 잠시 정지한 후, 반대 방향으로 실시한다.

누워 무릎 끌어안기

바닥에 누워 무릎을 가슴 쪽으로 끌어당긴다. 몸이 동그란 느낌이 들도록 양손으로 무릎을 감싸 안고 잠시 정지한다.

몸이 동그란 느낌이
들도록 둥글린다

누워서 하체 뒤틀기

다리를 쭉 펴고 누워서 오른쪽 다
리를 들어 왼쪽 허벅지 위로 교차
하여 왼손으로 오른쪽 무릎을 바
닥 방향으로 누른다. 오른팔은 옆
으로 쭉 펴고, 어깨는 바닥에 닿도
록 한다. 머리는 오른쪽 방향으로
뒤틀고, 잠시 정지한 후 반대 방향
으로 실시한다.

누워서 하체 구부리기

누워서 두 다리를 모아 엉덩이를 위로 들면서 다리를 머리 뒤로 넘긴다. 두 손으로 허리
를 받쳐 등과 엉덩이가 직각이 되도
록 한다. 잘되면 다리를 서서히 내
려 머리 양옆으로 무릎을 내리고,
잠시 정지한다. 허리에 부담이 가는
방법이므로 힘을 주지 말고 천천히
하며, 단계별로 능력껏 시도한다.

다리를 날씬하게 하는 스트레칭

쪼그린 자세로 앉아서 상체를 앞으로 숙이기
다리를 벌리고 쪼그린 자세로 앉는다. 두 팔을 앞으
로 모으고 상체를 숙여 등과 허벅지에 힘이 가해지
도록 한다. 잠시 정지한다.

쪼그린 자세로 한쪽 다리를 펴고 앉아서 상체를 앞으로 숙이기

다리를 벌리고 쪼그린 자세로 앉는다. 두 손으로 앞을 집고 오른쪽 다리를 옆으로 쭉 뻗는다. 상체를 앞으로 숙여 뻗은 다리에 힘이 가해지도록 한다. 잠시 정지한 후 반대 방향으로 실시한다.

쭈 욱

등은 구부리지 말고

앉아서 상체를 앞으로 숙이기

앉아서 발바닥을 서로 붙이고 양손으로 발을 감싸 잡은 후, 양쪽 무릎을 옆으로 쭉 펴고, 허리를 굽힌다. 등은 구부리지 말고 허리를 굽혀 머리를 발에 닿도록 한다. 잠시 정지한다.

서서 뒤쪽 다리 쭉 펴기

왼쪽 다리는 직각으로 구부리고, 오른쪽 다리는 뒤로 쭉 뻗는다. 두 손은 왼쪽 허벅지를 누르고, 상체를 서서히 낮추어 무게 중심을 앞으로 향하게 한다. 앞으로 구부린 다리와 뒤로 뻗은 다리에 힘이 가해지도록 하여 잠시 정지한 후, 반대 방향으로 실시한다.

쭈 욱

가느다란 발목을 위한 스트레칭

계단에서 발꿈치 들기

계단에 서서 발의 앞쪽만을 바닥에 닿게 하고
발꿈치는 공중에 떠 있도록 한 후, 발뒤꿈치를
들었다 내렸다 하는 동작을 10회 반복한다. 몸
은 반듯하게 펴고 시선은 정면을 향한다.

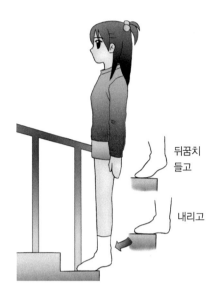

뒤꿈치
들고

내리고

상체 구부리고 발꿈치 들기

두 발을 모으고 반듯하게 선 후, 상체를 구부려 두 손이 바닥에 닿도록 한다. 구부린 자
세로 발뒤꿈치를 들었다 내렸다 하는 동작을 10회 반복한다.

들었다,
내렸다

발목 펴기

두 발을 쭉 펴고 앉는다. 발끝에 힘을 주어 수평이 되도록 쭉 펴고, 다시 발끝을 당겨 다리와 직각이 되도록 하는 동작을 10회 반복한다. 다음 발끝이 바깥으로 향하도록 하고, 다시 안쪽으로 모으는 동작을 10회 반복한다.

DIET & HEALTH

체형관리와 영양

체형관리란 다이어트와는 또 다른 개념의 용어로서, 날씬할 뿐 아니라 적당한 굴곡과 탄탄한 근육을 가진 아름다운 몸매를 가지기 위해 노력하는 것을 의미한다. 많은 사람들이 정상 체중을 지녔음에도 불구하고 특정 부위의 지방만 없애기를 원한다. 그러나 어떠한 식사요법이나 특정 운동이 특정한 부위에서의 국소적인 체지방 감소를 가져오는 것은 아니다. 신체 부위에서의 체지방 감소는 운동 형식과는 상관없이 지방 축적이 가장 심하게 일어난 곳(보통 복부)에서 나타난다고 생각된다. 따라서 체형관리를 위해서는 전체적으로 체중 감량을 시도하되 근력운동을 통하여 국부적으로 근육을 키워 주는 것이 바람직하다.

체형관리와 영양

근육 만들기의 중요성

유산소운동이나 지구력운동이 체중과 체지방을 줄이기 위한 운동으로 자리 잡으면서 오랫동안 붐을 이루었다. 그러다가 최근에 유산소운동 못지않게 무산소운동 혹은 근력 운동의 중요성이 부각되기 시작했다. 유산소운동이 체지방을 연소시켜 없애 주는 데 효 과적이라면, 근력운동은 지방을 연소시키는 장소인 근육을 늘려 기초대사량을 증가시 키는 데 효과적이다. 따라서 근육 만들기는 다이어트나 다이어트 후의 체형 유지에 필 수적이다.

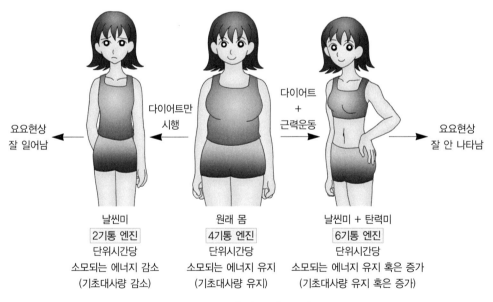

그림 13-1 근육 만들기의 중요성

남성의 경우 보디빌딩을 통해 크고 우람하면서 잘 발달된 근육을 가지는 것이 남성미의 대표적인 것으로 인식되어 왔다. 최근에는 여성들도 말라서 힘없어 보이는 몸매보다는 근육이 적당히 발달된 몸매를 선호하게 되었으며 이러한 몸매는 현대 여성의 활동적이고 강인한 이미지와 잘 맞는 것으로 받아들여지고 있다.

근육은 지방조직에 비해 대사가 매우 활발하고 속도도 빠르기 때문에 시간당 에너지 소비량이 많다. 따라서 몸의 근육 비율이 높다는 것은 그만큼 에너지를 잘 태울 수 있는 엔진을 많이 가지고 있다는 것과 마찬가지이므로 기초대사량이 높아지게 된다.

저칼로리 식사를 이용한 다이어트에서 가장 문제가 되는 것은 체중이 감소되는 과정에서 체지방보다는 근육 분해로 인한 체단백질 감소가 먼저 일어나고 시간이 지나야 지방이 분해되어 쓰이기 시작한다는 점이다. 따라서 다이어트 시 빠진 체중의 많은 부분이 근육을 이루는 물과 단백질이며, 체지방이 차지하는 비율은 낮다. 따라서 다이어트를 반복하면 할수록 전체 체중은 적어질지 모르나 체지방률은 늘어나고 근육 비율은 줄어들어 몸은 점점 에너지를 쓰기 힘든 기관으로 바뀌게 된다. 즉, 체중 감소가 점점 힘들어지거나 다시 살이 찌기 쉬운 체질로 된다. 다이어트 시에 유산소운동은 체지방 감량에 더욱 효과적이며, 근력운동은 다이어트 시에도 제지방량(근육량)을 최대한 유지시켜 기초대사량 감소를 최대한 억제하면서 에너지를 부가적으로 더 소모시키게 된다.

그림 13-2 여성의 근육 만들기는 다이어트에 있어 남성보다 더 중요

멋진 근육을 만드는 과정

근육 유지(체중 · 체지방 · 제지방 유지)

- 현재 가지고 있는 체구성비를 유지하는 과정이다. 즉, 근육이 줄어들거나 체지방이 증가되는 것을 막는 것이다.
- 근력운동을 주로 하며 약간의 유산소운동을 병행한다.

근육 만들기(체중 · 제지방 증가)

- 제지방(근육)을 축적시키면서 체중을 증가시키며 체지방 증가는 최소로 해주는 과정이다.
- 근력운동이 주가 된다.
- 하루에 2번하며 일주일에 5~6일 실시한다.

근육 다듬기(체지방 감소, 제지방 증가)

- 근육을 유지하거나 약간 늘리면서 체지방은 감소시키고 근육의 모양은 선명하게 드러나게 하는 과정이다.
- 이 시기에는 근력운동을 계속하면서 유산소운동을 많이 증가시켜 체지방이 연소되는 것을 도와주어야 한다.

체중 줄이기(체중 · 체지방 감소)

- 체중 줄이기는 근육 다듬기가 완전히 성공하지 않았을 때 하는 과정으로서, 마지막으로 원하지 않는 지방을 없애 주는 과정이다.
- 섭취 에너지는 최소로 해주고 근력운동이나 유산소운동을 높게 유지해야 한다.

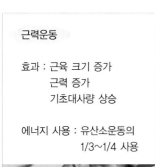

근력운동

효과 : 근육 크기 증가
        근력 증가
        기초대사량 상승

에너지 사용 : 유산소운동의
            1/3~1/4 사용

+

유산소운동

효과 : 체지방 감소
        심장 기능 향상
        혈관 기능 향상
        기초대사량 상승

에너지 사용 : 7~10kcal/1분

⇨

**최적의
운동**

그림 13-3 근력운동과 유산소운동

근육 만들기와 영양소 필요량

근육을 만들 때 에너지 섭취는 낮게 시작해서 서서히 높여 주는 것이 근육의 합성을 최대한 증가시키고 체지방을 최소량 증가시키는 데 효과적이다. 만약에 근육이 0.5kg 정도 늘어나는 것을 원한다면 이를 위해 더 필요한 칼로리는 2,500~3,500kcal이다. 따라서 일주일에 0.5kg 정도의 근육이 만들어진다는 것은 하루에 500kcal 정도가 더 필요하다는 것이다. 또한 근육의 20% 정도가 단백질이므로 1주일에 0.5kg의 근육을 늘리기 위해서는 하루에 약 13g의 단백질이 추가로 필요하다. 웨이트 트레이닝을 하는 사람이나 보디빌더의 경우 근육을 늘리는 과정부터 시작할 때는 하루에 1.4g/kg 정도로 고단백질을 섭취하며, 근육을 다듬고 체중을 줄일 때는 1.8g/kg 정도의 고단백질을 섭취한다. 이때 탄수화물은 지방 분해를 촉진하면서도 근육의 글리코겐을 채워 줄 정도로 충분한 양인 5~6g/kg/day로 해야 한다. 지방은 단백질과 탄수화물로 얻은 에너지를 뺀 나머지 부분으로 한다.

알 아 두 기

근육을 만들 때 건강보조식품은 필요한가?

- 액체로 된 에너지 보충제나 스포츠음료는 보디빌더의 고열량 식이에 중요한 역할을 한다. 이러한 식품들은 쉽게 소화 흡수되므로 고형식 대신 쓰일 수가 있다.
- 전해질음료는 근력운동에 도움이 된다. 고당질음료는 당질 섭취를 높여 줄 수 있으며 식사대용식은 여러 가지 면에서 유용하게 쓰인다. 스낵 종류는 이동 중에도 쉽게 에너지 보충식으로 사용될 수 있다. 당질과 단백질이 많은 스낵바 종류는 운동 후에 고갈된 당질을 채워 주는 데 좋으며 운동 후에 근육을 만드는 과정을 촉진하는 합성 호르몬을 잘 분비하도록 하는 데 도움이 된다.
- 강한 근력운동에서는 혈관계질병이나 암 발생과 관련된 활성산소가 많이 생성된다. 비타민 E 같은 항산화제는 근육 통증을 없애는 데 도움이 되고, 이러한 몸에 해로운 물질이 발생되는 것을 최소화한다. 비타민 E는 저지방식에는 조금밖에 들어 있지 않으므로 하루에 100~400mg 정도 복용할 것을 권한다.
- 근육을 만들거나 체지방 감소에 도움이 되지 않는다고 판정된 건강보조식품 : L-오르니틴, L-카르니틴, 화분(bee pollen), 코엔자임 Q, 크롬피콜산
- 비타민과 무기질의 하루 최저 복용치 : 비타민 C 500mg, 셀레니움 200mg

표 13-1 웨이트 트레이닝 하는 사람과 보디빌딩 하는 사람의 영양 권장량

구 분	1단계	2단계	3단계	4단계
종류	체중 유지를 위한 다이어트 (maintenance diet)	근육을 늘리는 다이어트 (building diet)	근육을 다듬는 다이어트 (tapering diet)	체중 감량하면서 근육을 더욱 다듬는 다이어트 (cutting diet)
목표	체중 유지, 체지방 유지, 근육 유지	체중 증가, 근육 증가	체지방 감소 (원하지 않는 부위 지방 감소), 근육 증가	체중 감소, 체지방 감소 (원하지 않는 부위 지방 더욱 감소)
남자	g/kg/day	g/kg/day	g/kg/day	g/kg/day
단백질	1.2	1.4	1.8	1.8
탄수화물	8	9	6	5
지방	나머지 열량	나머지 열량	나머지 열량	나머지 열량
열량	44kcal/kg/day	52~60kcal/kg/day	38kcal/kg/day	33kcal/kg/day
여자	g/kg/day	g/kg/day	g/kg/day	g/kg/day
단백질	1.2	1.4	1.8	1.8
탄수화물	8	9	6	5
지방	나머지 열량	나머지 열량	나머지 열량	나머지 열량
열량	38~40kcal/kg/day	44kcal/kg/day	35kcal/kg/day	30kcal/kg/day

주 : 1) 현재체중에서 체중을 늘리면서 육체미 수준의 근육 몸매를 원하는 경우 : 2단계부터 시작
    2) 현재체중을 유지하면서 근육질 몸매를 원하는 경우 : 3단계로 바로 들어감
    3) 현재체중을 감량하면서 근육질 몸매를 원하는 경우 : 4단계로 바로 들어감
자료 : Rosenbloom CA(2000), Sport Nutrition, p. 527.

근력 유지, 건강을 위해 운동할 때

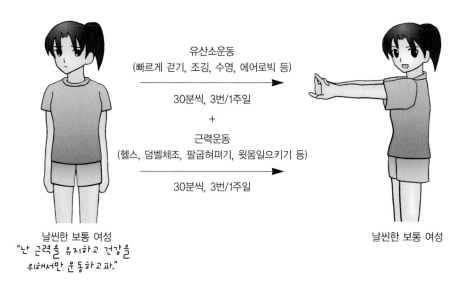

유산소운동
(빠르게 걷기, 조깅, 수영, 에어로빅 등)

30분씩, 3번/1주일

+

근력운동
(헬스, 덤벨체조, 팔굽혀펴기, 윗몸일으키기 등)

30분씩, 3번/1주일

날씬한 보통 여성
"난 근력을 유지하고 건강을
위해서만 운동하고파."

날씬한 보통 여성

그림 13-4 근력만 유지하고 싶을 때

운동을 통해 체중 감량을 하고 싶은 경우(식이요법 병행)

유산소운동
(빠르게 걷기, 조깅, 수영, 에어로빅 등)

50분씩, 5~6번/1주일

+

근력운동
(헬스, 덤벨체조, 팔굽혀펴기, 윗몸일으키기 등)

30분씩, 5~6번/1주일

뚱뚱한 여성
"난 날씬한 몸매를 원해."

날씬한 보통 여성

그림 13-5 체중을 감량하고 싶을 때

운동을 통해 체중 감량과 약간의 근육질 몸매를 원하는 경우(식이요법 병행)

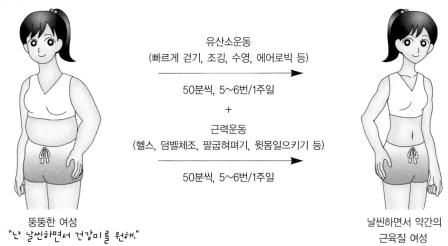

유산소운동
(빠르게 걷기, 조깅, 수영, 에어로빅 등)

→

50분씩, 5~6번/1주일

+

근력운동
(헬스, 덤벨체조, 팔굽혀펴기, 윗몸일으키기 등)

→

50분씩, 5~6번/1주일

뚱뚱한 여성
"난 날씬하면서 건강미를 원해."

날씬하면서 약간의
근육질 여성

그림 13-6 체중 감량과 약간의 근육을 원할 때

쉬어가기 섬유소가 많은 음식은 근육을 만드는 사람들의 배를 나오게 하는가?

흔히 보디빌더들은 채소, 과일, 잡곡류를 잘 먹지 않아 섬유소 섭취가 낮은 편이다. 보디빌더들은 어떻게 하면 배가 나오지 않고 탄탄하게 보이는가에 관심이 많기 때문에 섬유소를 많이 섭취하면 가스를 형성하여 배가 볼록하게 될까 봐 섬유소가 많은 식품을 기피한다. 그러다 보니 섬유소가 풍부한 식품들이 가지고 있는 각종 미량 영양소와 피토케미칼의 섭취가 낮아진다. 따라서 채소, 과일 중에서도 가스 문제를 유발시키지 않는 다음과 같은 식품을 꼭 섭취해야 한다. 근육을 만드는 사람들에게 고섬유식품으로 권하는 것은 다음과 같다.

- 신선한 과일(껍질째), 말린 과일
- 건더기가 있는 과일주스
- 감자, 고구마(껍질째)
- 당근, 토마토, 상추, 전곡류 식품

TIP 체중 감량과 약간의 근육을 만들기 위한 방법

K양은 신장 160cm, 몸무게 74kg이며 표준체중은 54kg이다. 날씬하면서도 약간의 근육을 가진 건강미를 원한다면 4단계인 커팅 다이어트를 실시하는 것이 좋다. 이때 근육 합성을 위해 고단백식이 필요하다.

다이어트 방법

칼로리 : 30 × 54 = 1,620kcal(약 1,600kcal)

단백질 : 1.8 × 54 = 97.2g(약 97g의 고단백)

탄수화물 : 5 × 54 = 270g

지방 : 약 15g(나머지 칼로리) 초저지방

97g의 단백질 섭취를 위한 보기

밥 1.5공기	9g
빵 1조각	3g
닭가슴살 1인분	11g
흰살생선 2토막	28g
두부 2/5모	16g
저지방우유 2컵	12g
난백 2개	12g
김치 2회	4g
바나나 1개	1g
오렌지 1개	1g
	97g

운동 처방

유산소운동 50분씩, 5~6분/1주일 → 소모 열량 350kcal/day

근력운동 50분씩, 5~6번/1주일   → 소모 열량 100kcal/day

하루에 450kcal 운동으로 소모

효과적인 운동을 위해서 고려해야 할 사항

식전운동과 식후운동

• 식전운동은 식후운동에 비해 식욕 감소에는 더욱 효과적이나 배가 고픈 상태에서 오랫동안 운동을 하면 혈당이 떨어져 지치기 쉽다.

• 식후운동은 운동 에너지와 더불어 식품의 열 생산 에너지를 같이 쓸 수 있고 산소 소비량을 늘려 같은 운동을 하더라도 운동 시 소모하는 에너지 소모량은 더 많다.

- 많은 양의 식사 후에 운동을 하면 운동에 필요한 혈액을 근육에 공급하기 위해 소화 기관으로 가는 혈액의 양이 줄어들어 소화가 잘 안 된다.
- 고섬유식은 운동 도중에 장의 움직임을 자극하여 복통을 가져올 수 있고 너무 당이 농축된 식사는 삼투압을 일으켜 물을 소화기로 끌어들여 복통, 경련, 메스꺼움을 가져온다. 따라서 식사는 운동 1~2시간 전에 주로 복합 탄수화물로 구성된 식사를 가볍게 하는 것이 좋다. 왜냐하면 운동 시에는 위가 비어 있어야 하지만 배가 고프지는 말아야 하고 음식물이 소화되기 쉬워야 하기 때문이다.

알 아 두 기

운동 전의 커피는 체지방 연소에 도움이 될까?

커피의 카페인은 저장된 체지방을 분해하여 혈액으로 나오게 하며 운동은 혈액 중의 지방산 연소를 가속화시키므로 운동 전의 커피 섭취는 체지방 연소에 도움이 된다.
운동 전에는 고탄수화물 · 저지방 · 저단백질 식사가 좋으며, 음료는 운동 시작 15~30분 전에 마시는 것이 좋다.

아침운동과 저녁운동

- 아침운동을 하면 운동 시에 높아진 신진대사가 그 이후에도 지속되는 효과가 있어 기초대사량을 높여 준다. 또한 아침운동은 모임이나 다른 활동에 의해 방해받지 않으므로 계속하는 것이 가능하다.
- 저녁운동은 잠들기 전에 에너지 소모를 함으로써 저장되는 에너지를 낮추어 주는 효과가 있다. 그러나 저녁운동은 잦은 모임이나 다른 약속 때문에 취소되는 경우가 많아 오래 계속하기가 힘들다.

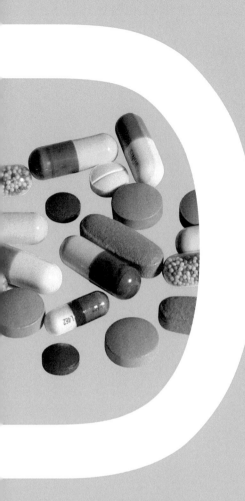

IET&
HEALTH ⫼⫼⫼|⫼⫼⫼⫼

체중 조절용 건강식품 선택

좀 더 효과적인 체중 조절을 위해 다양한 건강기능식품을 선택할 수 있다. 여러 가지 건강기능식품은 성분이나 형태에 따라 작용기전과 효과가 다르게 나타날 수 있으므로, 이에 대해 충분히 알아보고 선택하는 것이 좋다. 체중 조절 시에 잘못된 건강기능식품을 선택하거나 오·남용하게 되면 체중 감량에 도움이 되지 않을 뿐만 아니라 건강을 해치는 원인으로도 작용할 수 있으므로 기능과 성분에 대한 정확한 정보를 토대로 선택하는 것이 매우 중요하다.

체중 조절용 건강식품 선택

건강기능식품의 기능

우리는 매일 식품을 섭취하며 이 식품을 통해 에
너지와 다양한 만족을 얻는다. 이는 너무나
도 당연한 일이기에, 어쩌면 우리는 식품의
의미를 자세히 생각해 보지 않았을 것이다.
다양한 식품이 존재하는 만큼, 제각기 쓰임
과 의미를 지니고 있다.

식품은 크게 세 가지 기능으로 구분할 수 있다.

- 1차 기능(영양 기능) : 각종 영양소와 관련되며 1차 기능을 통해 기아 해결, 체력 유
  지, 건강 유지, 체위 향상의 효과를 기대할 수 있다. 다시 말해, 식품은 우리가 삶을
  유지할 수 있도록 영양을 제공해 준다.
- 2차 기능(감각 기능) : 맛, 향기, 색깔 등 물성에 관한 것으로 쾌감 유발, 풍요로운 감
  각 제공의 효과가 있다. 식품은 우리의 다양한 욕구를 충족시켜 줄 수 있는 맛과 향
  기 등의 심미적 만족을 제공해 준다.
- 3차 기능(생체 조절 기능) : 생리활성 성분과 관련된 것으로 건강의 유지 및 향상, 질
  병 예방의 효과가 있다. 건강을 유지 및 향상시키고 질병을 예방하기 위한 생체조절
  기능과 관련된 성분을 생리활성 성분이라고 하는데, 건강기능식품은 이 3차 기능에
  속하는 것이다.

이와 같이 우리가 매일 섭취하는 식사는 기본적으로 배고픔을 해결하고 체력을 유지
할 수 있는 영양소를 공급한다는 측면에서 1차 기능을 충족시키는 것이다. 반면, 더욱

건강한 삶을 영위하기 위하여 평소에 부족되기 쉽거나 질병 예방의 효과가 있다고 알려진 특정 성분을 활용하여 가공한 보조제를 섭취한다면 이는 3차 기능, 즉 식품의 생체 조절 기능 효과를 노린 것이라고 할 수 있다.

알 아 두 기

건강식품 vs 기능성식품

건강식품

식품에 일상적으로 함유되어 있는 성분 중 인체에 좋은 부분을 적극적으로 활용하는 것을 목적으로 제조된 것으로, 화학적인 합성품을 함유하지 않는 식품이다. 따라서 대부분의 식사에서 섭취하는 식품보다 건강의 유지 및 향상에 도움을 줄 수 있다.

기능성식품

식품 성분이 갖는 생체 방어, 생체리듬의 조절, 질병의 방지와 회복 등 생체 조절 기능을 충분히 발휘할 수 있도록 설계되고 가공된 식품을 말한다. 기능성식품의 범위는 식품으로서 일상적으로 이용되는 소재나 성분으로 구성되며 일상적인 형태와 방법에 의하여 섭취되는 것이다.

식품에 비해 의약품과 같이 캡슐이나 환, 정제 등의 형태로 섭취되므로 의약품과 혼동하기 쉬우나, 식품 성분을 원료로 하여 기능성을 갖는다는 측면에서 이와 구분된다.

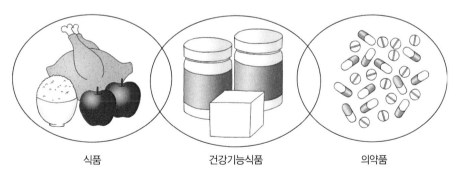

식품   건강기능식품   의약품

그림 14-1 건강기능식품의 범위

체중 조절 관련 식품

식이섬유 함유식품

체중 조절에 가장 큰 연관이 있는 영양소는 식이섬유이다. 식이섬유는 수용성 식이섬유와 불용성 식이섬유로 분류되는데, 이 두 가지의 식이섬유 모두 체중 조절에 직·간접적으로 영향을 미칠 수 있다.

식이섬유 함유식품의 구성을 살펴보면 다음과 같다.

- 셀룰로오스 : 식물 세포벽의 주 성분으로 일명 섬유소라고 한다. 글루코오스가 곧은 사슬 모양으로 연결된 구조를 가지고 있으며 솜, 아마, 대마 등에 많이 포함되어 있다.
- 펙틴 : 수용성 식이섬유이며, 적당한 양의 당과 산이 존재하면 젤을 형성할 수 있다. 사과를 비롯한 과실류, 특히 레몬, 오렌지 등과 같은 감귤류의 껍질에 많이 있으며, 채소류인 사탕무에도 많이 함유되어 있다.
- 알긴산 : 미역, 다시마 등이 속해 있는 갈조류로부터 얻어지는 다당류이며, 보통 탄산나트륨으로 추출하여 얻는다.

TIP

식이섬유 함유식품의 원료 및 주의사항

현재 사용이 허용되어 있는 식이섬유 원료에는 차전차피, 셀룰로오스, 오스헤미셀룰로오스, 결정셀룰로오스, 리그닌, 펙틴, 알긴산, 폴리만뉴로닉산, 구아검, 아라비아검, 아라비노갈락탄, 곤약만난, 이눌린, 레반, 폴리덱스트로스, 난소화성말토덱스트린 등이 있다.

이 식이섬유를 섭취할 때에는 너무 많은 양(하루 60g 이상)을 섭취해서는 안 된다. 왜냐하면 과다한 섭취는 오히려 건강에 장해가 되기 때문이다. 식이섬유는 물을 흡수하기 때문에 충분한 물과 함께 섭취되지 않으면 오히려 대변을 굳고 단단하게 만들어 배변을 어렵게 한다. 또한 많은 양의 식이섬유는 주요 무기질, 즉 칼슘, 아연 및 철분과 결합하여 무기질 흡수를 감소시키기도 한다. 따라서 적절한 양의 식이섬유 섭취와 물을 충분히 마시는 것이 무엇보다 중요하다.

표 14-1 식이섬유 함량이 높은 식품

식품군	식품명
곡류	옥수수가루(8.7), 오트밀(18.8), 현미(3.8), 시리얼(1.8), 칠분도미(0.9)
감자류	마(4.8), 고구마(2.6), 토란(3.3)
두류	말린 완두콩(17.4), 대두(4.5), 팥(12.2), 강낭콩(3.7), 비지(8), 된장(1.9)
종실류	참깨(17.2), 피넛버터(6), 호두(15.2), 땅콩(7.4), 잣(1.2), 밤(3.4), 은행(2)
채소류	고춧잎(2.9), 파슬리(6.0), 근대(1), 생강(1.8), 우엉(3.4), 무잎(1.4), 숙주나물(1.5), 셀러리(1.4)
과실류	유자피(6.9), 딸기(1.2), 살구(1.6), 멜론(1.2), 배(0.7), 파인애플(1.6), 자두(2.2), 사과(1.4)
버섯류	말린 표고버섯(37.9), 송이버섯(6.5), 양송이버섯(2.1), 생표고버섯(8.7)
해초류	참김 마른 것(33.6), 파래(4.6), 미역 마른 것(90.4), 다시마 마른 것(65.5)

주 : ( ) 안은 식품 100g당 식이섬유소 함유량 (단위: g)

쉬어가기 식이섬유 함유제품의 식이섬유 함량

일일 식이섬유의 충분 섭취량은 20대 남성인 경우 25g, 여성인
경우 20g이다. 1970년대 이후 경제 수준의 향상 등으로 동물성
식품 섭취 증가 및 채소류 섭취 감소와 같은 식생활 변화에 의
해 한국인의 일일 식이섬유 섭취량은 1969년 1인 1일 평균
24.5g에서 점점 감소세를 보이고 있다. 식이섬유 함유제품은 부
족한 식이섬유의 섭취를 늘려 주는 데 도움을 줄 수 있으나, 제
품의 칼로리를 고려해 과다한 칼로리를 섭취하지 않도록 주의해
야 한다.

판매사	제품 형태	제품 총량(mL)	식이섬유 함량(g)	칼로리(kcal)
A사	음료	100	5	48
B사	음료	100	4	40
	젤리	150	4	75

체중 조절용 식사 대용식품

식사 대용식품은 크게 일상식사 대용식품과 체중 조절용 식품 두 가지로 분류할 수 있다. 일상식사 대용식품은 정상인의 한 끼 식사를 대체할 목적으로 하루에 필요한 영양소를 조절하여 제조·가공된 식품을 말한다. 체중 조절용 식품은 식품에 필요한 영양소를 가감하여 정상인 또는 체중의 감소, 증가가 필요한 사람의 한 끼를 대용할 수 있도록 분말, 액상, 페이스트상, 편상, 덩어리 등의 형태로 제조·가공한 식품을 말한다.

저열량 식사

저열량 식사(LCD : Low Calorie Diet)는 1일 섭취 칼로리가 800~1,200kcal인 식사를 말한다. 실제로 저탄수화물·고단백·저열량 식사, 고탄수화물·저열량 식사, 순환식 식사요법, 원푸드 다이어트, 상업용 조제식을 이용한 식사요법 등이 식사의 칼로리를 낮추기 위한 방법으로 제안되고 있으나, 이들 식사요법은 일시적인 체중 감소의 효과만 있을 뿐 장기적인 체중 조절이라는 측면에서 볼 때에는 문제가 있다.

저열량 식사를 이용하여 안전하고 효과적인 체중 조절을 하기 위해서는 평소의 식사 섭취량을 파악하여 이를 근거로 적절한 영양소가 포함될 수 있도록 균형 잡힌 저열량 식사를 계획해야 한다. 이상적이고 균형 잡힌 저열량 식사는 식품교환표를 이용하여 쉽게 계획할 수 있다. 그러나 비만 환자 중 상당수가 이러한 방법의 식사를 잘 따르지 못하고 있는데, 주 요인은 갑자기 변화된 식사에 적응하지 못하고 공복감을 이기지 못하기 때문이다. 따라서 체중 조절을 위해 저열량 식사를 이용할 시에는 환자가 잘 적응할 수 있도록 환자의 생활습관과 식품에 대한 선호도를 고려하여 계획해야 하며, 식사요법을 시행할 때 발생 가능한 문제에 대해 사전에 대처할 수 있는 방안의 제시가 매우 중요하다. 저열량 식사는 일반적으로 균형식으로 이루어진 식사를 이용하지만, 경우에 따라서는 상업적 조제식을 병용하여 사용하기도 한다.

초저열량 식사

초저열량 식사(VLCD : Very Low Calorie Diet)는 1일 400~800kcal의 칼로리를 공급하는 매우 적극적인 치료방법으로 에너지 소모량보다 훨씬 적은 칼로리를 섭취함으로써,

부족한 에너지를 체지방으로부터 보충하여 단기간에 빠른 체중 감소가 이루어지도록 하는 방법이다. 초저열량식은 칼로리는 제한하되, 케톤산 혈중과 질소 및 전해질 손실을 최소화할 수 있는 탄수화물, 생물가가 높은 단백질, 필수 지방산을 포함한 최소한의 지방, 권장량을 충족시킬 수 있는 비타민과 무기질을 포함한다. 이 방법을 사용할 경우 일반적으로 일주일에 1.5~2.5kg 정도, 12~16주 사용 시 20~25kg이 감소된다.

일반적으로 초저열량식은 액상 또는 분말상태로 된 상업적인 조제식을 이용하게 되는데, 현재 여러 가지 제품이 시판되고 있다. 초저열량식을 사용할 때에는 제품의 영양 성분을 충분히 고려해야 한다.

초저열량식은 단기간에 체중을 감소시키는 효과는 있으나 심각한 의학적 문제가 발생할 수 있으므로, 이를 방지하기 위하여 전문가의 엄격한 감시와 통제하에 실시되어야 한다. 부작용으로는 급사를 비롯하여 복부 팽만감, 오심, 구토, 복통, 설사, 담낭질환의 악화, 부정맥, 월경 이상, 피부 건조, 모발 손실, 두통, 허약, 무기력감, 저혈압, 구취 등이 있다. 따라서 초저열량식을 사용할 때에는 사전에 충분한 의학적 평가가 이루어져야 한다.

표 14-2 초저열량 식사의 영양 구성

	제품명	1일 섭취량(kcal)	단백질(g)	탄수화물(g)	지방(g)
외국 제품	HMR 500	520	50	79	1
	70	520	70	63	1
	80	800	80	97	10
	Medifast 55	435	55	45	4
	70	462	70	37	3
	Plus	848	98	60	24
	Optifast 70	420	70	30	2
	800	800	70	100	13
국내 제품*	A사 a제품	495	66	51	3
	B사 b제품	401	57	41	1
	C사 c제품	592	56	79	6

주 : * 국내 제품 A사 a제품과 B사 b제품은 상업적 조제식을 1일 3회, C사 c제품은 1일 4회 이용 시의 1일 섭취 영양소를 제시했다.

초저열량 식사의 부작용과 합병증

• 중추신경계 : 두통, 집중력 감소

• 심혈관계 : 체위성 저혈압(기립성 저혈압), 심부정맥, 심근 위축

• 위장관계 : 메스꺼움, 구토, 변비, 설사, 복부 불쾌감, 담석증의 악화

• 비뇨생식기계 : 월경 이상, 성욕 감소, 요산 결석

• 전신 : 피곤감, 쇠약감, 어지러움증, 활력 감소, 신경질, 한냉불내성, 구취, 배고픔, 건성피부, 탈모, 급성 통풍, 무기질 이상, 전해질 이상, 빈혈

• 급사

선식 및 생식

체중 조절의 효과를 목적으로 하는 식품뿐만 아니라 특별히 칼로리를 조정한 '저칼로리', '무칼로리' 식품들도 체중 조절에 기여할 수 있다.

선식, 생식 등도 건강식으로서뿐 아니라 체중 감량식으로 판매되고 있는데, 선식과 생식의 차이는 가루로 만들기 전 가공과정의 유무에 있다. 선식은 곡류, 채소류, 해조류 등을 한 번 가공한(볶거나 삶거나 익힌다) 뒤 갈아서 만든 것이며, 생식은 곡류, 채소류, 해조류 등을 냉동 건조하여 가루로 만든 것이다.

표 14-3 선식과 생식의 특징

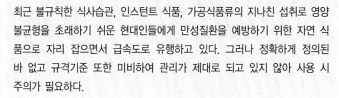

종 류	특 징
선식	예로부터 곡물을 볶아 가루로 만든 미숫가루가 주식 대용 간편식이나 저장식, 혹은 구황식으로 널리 사용되어 왔다. 1980년 이후 현대화된 제조방식의 도입으로 곡물뿐만 아니라 채소, 견과, 해조 등 거의 모든 식품이 재료로 이용되고 있다.
생식	최근 불규칙한 식사습관, 인스턴트 식품, 가공식품류의 지나친 섭취로 영양 불균형을 초래하기 쉬운 현대인들에게 만성질환을 예방하기 위한 자연 식품으로 자리 잡으면서 급속도로 유행하고 있다. 그러나 정확하게 정의된 바 없고 규격기준 또한 미비하여 관리가 제대로 되고 있지 않아 사용 시 주의가 필요하다.

시판되고 있는 체중 조절 관련 제품들의 작용기전과 특징에 따라 체중 감소에 미치는 효과에 차이가 있으므로 제품의 선택 시 소비자의 현명한 판단이 요구된다.

열량 영양소 대체물질

열량 영양소 대체물질이란 열량 영양소의 기능을 수행하지만 열량은 낮도록 인공적으로 합성된 물질을 말한다. 이러한 물질을 선택하면 적은 열량 섭취로 동일한 식품의 맛과 풍미를 즐길 수 있으므로 체중 조절 시에 많은 도움이 될 수 있다.

가령, 감미료로 설탕 대신 아스파탐이나 스테비오사이드를 사용하면, 소량만으로도 충분히 단맛을 낼 수 있고 이때 섭취 열량은 현저하게 낮아지므로 체중 조절 시에 이용할 경우 매우 유용하다. 하지만 인공감미료를 과량 섭취할 경우 설사나 위장장애를 유발하는 것으로 알려져 있다.

표 14-4 열량 영양소 대체물질의 종류와 특징

열량 영양소 대체물질	특 징	이미지
저열량 탄수화물	• 일반 탄수화물보다 열량이 낮은 탄수화물 • 종류 : 당알코올, 올리고당 폴리덱스트로스 등 • 충치 예방 효과 • 올리고당 : 장내 유익균인 비피더스균 증식, 변비와 설사 해소, 정장작용에 의한 암 예방, 노화 억제 효능	
감미료	• 인공감미료 : 사카린(300배), 아세설팜 K(200배), 아스파탐 (200배)* • 천연감미료 : 스테비오사이드(200배), 글리시리친(500배)	
지방 대체물질	• 단백질계 지방 대체물질 : 심플리스 • 탄수화물계 지방 대체물질 : 오트림, 말트린, 뉴트림 • 지방계 지방 대체물질 : 살라트림, 카프레닌, 올레스트라 등	

주 : * ( )안 수치는 설탕과 비교 시의 감미도

체중 조절용 식품 소재 및 효능

체중 조절용 식품 소재의 분류

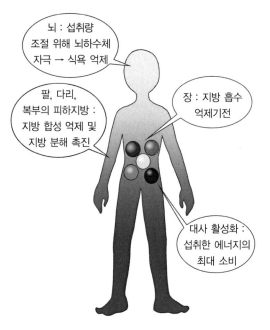

그림 14-2 체중 조절용 식품 소재의 작용기전

표 14-5 체중 조절용 식품 소재 분류(기능별)

뇌하수체 식욕 억제	지방 흡수 억제	지방 합성 억제	지방 분해 촉진	대사 활성화
HCA	키토산	HCA	녹차추출물	HCA
페닐알라닌	식이섬유소	L-카르니틴	L-카르니틴	CLA
트립토판	글루칸	녹차추출물	크롬	중쇄지방산
식이섬유소	핵산	DHEA	CLA	캡사이신
녹차(카페인,	전분차단제		대두펩티드	녹차추출물
카테킨)			비타민 B_6	렙틴
렙틴			페닐알라닌	옥타코사놀
			피루브산	카페인
			콜린	코엔자임 Q_{10}

HCA

HCA는 뇌하수체에 영향을 미쳐 식욕을 억제시키고 지방의 합성을 저하시키며 대사를 활성화시킨다. 식욕의 억제는 근본적으로 섭취량을 조절함으로써 체중에 영향을 줄 수 있다. HCA는 주로 시상하부와 대뇌 피질에 작용하여 섭취량을 조절하게 되는데, 기전은 다음과 같이 나눌 수 있다.

- 위와 장의 흡수 신호인 콜레시스토키닌(cholecystokinin), 봄베신(bombesin), 뉴로텐신(neurotensin) 등이 뇌의 섭식중추를 자극하여 포만감을 느끼게 한다.
- 간에서 소화 흡수 후 발현되는 신호는 미주신경을 통해 탄수화물의 산화와 글리코겐의 저장을 포만중추에 전해 식욕을 억제시킨다.
- 혈중 유리지방산, 글리세롤, 케톤 등은 섭식중추에 작용하여 식사 섭취를 감소시킨다.

TIP

HCA의 유래와 효능

가르시니아 캄보지아는 남아시아에서 자생하고 있는 열대성 과일나무이다. 어느 날 인도의 몸집 큰 한 남자가 산에 들어갔다가 길을 잃고 며칠 동안 헤매다가 이 나무의 껍질을 먹고 나서부터는 육중한 몸이 날씬하게 되었다. 그에 대한 소문이 널리 퍼지게 되면서 사람들은 이를 '살 빼는 약초'라고 부르게 되었다. 몸집 큰 사람들은 이 과일나무 껍질을 벗기고 말려 가루로 만들어 돼지고기나 생선의 향신료로 사용했다. 최근에는 HCA의 체내 기전이 밝혀지면서 비만 치료에 널리 사용되고 있다.

HCA의 효능과 장점은 다음과 같다.

효능	장점
• 체내 지방 생성 차단 • 에너지 생산 증가 • 식욕 억제 및 지방 분해 • 체내 단백질 보호	• 천연식품에서 유래 → 높은 안전성, 무독성, 무내성 • 체지방 합성 저지 및 글리코겐의 합성 증가 → 식욕 억제 • 인스턴트 음료용 분말, 스낵류, 차류, 제제 등에 이용

- 혈중 트립토판과 포도당 농도는 포만감에 영향을 준다. 포도당이 산화될수록 포만감을 주고, 트립토판이 증가될수록 세로토닌의 생산이 많아져서 식사 섭취를 억제하고 포만감을 준다.

키토산

키토산은 단백질과 복합체를 이루고 있는 다당류이다. 키토산의 원료는 키틴으로 새우나 게 등의 갑각류, 곤충의 외피와 미생물의 세포벽에 많이 분포해 있다. 키토산은 항균성, 보습성, 흡착성, 유화 안정성의 물리적 특성을 가지며, 지방을 흡착하여 배설시킴으로써 지질 배설량을 증가시킨다.

키토산은 콜레스테롤과 지방이 흡수되는 것을 방해하고, 지방과 결합하여 소화효소의 작용을 저해시킨다. 질량 대비 생산 열량이 가장 높은 영양소인 지방의 흡수를 억제함으로써 체중의 효과적인 조절이 가능해진다.

L-카르니틴

L-카르니틴은 체내의 각종 장기에 존재하는 천연 물질로서 인체의 정상적인 영양 및 대사를 위해 필수적인 물질이다. 체내에서 일부 생성이 되지만 절대적으로 그 양이 부족하기 때문에 체외로부터 공급을 받아야 한다. L-카르니틴은 체내의 에너지 발생과 지방대사에 중요한 역할을 한다.

키토산의 효과

- 비만 치료, 고지혈증, 고혈압 등 심혈관질환의 예방 효과
- 항균작용, 항산화 효과, 항암작용 및 면역 기능 증가 효과
- 체중 조절 기전과 관련하여 지방 흡착
- 담즙산과 결합하여 지방의 흡수를 저해
- 비피더스균 생육 촉진

L-카르니틴은 지방의 재합성을 방지하고 중성지방의 축적을 억제한다. 또한 지방산의 체내 산화에 작용하여 지방의 분해를 촉진하고 지방 이용 효율을 증가시킨다. 인체가 이용하는 지방산은 대부분이 식사로 공급되는 것이지만, 포도당이나 아미노산 등으로부터 합성될 수도 있다. L-카르니틴은 이러한 지방의 생합성을 억제함으로써 추가적인 에너지의 저장을 막고 이것이 다시 에너지로 사용되는 것을 막을 수 있다.

녹차추출물

녹차추출물은 지방의 합성을 억제하고, 체내에서 생성된 지방의 가수 분해를 촉진하여 에너지를 발산시켜 대사를 활성화시킨다. 체내에 섭취 · 생성 · 저장된 에너지를 얼마나 활발히 사용하는가는 체중 조절과 밀접하게 연관된다. 에너지 대사를 촉진시킴으로써 에너지 소비를 최대화하게 되면 체

알 아 두 기

L-카르니틴의 급원 식품

최근 카르니틴을 첨가한 우유, 생식 등 각종 식품들이 출시되고 있다. 이 모든 식품들은 지방 연소를 통한 체중 감량을 강조하고 있다. 카르니틴의 투여가 체중 감량에 유의한 효과를 보인다는 것은 여러 연구를 통해 밝혀지고 있다. 그렇다면 성분을 첨가한 식품이 아닌 자연적으로 얻을 수 있는 카르니틴 급원 식품은 어떤 것이 있을까? 카르니틴은 필수 아미노산인 라이신과 메티오닌에 의해 생성된다.

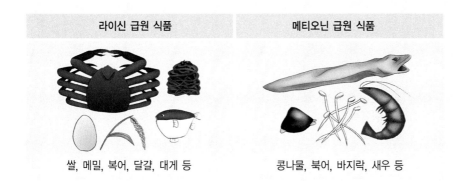

라이신 급원 식품	메티오닌 급원 식품
쌀, 메밀, 복어, 달걀, 대게 등	콩나물, 북어, 바지락, 새우 등

중 감량이 용이해지게 된다. 예를 들어, 교감신경 중 하나인 노르아드레날린은 갈색지방 조직에서 열 발생 및 증식 조절에 중요한 역할을 한다. 이러한 과정은 생체 에너지 낭비라고 생각할 수 있지만, 여분의 저장되는 에너지를 최소화하고, 축적된 지방을 소비하는 것에는 효과적이다.

캡사이신

캡사이신은 고추의 매운맛을 내는 성분으로 알칼로이드의 일종이다. 고추의 씨에 가장 많이 함유되어 있으며 껍질에도 존재한다. 캡사이신은 체내 대사 기능을 높여 지방의 축적을 막는 효능이 있다. 체내 에너지 소모량을 증가시키고, 지방을 연소시켜 열을 발생시키는 갈색지방세포에 작용하여 지방 분해를 촉진한다.

알 아 두 기

디글리세라이드 식용유란?

우리가 보통 먹는 일반 식용유는 체지방으로 전환되기 쉬운 중성지방(TG : Triglyceride) 93~98%와 디글리세라이드(DG : Diglyceride) 1~6%로 구성되어 있다. 주 성분인 중성지방은 글리세린 한 분자에 3개의 지방산이 에스테르 결합을 하고 있는 구조인 반면, 디글리세라이드는 글리세린 한 분자에 2개의 지방산이 결합되어 있다. 중성지방은 소장에서 흡수된 뒤 소장 상피세포에서 재합성되어 혈중으로 방출된다. 그러나 디글리세라이드가 주성분(80% 이상 함유)인 DG 식용유는 소장에서 지방으로 재구성되지 않아 체지방으로 축적되지 않는다.

디글리세라이드의 효과
- DG는 중성지방에 비해 혈청 중성지방 농도 상승률 억제
- 지방 축적을 낮춤
- 림프계에서 재합성되는 중성지방의 양을 낮춤
- 문맥 중 유리지방산의 농도가 상승할 때 지방산의 산화 분해를 적극적으로 시킴

시판 제품 실태

영양 보충용 제품에 사용된 체중 조절용 소재들은 크게 섬유소, 단백질, 한약재, 칼슘, 생식, 기타, 감미 성분의 7가지로 분류되며, 각 소재들은 제품의 특성에 따라 혼합되어 다양하게 사용되고 있다(시판 제품의 원료 성분과 소재는 부록 참조).

체중 조절용 식품의 선택과 이용 시 주의점

보통 체중 조절용 식품이라고 하면, 이에 막연한 기대감을 가지고 비싼 값을 지불하고서라도 그 식품을 선택하려는 경향이 있다. 또한 체중 조절에 좋은 효과를 가지는 식품과 의약품 중에서 이왕이면 식품을 선호하기 때문에 특별한 기능 및 효과를 가진 식품에 지대한 관심을 나타내게 된다.

최근 다양한 매체의 발달로 인하여 우리는 곳곳에서 그림 14-3과 같은 식품들의 광고를 쉽게 찾아볼 수 있게 되었다. 그러나 이러한 광고의 홍수 속에서 체중 조절과 관련된 기능 및 효과를 엄격히 구분해 내는 것은 쉬운 일이 아니다. 물론 법적 체계하에서 식품은 의약품과 오인·혼동할 수 있는 표시·광고를 하지 못하도록 되어 있기 때문에 이론적인 기준을 여기에 맞출 수는 있다. 하지만 과대광고로 인하여 의약품과 혼동을 일으킬 수 있는 경우가 많으므로 우리는 냉철한 판단력으로 적절한 선택을 해야 한다.

식품의약품안전청에서는 이러한 허위·과대광고에 의한 소비자 현혹 사례를 근절시키고자 민관합동대책위원회를 발족했다. 그리고 강도 높은 단속 및 관리를 위한 허위·

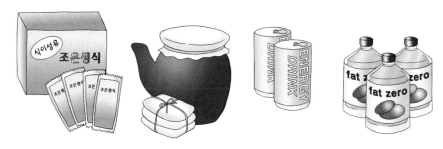

그림 14-3 체중 조절용 식품들

과대광고근절종합대책을 발표하고 소비자 보호를 위한 노력을 계속하고 있다. 그러나 무엇보다 중요한 것은 소비자 개개인의 관심과 노력임을 잊지 말아야 한다.

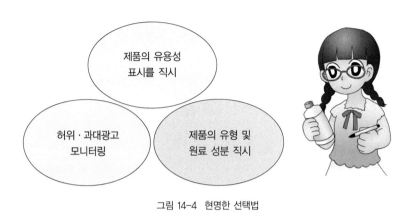

그림 14-4 현명한 선택법

체중 조절용 식품의 표시 및 광고

다이어트를 표방하는 식품은 다른 식품과 마찬가지로 식품위생법 제11조에 의해 시행규칙 제6조에서 정한 허위표시, 과대광고의 규정이 적용된다. 시중에는 직접적으로 다이어트에 대한 표시를 하는 제품도 있지만, 다이어트뿐만 아니라 그 유사용어로 체중 조절을 의미하는 식품들이 다양하게 판매되고 있다. 따라서 체중 조절용 식품을 올바로 선택하기 위해서는 우선 제품의 유용성이 어떻게 표시되며, 허위·과대광고 모니터링은 어떻게 이뤄지는지 제대로 알아야 한다.

유용성(기능성) 표시
유통되는 모든 식품에는 의약품과 혼동할 우려가 있는 표시나 광고 등을 금하고 있으며, 질병의 치료에 효능이 있다는 내용 또는 의약품으로 혼동할 우려가 있는 내용의 표시나 광고를 허위 표시로 간주한다. 이를 위해 관련 기관에서는 지속적인 모니터링을 통해 위반업소에 대한 영업 정지, 고발 등의 조치를 취하고 있다. 단, 건강보조식품, 특수영양식품 및 인삼 제품류의 경우 특정 범위 내에서 유용성 표현이 가능하다.

허위 · 과대광고모니터링제도(광고사전심의제도)

식품위생법상 유용성 표시를 허용하고 있는 식품들은 허위 · 과대광고와 의약품에서나 가능한 효능 · 효과에 대한 표현 등으로 불공정 거래가 빈번하게 발생하고 있다. 특정 성분이 가지고 있는 효과에 대한 과신을 불러일으킬 수 있는 애매한 용어를 사용한다거나, 제품의 형태를 조작함으로써 소비자들이 제품에 대해 오해를 하게 된다. 특히, 건강기능식품과 특수영양식품은 특정 성분을 추출 · 농축하여 의약품과 유사한 정제 · 캡슐 형태로 유통되는 까닭에 일부 제조 · 판매 업체에 의해 허위 · 과대광고가 빈번하게 발생할 소지가 있으므로 보건복지부(현재 보건복지가족부)에서는 1997년 3월 허위 · 과대광고로부터 소비자 피해를 방지하고 업계 간 공정한 거래를 도모할 수 있도록 광고사전심의제도를 도입했다.

표 14-6 건강기능식품의 기준 및 규격(안)에서 제시한 기능성 표현의 예

품목군	사용 가능한 유용성 표현
식이섬유 보충용 제품	• 배변 활동 원활 • 체중 감량에 도움 • 지방 흡수 저하 • 지방 합성 저해, 체지방 분해(단, 가르시니아 캄보지아 껍질 추출물 함유 시)
효소 제품	• 신진대사 기능 • 건강 증진 및 유지 • 연동작용 및 배변에 도움(식이섬유 다량 함유 시) • 체질 개선
알로에 제품	• 장 운동에 도움 • 면역력 증강 기능 • 위와 장 건강에 도움 • 피부 건강에 도움(알로에베라) • 배변 활동에 도움(아보레센스)
키토산(키토올리고당) 함유 제품	• 콜레스테롤 개선에 도움 • 항균작용 • 면역력 증강 기능

알 아 두 기

식품에 표시된 정보를 읽을 때 주의사항

100g당 함유된 영양소의 양이 제시된 식품을 비교할 때

단순히 100g을 기준으로 판단하지 말고 실제 먹는 양을 염두에 두도록 한다. 예를 들면, 과자 1봉지의 무게가 다를 수 있는데, 1봉지의 칼로리를 단순히 100g당의 칼로리 함량으로 칼로리의 많고 적음을 판단해서는 안 된다. 또한 1봉지의 무게가 동일해도 1회에 1봉지를 다 먹는 과자와 1회에 일부만 먹는 과자류를 1봉지당 무게가 같다고 해서 동일한 기준으로 선택해서는 안 된다.

'비유지방성', '비동물성 지방', '콜레스테롤 무함유' 등이 표시된 제품

유지방, 동물성 지방 및 콜레스테롤이 함유되어 있지 않다는 것이지 지방이 함유되어 있지 않다는 것은 아니다. 식물성 지방도 동물성 지방과 마찬가지로 1g당 9kcal의 칼로리를 내므로 식품 선택 시에는 동물성 지방뿐 아니라 식물성 지방 역시 많이 함유되어 있지 않은지 주의 깊게 확인해야 한다.

'무설탕'이 표시된 제품

설탕 이외에도 단맛을 내는 감미료가 여러 가지가 있다. 이 중 칼로리를 내는 것들도 있다. 무설탕이라고 표시된 제품 중에는 과당, 솔비톨, 자일리톨 등이 감미료로 사용되는 경우가 많은데, 이들 감미료는 설탕과 마찬가지로 1g당 4kcal의 칼로리를 낸다. 인공감미료를 과량 섭취할 경우에는 설사나 위장장애를 유발하는 것으로 알려져 있다.

'고단백 · 저칼로리'가 표시된 제품

단백질 역시 칼로리를 내며, 천연에 존재하는 단백질 식품의 경우 일반적으로 지방이 함께 함유되어 있으므로 고단백 · 저칼로리 식품이라고 해서 마음껏 많이 먹어서는 안 된다.

라이트음료, 건강음료, 스포츠음료

이들 음료에는 모두 칼로리가 함유되어 있으므로 칼로리가 없다고 판단하여 무조건 많이 마시거나 물 대용으로 사용해서는 안 된다.

DIET&
HEALTH

약물과 수술요법

비만의 기본적인 치료법은 식사요법, 운동요법, 행동수정요법이다. 이러한 비약물요법이 효과가 없을 때에는 약물요법이 쓰일 수 있다. 약물요법이 효과가 있으려면 식사와 운동, 행동수정요법과 병행해야 하며 단독으로 실시할 경우에는 효과가 적다. 지방 흡수 억제나 식욕 억제를 위해 약물이 사용되기도 하나 약물은 항상 부작용이 있을 수 있음을 명심해야 한다.

수술의 경우에는 다른 기존의 방법이 효과가 없으며 여러 가지 비만 관련 질환으로 인해 조기 사망 위험도가 높을 때 사용하며 수술 후의 합병증 등을 생각하여 신중하게 선택해야 한다.

약물과 수술요법

약물요법

비만이 하나의 질병으로 규명되면서 다른 만성질병과 마찬가지로 평생 약에 의존하며 조절하는 질병으로서의 연구가 활발히 진행되고 있다. 그러나 비만 치료에 쓰일 수 있는 안전한 약물은 소수이다.

약물을 사용하는 경우

- 스트레스나 감정적인 불안으로 자꾸 먹게 될 때 및 식욕을 조절하지 못할 때
- 체질량지수(BMI)가 25kg/m² 이상이면서 기존의 식사요법, 운동요법, 행동수정요법이 효과적이지 못할 때
- 체질량지수가 23kg/m² 이상이면서 기존의 비약물요법이 효과가 없고, 고혈압, 당뇨병, 고지혈증 등의 만성질병이 있을 때

약물의 종류

비만 치료제로 쓰일 수 있는 약물의 종류는 다음과 같다.

- 중추신경계의 섭식중추를 자극하여 공복감을 느끼지 못하게 하는 약
- 영양소의 소화 흡수를 방해하는 약, 영양소의 배설을 촉진하는 약
- 기초대사량을 상승시켜 에너지 소모를 증가시키는 약

이 중에서 중추신경계에 작용하여 공복감을 없애 주는 '리덕틸'과 지방의 흡수를 저하시키는 '제니칼'만 FDA의 공인을 받아 시판되고 있으며 '프로작'의 경우에는 신경성 대식증 환자에게만 부분 허용되고 있다. 비만 치료제 중 제니칼의 경우 외국의 임상실험

그림 15-1 약은 마술이 아니라 보조제이다

에서 1년간 복용했을 때 체중의 약 10%를 감소시킬 수 있다고 하나 우리나라 사람의 경우에는 원래 지방 섭취량이 많지 않아 효과는 더 적을 것으로 예상된다. 따라서 식사를 거르거나 지방이 적은 식사를 했을 때는 섭취할 필요가 없다. 영양소 배설을 촉진하는 이뇨제나 배뇨제, 기초대사량을 상승시키는 갑상선 호르몬은 부작용이 많아 비만 치료제로는 시판이 금지되어 있다.

표 15-1 비만치료제로 허용된 약의 종류

구분	제니칼	벨빅	콘트라브
성분명	오를리스타트	로카세린	날트렉손/부프로피온 복합약
작용	지방의 소화 흡수 방해	식용억제물질을 생산하는 신경세포를 흥분시켜 포만감을 느끼게 함	날트렉손: 알코올중독, 마약중독치료제/부프로피온: 우울증치료제, 금연치료제
결과	섭취 지방의 최대 30%가 변으로 배설, 체중 감소 효과	생활습관교정과 함께 로카세린 10mg을 52주간 제공한 결과	다이어트, 운동과 더불어 날트렉손 32mg/부프로피온 360mg 복합약을 56주간 복용한 사람에게서 9.2~11.4kg 감소
부작용	고지방 식사 시에 기름진 설사, 변에서 냄새, 지용성 비타민(비타민 D) 흡수 감소로 뼈 약화 우려	메스꺼움, 두통, 현기증	메스꺼움, 두통, 현기증, 불면증
투약하면 안 되는 사람	특별히 없음	울혈성 심부전, 판막성 신장질환, 당뇨병(저혈당이 보고됨0, 겸상적혈구빈혈, 골수종, 고령자, 신장, 간장 장애 등	고혈압, 발작장애, 중추신경계종양, 양극성장애, 항간질약 복용중단자, 신경성 식욕부진증이나 대식증으로 진단 받은 사람, 간장, 신장 장애 등
공인 여부	비만 치료제로 FDA 승인	비만 치료제로 FDA 승인	비만 치료제로 FDA 승인
전문약품 여부	전문의약품	전문의약품	전문의약품

쉬어
가기 일부 비만 치료제는 마약?

마약 성분이 포함된 중국산 비만 치료제로 인해 일본 여성이 간 기능 장애로 사망하는 사건이 있었다. 그 후 일본후생성은 중국산 비만 치료제를 위험 상품으로 공포했다. 부작용을 일으킨 비만 치료제는 마약 성분인 펜플루라민이 포함된 약으로서, 우리나라에서도 TV 홈쇼핑, 수입화장품코너, 미용실, 여성 전용 사우나를 통해 유통되기도 한다. 체중을 줄이기 위해 다이어트 식품을 함부로 먹었다가 자칫 목숨을 잃을 수 있으므로 주의해야 한다.

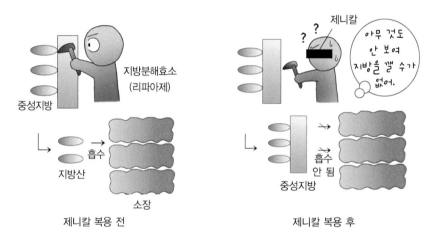

그림 15-2 제니칼 복용 전과 복용 후

그림 15-3 제니칼을 먹고 나서 나타날 수 있는 현상

약의 효능과 안전성 검증

안전성이나 효능이 검증되지 않은 의약품이나 한약제가 무분별하게 유통되고 있어 사회적 문제가 되고 있다. 어떤 약이 비만 치료에 사용되려면 효과와 안전성이 입증된 것이라야 하며 체중의 감소뿐 아니라 정상적인 삶의 질을 향상시킬 수 있어야 한다.

영국에서는 비약물요법과 병행하여 첫 3개월간 10%의 체중 감량이 있어야 효과가 있다고 판정하고 있다. 만약, 약물이 효과는 있으나 안전하지 못하고 부작용이 심하다면 사용하지 말아야 한다. 펜플루라민은 식욕 억제제로 미국에서 한때 선풍적인 인기를 끌었으나 심장판막질환과 정신분열 증세를 나타내어 결국에는 시장에서 회수되었다.

약의 가장 큰 문제는 보통 투약을 중단하면 대부분의 환자들이 옛날 체중으로 돌아간다는 점이다. 따라서 안전성 높은 약물을 장기 투약하는 방안도 신중하게 고려되고 있다. 약물 치료는 장기적인 비만관리 전략으로 고려되어야 할 것이다.

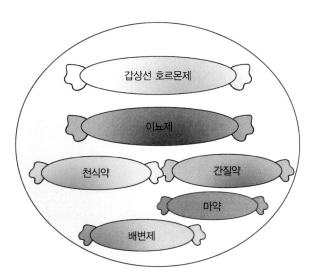

그림 15-4 약인가? 독인가?

표 15-2 비만 치료제로 남용되고 있는 약물

약물 종류	원래 용도	작 용	부작용	기타 시판 여부
페닐프로파놀아민 (마약 성분, 암페타민 계열)	감기약	중추신경 자극으로 식욕 억제 효과	뇌출혈, 불면, 두통, 신경과민, 변비	2000년 FDA에서 식욕 억제제로 판매 금지 권고
아미노필린 주사	천식약	동물실험에서 지방 분해 효과, 사람의 체중 및 허리둘레 감소 효과	주사 부위 통증, 알레르기	사람을 대상으로 한 효능, 안전성 입증 안 되어 2001년 투약 중단 권고
라식스	고혈압, 심부전, 부종 등을 치료하기 위한 이뇨제	소변량 증가, 물의 배설에 의해 복용 초기 일시적 체중 감소	탈수, 전해질 불균형, 혈압 저하, 부정맥, 심장마비, 중독 가능성	비만 치료제로 허용 안 됨
토파멕스	간질 치료제	이뇨작용으로 인한 감량 효과는 라식스와 같음	탈수, 전해질 불균형, 혈압 저하, 부정맥, 심장마비	효과와 안전성 입증 안 됨
섬유소 제제	배변제	배변작용으로 인한 감량 효과	물과 전해질 손실로 심장마비 우려	효과 검증 안 됨
펜플루라민 (마약 성분)	항정신의약품 메탐페타민(필로폰) 유도체	세로토닌을 분비하여 식욕 억제	심장판막질환, 정서불안 증세, 중독성	미국에서 한때 선풍적 인기, 1997년부터 비만 치료에 사용 금지
메페드린 (마황 성분)	항정신의약품 메탐페타민(필로폰) 유도체	세로토닌을 분비하여 식욕 억제	맥박이 빨라지면서 심장 기능 장애, 혈압 상승, 중독성	비만 치료제로 시판 금지
갑상선 호르몬제	갑상선 기능 저하증 치료제	대사율 항진에 의한 에너지 소비 증가	맥박 상승, 호흡 곤란, 불안	
시부트라민	비만치료제	중추신경계에 작용하여 식욕억제	오심, 각종 두통, 변비, 뇌졸증, 심혈관계 질환, 심근경색 등	심혈관계 질환 문제로 2010년 국내 판매 금지

수술요법

수술의 종류 및 대상

수술의 종류에는 위축소술인 베리아트릭 수술, 조와이어링, 지방흡입술 등이 있으나 체중 감량을 위해 가장 많이 쓰이는 것은 베리아트릭 수술이다.

고도 비만인 경우 기존의 식사요법, 운동요법, 약물요법 등이 효과가 없는 경우에 위축소술의 대상자가 될 수 있다. 조와이어링(Jaw wiring)은 일시적인 체중 감량을 원할 때 이용되고, 지방흡입술은 지방 흡입량에 제한이 있기 때문에 체중 감량보다는 국부적으로 지방을 제거하여 체형 교정을 하고자 할 때 효과적이다.

표 15-3 수술의 종류 및 장·단점

구 분	베리아트릭 수술 (위축소술)	조와이러링	지방흡입술
방 법	위의 80~90%를 스테이플러로 봉쇄하거나 잘라 냄	철사로 치아 혹은 턱관절 부위를 고정시켜 입을 벌리지 못하게 함	피하지방에 튜브를 삽입하여 진공 펌프식으로 지방을 빨아 냄
대 상	기존의 식이요법, 운동, 행동수정요법으로 체중 감량에 실패한 사람, 체질량지수 35 이상의 고도 비만인 사람, 심한 복부 비만	위축소술을 앞둔 병적인 비만 환자(너무 지방층이 두꺼우면 내시경으로 수술 불가), 일시적 체중 감량을 원하는 사람	둔부, 복부, 허벅지, 턱 등 특정 부위에 지방이 많이 축적된 사람
작 용	위 용적을 줄여 조금만 먹어도 포만감을 느끼게 되어 체중 감량	스트로를 통해 유동식만 먹게 되어 체중 감량	최대 3~4kg의 체중 감량
효 과	30%가 정상체중으로 감량, 70%는 어느 정도의 감량	일시적 체중 감량	정상체중으로 피부 탄력성이 좋은 경우 체형 교정 효과 뛰어남
부작용	• 단기 : 구토, 구역질, 명치 끝 통증, 변비, 덤핑증후군 • 장기 : 체중 다시 증가 혹은 영양실조	• 단기 : 구강 내에 박테리아 번식 우려, 구토 시에 질식 우려 • 장기 : 풀면 다시 옛날 체중으로 돌아감	• 단기 : 감염, 지방색전증, 쇼크, 내부 장기 손상, 근육·혈관 손상, 곪을 우려, 신경마비 • 장기 : 지방이 다시 침착됨

알 아 두 기

베리아트릭 수술은 과연 비만인에게 희망인가?

위축소술에는 위를 잘라 내지 않고 작은 주머니를 만들어 한 번에 섭취하는 양을 줄이는 위성형술과 위에 작은 용량만 남기고 나머지는 대부분 절개하는 위절제술이 있다. 이 중에서 많이 이용하는 것은 위성형술이며, 위를 수직으로 스테이플한 다음에 밴드를 끼워 작은 주머니를 만들거나(A), 단순히 스트인리스로 스테이플링해 주는 방법(B)으로서 음식물이 작은 출구를 통해 나가도록 하여 한 번에 먹는 양을 줄여 준다. 베리아트릭 수술의 경우 위의 용적을 20~60cc로 줄이기 때문에 모든 음식의 섭취가 60cc, 즉 달걀 1개가 넘지 않도록 눈대중 연습을 해야 한다.

대개의 경우 체중 감소는 수술 후 1년까지 이어지며 초과 체중의 50~80%가 줄어든다. 그 후에 체중이 늘어나는 경우도 있으나 수술 전으로 돌아가는 경우는 거의 없다. 위 수술 후 오랫동안 소식을 할 경우 빈혈이나 영양실조 등의 증상이 나타날 수 있으므로 소식을 하되 영양소가 농축된 식사를 해야 한다.

베리아트릭 수술로 체중 감량에 성공한 경우 비만, 고혈압, 관절염, 무호흡증 등이 개선되고 무엇보다도 자신감이 생기며 자신에 대한 자아존중감 상승으로 대인관계가 원활해지는 장점이 있다. 그러나 미국의 경우 200명 가운데 3명꼴로 수술 도중 혹은 수술 직후 수술 부위 감염으로 사망한다고 알려져 수술에는 신중해야 한다.

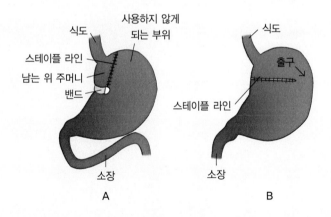

베리아트릭 수술 후 식사지침

- 수술 후 일주일간은 미음식(1일 400kcal 기준), 1주부터 4주까지는 죽식(1일 650kcal 기준), 수술 후 한 달부터는 정상적인 고형식(1일 800~1,000 kcal 기준)을 한다.
- 식사는 한 번에 달걀 1개 크기(반 컵 이내)로 소량씩 하며, 20분 이상 천천히 식사하고, 하루 6회로 나누어 한다.
- 비타민 B_{12}, 비타민 D, 철분, 칼슘이 부족하지 않도록 하고, 적정량의 단백질 섭취와 수분 섭취를 권장한다.
- 자극적인 향신료와 설탕 섭취를 자제하도록 한다.
- 식사일지를 반드시 작성한다. 섭취한 모든 음식물의 종류와 양, 섭취한 음료수 양을 자세히 기록한다.
- 수술 후 12~18개월 정도 지나면, 태아의 영양실조를 피할 수 있게 되므로, 안전한 임신이 가능하다

DIET &
HEALTH

체중 유지 전략

미국 국립건강연구소의 보고에 의하면 미국인의 1/4~1/3이 과체중이며 미국 여성의 약 40%, 남성의 24%가 체중 감소를 시도하고 있고 체중 감소방법은 식사요법을 비롯해 운동, 행동요법, 약물요법, 수술요법 등 다양한 방법이 사용되고 있다고 한다. 그러나 이러한 방법에 의해 감소된 체중은 거의 대부분이 5년 안에 원래의 체중으로 다시 되돌아가는 것으로 나타났다. 이렇듯 체중을 감소시키는 것보다는 감소된 체중을 유지하는 것이 더 어렵다. 비만치료에 있어서 가장 중요한 것 중의 하나가 감소된 체중을 유지하는 방법이다.

CHAPTER 16

체중 유지 전략

요요현상

일단 체중 감량에 성공했어도 원래의 체중으로 되돌아가는 현상을
흔히 볼 수 있다. 이러한 체중 감량과 재증가가 반복되는 현상을
'요요현상' 또는 '체중의 순환'이라고 한다. 이러한 순환이 2~3
회 거듭될수록 체중 감량은 더욱 어려워지고 동시에 체중의 재증
가는 쉬워지는 방향으로 우리 몸이 변화하게 된다.

TIP

성공적인 체중 조절 기준

• 원래 체중의 5% 이상 감소

• 감소한 체중을 1년 이상 유지

• 감소한 체중에서 2년 동안의 체중 증가가 3kg 이하

• 허리둘레의 감소량이 적어도 4cm 이상 지속

요요 vs 요요현상

'요요'는 동그란 원형 가운데에 막대를 축으로 하여 끈을 매단 장
난감이다. 요요를 손가락에 끼우고 길게 늘어뜨리면 다시 빠른 속
도로 올라온다. '요요현상'이란 이 장난감의 반사 원리가 체중 감
량 후에 일어나는 체중 증가 현상과 흡사하여 붙여진 이름이다.

요요현상의 원인

초저열량 식사요법

초저열량 식사는 1일 400~800kcal의 열량을 공급하는 식사요법으로 에너지 소모량보다 훨씬 적은 칼로리를 섭취함으로써, 부족한 에너지를 체지방으로부터 보충하여 단기간에 빠른 체중 감소가 이루어지도록 하는 방법이다. 일반적으로 일

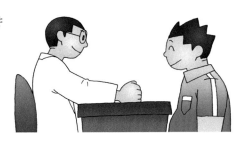

주일에 1.5~2kg 정도, 12~16주에 20~25kg이 감소된다. 이는 주로 일반적인 식사요법에 실패했거나 체질량지수가 30kg/m² 이상인 고도비만 환자에게만 권고되는 방법이다. 초저열량식은 단기간에 체중을 감소시키는 효과는 있으나 급사를 비롯하여 복부 팽만감, 오심, 구토, 복통, 설사, 모발 손실, 두통, 무기력감, 저혈압 등의 심각한 부작용이 발생할 우려도 있기 때문에 전문가의 엄격한 감시와 통제하에 실시되어야 한다. 정상 식사로 돌아가면 요요현상이 나타난다.

알 아 두 기

감소된 체중을 유지하기 어려운 이유

생리적 요소	환경적 요소	심리적 요소
체중 감소로 열 생산이 감소하여 체내에서는 열 생산 증가를 위한 반응이 일어남 → 우리 몸은 지방세포를 증가시키고 지단백 분해효소를 활성화시켜 다시 체중을 증가시키려 함	• 맛있는 음식에 노출 • 음식에 대한 민감도 증가 • 음식 섭취에 대한 지나친 충동	체중 증가에 대한 두려움, 실패감, 우울감, 죄책감 등으로 체중 유지 노력 포기

단 식

단식이란 생명 유지에 꼭 필요한 물과 전해질을 제외하고는 음식 섭취를 하지 않음으로써 체중을 빼는 방법이다. 단식을 할 경우 인체에서는 이를 위기 상황으로 받아들여 에너지 소모를 최대한 줄이고 비축 지방을 아껴 쓰게 된다. 또한 부족한 에너지는 체내 근육 단백질을 분해하여 에너지로 전환시켜 이용한다.

단식으로 체중을 줄인 후 이전의 정상 식사습관으로 돌아가게 되면, 단식 이전과 비교하여 기초대사율이 극도로 낮아져 있으며, 근육이 소실되어 에너지 소비가 줄어들게 된다. 따라서 이전에 체중 변화를 일으키지 않던 양의 식사를 하더라도 이 사람은 지속적으로 체중이 늘어 얼마 지나지 않아 다이어트 이전보다도 체중이 더 증가하게 되는 것이다.

TIP

기초대사율이 감소하는 이유

지방은 유지하는 데 에너지가 거의 들지 않는 데 반해 근육은 유지하는 데 상당한 에너지가 필요하다. 따라서 식사 제한이나 단식에 의해 몸에 필요한 근육이 소실되면 근육을 유지하는 데에 필요한 에너지가 줄게 되어 기초대사율이 더욱 감소하게 된다. 이 때문에 식사량을 줄여도 기운만 없고 몸만 약해지지 살은 빠지지 않는 현상이 나타나게 된다.

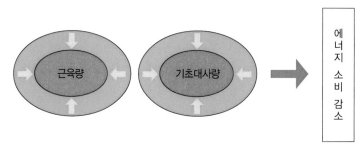

원푸드 다이어트

체중 감량을 위해 한 가지 음식만 계속 먹는 방법을 원푸드 다이어트라고 하며, 이 방법은 식사량을 제한하여 체중 감소를 일으킨다. 원푸드 다이어트를 할 경우, 에너지 부족으로 인해 체내 지방이 감소하는 것이 아니라 근육 단백질이 감소하게 되고 심각한 체내 영양 불균형을 초래하여 건강을 위협하게 된다. 정상 식사로 돌아가면 초저열량식과 마찬가지로 요요현상을 유발하게 된다.

음식의 종류는 개선하지 않고 음식의 양만 줄여 먹는다

비만한 사람들이 좋아하는 피자, 햄버거, 케이크, 치킨, 갈비 등의 음식들은 부피에 비해 칼로리가 매우 높다. 그렇다고 해서 체중 감량을 위해 이러한 음식들을 그대로 먹되 양만 줄이게 되면 오히려 공복감만 심해져 다음 식사시간에 폭식을 할 위험이 높아진다. 따라서 체중을 줄이면서도 배고픔이 적고 영양소 섭취를 골고루 하기 위해서는 칼로리는 적지만 단백질, 비타민, 무기질 등 영양소가 골고루 들어 있는 음식을 선택하는 것이 필수적이다.

군것질을 자제하지 못한다

비만한 사람 중에는 식사 이외에 과자, 빵, 떡, 음료수 등으로 군것질을 자주 하는 사람들이 많고, 심한 경우에는 주식으로 얻는 칼로리보다 군것질로 섭취하는 칼로리가 더 많기도 하다. 이런 사람들이 다이어트를 위해 주식인 밥과 반찬을 줄여 먹게 되면 공복감이 더 심해져서 주식보다 칼로리가 더 높은 군것질로 배를 채우게 된다. 군것질거리는 칼로리는 높지만 단백질, 칼슘, 철분 등의 영양소가 부족한 음식이므로 자주 섭취하는 것은 체중 감량에 좋지 않다.

군것질만 줄여도…

빵, 스낵, 탄산음료, 초콜릿, 사탕 등의 군것질
거리들은 부피는 작으면서, 칼로리가 높은 것
들이 대부분이다. 따라서 일상적인 식사에 비해
적은 양만 먹어도 칼로리가 높기 때문에 군것질
양만 줄여도 섭취 칼로리가 훨씬 줄어든다.

특히, 밤에 간식을 먹으면, 소화가 잘 되지 않아
불편할 뿐만 아니라 손, 발, 얼굴이 붓기도 하고, 들
어온 에너지는 소비되지 못하기 때문에 그대로 체
내 지방으로 축적된다.

군것질을 하지 않고는 못 견디거나 밤에 배
가 고픈 경우에는, 섬유소가 풍부하고 칼로리
가 적은 채소류(오이, 당근) 등을 생으로 먹거
나 설탕을 첨가하지 않은 주스를 먹는 것이
좋다. 또한 칼로리가 적은 조리방법을 택하여
기름기가 적고 담백한 음식을 섭취하는 것도 한 방법이다.

음식을 몰아서 먹는다

비만한 사람들은 대개 식욕에 대한 자제력이 부족한
편이다. 따라서 이들은 체중 감량을 위해 소량씩 식사
하기보다는 하루에 한 끼 이상을 거르는 방법을 선택
하는 경우가 많다. 이러한 경우 식사할 때에는 항상 배
가 많이 고픈 상태이므로 다량의 음식을 급하게 먹게 되고
공복감을 이기기 위해 간식을 하게 될 위험도 높아 대부분
체중이 줄지 않고 오히려 증가한다.

한 끼만
먹는 건데
뭘~

사우나

살을 빼기 위해 열심히 사우나를 하는 사람들이 많다. 사우나를 하면 에너지가 소비되고 열에 의해 땀이 배출되어 일시적으로 체중이 줄지만, 비만의 근본적인 원인인 지방질 제거에는 별로 도움이 되지 않기 때문에 시간이 지나면 빠져 나갔던 수분이 복구되어 본래의 체중으로 돌아오게 된다. 또한 사우나에서 흘리는 땀은 급격한 체온 상승을 막고자 막대한 수분 손실로 인한 탈수현상을 유발시켜 건강에 오히려 나쁜 영향을 미칠 수 있다.

부적절한 운동

비만한 사람들은 대체로 체력이 떨어져 있기 때문에 운동을 하다가 근육이나 관절을 다칠 위험성이 높다. 더욱이 체중 과다로 인해 무릎이나 허리의 통증으로 고생하는 사람들도 많다. 체중 조절을 위해 본인에게 적합하지 않은 운동을 갑자기 무리하게 시작할 경우 자칫 부상으로 인해 운동을 상당 기간 못하여 체중이 오히려 늘어날 수 있다.

적은 신체 활동

비만한 사람 중에는 하루에 한두 시간씩 꾸준히 운동을 하고 식사 조절도 잘 하는데도 체중이 줄지 않는다고 하는 사람들이 있다. 이들은 대개 운동시간을 제외한 나머지 시간에는 별로 움직이지 않고 지내기 때문에 에너지 소비가 줄어서 체중이 빠지지 않는 것이다. 신체 활동량이 적은 사람

은 에너지 소비뿐 아니라 근육량이 서서히 줄어들게 되므로 기초대사율이 낮아져 똑같이 먹고 똑같이 운동을 해도 점점 살이 찌는 현상이 나타나게 된다.

요요현상을 최소화하기 위한 전략

식사요법

영양소 균형이 맞는 저칼로리 식사요법을 실시한다

요요현상이 오는 주된 이유 중 하나는 우리 몸을 유지하는 데 필수적인 단백질, 칼슘, 철분, 비타민 등의 영양소 섭취가 적절치 못하여 몸의 근육이 분해되어 이용되기 때문이다. 따라서 이러한 필수 영양소를 충분히 공급하여 더이상 근육이 분해되는 것을 막아야 한다. 기초대사율이 낮아져 있는 상태에서 칼로리 섭취가 많아지면 체중이 급속히 늘 수 있으므로, 몸의 근육이 늘어나고 기초대사율이 회복될 때까지는 칼로리 섭취는 다소 줄이되 주요 영양소는 충분히 들어 있는 식사를 하는 것이 중요하다.

TIP

기초대사율을 높이려면?

요요현상을 막으면서 기초대사량을 증가시키는 방법은 운동이다. 다이어트를 하다 보면 줄던 몸무게가 갑자기 멈추는 시기가 있는데, 이런 현상이 일어나는 이유는 인체가 줄어든 칼로리에 적응했기 때문이다. 이때에는 섭취 칼로리를 줄이기보다는 운동량을 늘려 주는 것이 좋다. 운동으로 소비 에너지를 늘려 주면 기초대사량이 증가함과 동시에 소비된 에너지만큼 다시 몸무게가 줄어든다.

다이어트를 할 때에는 식사요법과 운동요법이 반드시 병행되어야 한다. 에너지 소비량의 증가를 위해서는 조깅, 수영, 에어로빅, 자전거 타기 등의 유산소운동이 적합하다. 특별히 규칙적으로 운동을 할 시간적 여유가 없다면 많이 걷거나 움직이는 등 생활 속에서 활동량을 늘려 자연스럽게 기초대사량을 늘려 나가도록 하는 것이 좋다.

칼로리 섭취량을 천천히 늘린다

다이어트가 끝났다고 해서 갑자기 섭취 칼로리를 늘려서는 안 된다. 다이어트 중에는 칼로리 섭취를 줄이게 되는데, 이때 우리 몸은 적은 칼로리로도 살아갈 수 있도록 변하게

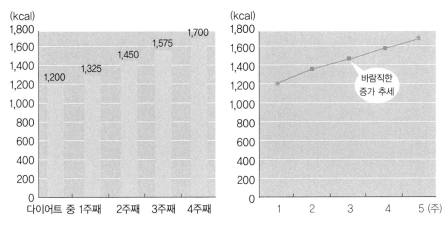

그림 16-1 바람직한 칼로리 섭취 증가 추세

된다. 따라서 다이어트 후에 칼로리 섭취량을 증가시키는 데 있어서 가장 좋은 방법은 4~6주에 걸쳐 서서히 섭취 칼로리를 올리는 것이다. 예를 들어, 다이어트를 위해 하루에 1,200kcal를 섭취했던 사람이 다이어트 후에 1,700kcal를 섭취하려고 한다고 하자.

- 추가로 섭취해야 할 칼로리 : 1,700kcal − 1,200kcal = 500kcal
- 1주 동안 증가시켜 섭취할 칼로리 : 500kcal ÷ 4(주) = 125kcal/주
- 그러므로 다이어트가 끝난 후 1주째는 1,325kcal

    2주째는 1,450kcal

    3주째는 1,575kcal

    4주째는 1,700kcal를 섭취해야 한다(그림 16-1).

일상생활에서 정확하게 칼로리를 조정하는 일은 쉽지 않으므로 반찬 먹는 양은 일정하게 하되 밥, 즉 주식의 양을 조금씩 늘려 가면 조절하기 쉽다. 예를 들면, 밥 1/3공기가 100kcal 정도이므로 처음에는 점심식사 때 한 끼만 1/3공기 정도를 늘리고, 그 다음은 아침을 1/3공기 정도 더 늘리는 식으로 조정하면 된다.

체중이 아닌 체지방을 줄이는 식단을 가진다
요요현상을 방지하기 위해선 식사량보다는 어떤 것을 먹느냐가 더 중요하다. 가령, 감자

70개에 함유된 지방량과 튀김 1개에 함유된 지방량은 같다. 따라서 탄수화물 위주의 식사는 에너지를 공급하는 동시에 요요현상을 막을 수 있다. 양을 급격하게 줄이는 방법으로 다이어트를 하기보다는 현미잡곡밥, 된장, 두부, 죽, 김치, 나물, 미역, 김, 과일, 녹즙 등을 자주 섭취함으로써 실질적인 체지방을 줄이는 것이 최선의 요요현상 방지방법이라 할 수 있다.

올바른 식습관을 가진다

하루 세 끼를 꼬박 챙겨 먹되 아침, 점심, 저녁의 비율을 3 : 2 : 1로 하는 것이 다이어트 식습관에서는 가장 이상적인 방법이다. 또한 식사시간은 최소 20분 정도로 잡는 것이 바람직하며 취침 3시간 전에는 음식 섭취를 삼가는 것이 좋다.

운동 및 활동량

다이어트의 기본 수칙, 운동과 친해진다

요요현상에서 벗어나는 것은 초기 다이어트보다 훨씬 힘이 많이 들기 때문에 초기 다이어트부터 각고의 노력을 하는 것이 필요하다. 격렬한 운동보다는 유산소운동이 단계적으로 살을 빼는 데 좋으며, 이에 속하는 종목으로는 달리기, 걷기, 배드민턴, 수영 등이

표 16-1 체중 유지 일지의 예

주	구 분		일	월	화	수	목	금	토
1주	체중(kg)								
	식사량(kcal)	총 섭취량							
	식사내용	아침							
		점심							
		간식							
		저녁							
	운동량(분)								

적합하다.

운동은 최소 30분 이상 지속해야 하며, 운동을 억지로 함으로써 단기간에 끝내는 것보다는 차라리 댄스나 요가 등 본인이 원하는 운동을 지속적으로 하는 것이 체지방을 줄이는 데는 훨씬 더 유리하다.

전신의 근육을 골고루 이용하는 운동을 실시하여 근육량을 늘린다

근육을 늘리기 위해서는 적절한 영양소 공급과 함께 근육을 적절히 이용하는 운동이 필수적이다. 추천되는 운동은 수영, 에어로빅, 헬스, 골프, 각종 구기운동 등이며, 가급적이면 주 4회 이상, 하루 1시간 정도를 꾸준히 하는 것이 좋다.

평소 신체 활동량을 늘린다

식사 조절과 운동을 해도 살이 찌는 사람들의 생활 패턴을 분석해 보면, 대개 일과 중 신체 활동량이 적다는 공통점이 있다. 신체 활동이 많고 적음에 따라 하루 중 에너지 소비가 크게는 800kcal까지 차이가 나기도 한다. 특히, 바쁜 일과로 인해 따로 운동할 시간을 낼 수 없는 사람에게는 신체 활동량이 거의 유일한 운동량이 될 수 있다.

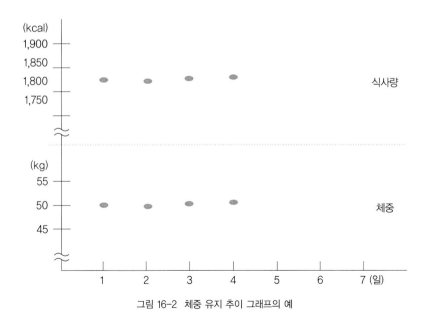

그림 16-2 체중 유지 추이 그래프의 예

생활습관

올바른 생활습관을 가진다

효과적인 체중 유지를 위해서는 운동과 식사요법뿐만 아니라 명상요법 등 다양한 방법을 사용할 수 있다. 평소 긍정적인 사고방식을 가지고 자주 웃으면 스트레스가 줄어들어 신체리듬이 건강한 상태에 도달하는 최적의 수준을 이루게 되고, 이 상태에서 식사요법이나 운동을 하면 그 효과는 배가 된다. 또한 평상시 앉아 있거나 서 있을 때 항상 자세를 꼿꼿하게 펴고 다니는 것만으로도 특정 부위의 비만은 근본적으로 해소될 수 있다.

체중 감소 후의 생활 패턴을 유지하고 예전 습관으로 돌아가지 않으려고 노력한다

체중은 기초대사량과 운동량을 더한 칼로리가 식사에서 얻은 칼로리보다 더 많으면 반드시 감소하므로, 수치 계산을 하면서 체중 감소 후의 생활 패턴을 꾸준히 계속하는 것이 중요하다.

 성공적인 체중 유지를 위한 Tip

- 다이어트 성공자로서 다른 사람에게 충고를 많이 한다.
- 다이어트를 할 때보다 외식하는 일이 많아지지만, 외식하는 음식들의 칼로리를 알아 둬 피할 것은 피한다.
- 방의 가구 배치를 바꿔서 기분 전환을 한다.
- 쇼핑 테크닉이나 방식을 바꾸기 위해서 지금까지는 가지 않았던 슈퍼마켓을 이용한다.
- 다이어트 중에 열중하게 된 취미 생활을 더욱 열심히 하거나 동아리에 가입한다.
- 다이어트 캠프의 동호회 회원으로 가입한다.

체중을 매일 아침, 같은 시간에 같은 상태로 잰다

체중을 끊임없이 재는 것은 다이어트에 대한 긴장감을 늦추지 않는다는 것을 의미하므로 항상 체중을 재는 습관을 기르도록 한다. 아침과 저녁의 체중을 비교해 보면 저녁이

쉬어 가기

정확한 체중 재기를 위한 Tip

- 아침에는 여유 있게 일어난다.
- 매일 같은 시간에 체중 체크를 할 수 있도록 체중계를 장만한다.
- 매일 아침 화장실을 다녀온 뒤에 체중을 재는 습관을 들인다.
- 살이 빠졌거나 생활습관을 고쳤을 경우, 옷을 사는 등 자신에게 상을 준다.

500g 정도 더 나가므로, 매일 다른 시간에 체중을 재면 몸무게가 줄었는지 정확하게 알 수 없다. 반드시 같은 조건과 같은 시간에 재도록 한다.

다이어트가 끝났다고 생각하지 않고, 다이어트 기간에 지켰던 주의점들을 잊지 않고 계속 실천한다

대부분의 사람들이 체중 감량 목표를 달성하는 즉시 '이제 다이어트는 끝'이라고 생각하기 쉽지만, 바로 이것이 다이어트 실패를 경험하게 되는 커다란 원인이 된다. 원하는 체중으로 감량에 성공했다는 것은 다이어트의 '1단계'가 끝났을 뿐이며, 다음 '2단계'는 '요요현상 방지 코스'임을 반드시 생각해야 한다.

'1일 3식을 제대로 먹는다', '천천히 씹어 먹고 80%만 배를 채운다' 등, 다이어트 중에 습관들인 식사 패턴이나 생활습관들이 깨지지 않도록 노력해야 할 것이다. 불규칙적

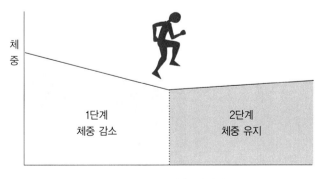

그림 16-3 다이어트의 단계

인 생활로 돌아가는 즉시, 눈 깜짝할 사이에 체중이 원래대로 돌아갈 수 있다는 사실을 명심하도록 한다.

감소된 체중 유지 전략

체중 감량에 필요한 행위(에너지를 적게 섭취하고, 많이 사용하는 행위)를 유지하도록 환자를 도울 수 있는 유용한 방법에는 어떠한 것이 있는가?

이에 대한 효과적인 체중 유지방법을 살펴보면 다음과 같다.

- 치료 시작에서 추적 관찰까지 계속해서 환자와 치료자 간에 지속적인 관계를 갖는 것
- 치료 후 환자에게 다가올 많은 시련에 대처하는 방법을 훈련하는 것
- 치료 후 사회적 보조를 환자에게 주는 사회적 프로그램
- 장기간 육체적·정신적으로 긍정적인 효과를 주는 육체 활동을 계속 제공하는 것
- 감소된 체중, 행동 변화를 유지하기 위한 방법을 정돈해 주는 다면적인 방법

이러한 감소된 체중을 유지하기 위해 비만 치료자가 할 수 있는 행동적 방법들을 정리하면 표 16-2와 같다.

전문가와의 만남 및 연장 치료

전문가와의 만남과 체중 감소의 유지 사이에 높은 상관관계가 있다는 것은 여러 비만 관련 논문에서의 일관된 견해이다. 즉, 비만 환자가 치료자와 만나는 기간이 오래되면 될수록 체중 조절을 위해 필요한 행동을 더 오랜 기간 동안 유지한다는 것이다. 지속적인 치료는 에너지 균형상 손실이 생기도록 하는 행동에 대한 지속적인 검토의 기회를 제공

표 16-2 감소된 체중을 유지하기 위해 비만 치료자가 할 수 있는 행동적 방법

전 략		행 동
전문가와의 지속적인 만남	목적	• 주요 행동에 지속적인 관심 유지 • 프로그램에 꾸준히 참여할 수 있도록 지지 • 체중 유지를 방해하는 문제를 해결할 수 있도록 도움
	방법	• 환자와 전문가 간의 직접적인 만남 • 전화를 통한 상담, e-메일이나 편지를 통한 상담 • 상기의 방법을 혼용하여 사용
기술 훈련	목적	• 고위험도 상황을 파악할 수 있는 능력을 키움 • 재발을 피할 수 있도록 훈련 • 악화나 재발 시 효과적으로 대처할 수 있도록 함
	방법	• 이전 재발 양상 재검토 • 전반적인 문제해결 능력 키움 • 고위험도 상황을 대처할 수 있도록 훈련 • 재발에 대한 인지 재구조화 실시
사회적 지지	목적	• 추가적인 지지나 지침 확립 • 감정적인 지지 확보, 사회적인 강화
	방법	• 부부나 배우자 훈련, 친구 사귀기 • 전화연락망 구축
활동 및 운동	목적	• 추가적인 열량 소비, 기분이나 자기상의 호전 • 대사율이 저하되는 것을 예방
	방법	생활양상의 변화, 유산소운동, 무산소운동
다면적 프로그램	목적	• 다양한 방법을 통한 효과 • 환자에게 맞추는 맞춤 전략에 대한 자료의 부족 • 다양한 전략 자체의 이득 효과
	방법	위에 열거한 모든 전략을 혼용해서 사용

한다.

장기적인 체중관리를 위한 유지 전략으로 지속적인 전문가와의 만남이 유익한 결과를 가져오게 하는 데는 몇 가지 요인이 있다.

• 첫째, 체중 유지에 필수적인 식사 행동이나 운동에 관해 지속적으로 관심을 유지할

쉬어 가기 지속적인 치료의 효과

페리(Perri) 등은 표준화된 20주 행동 치료 프로그램과 치료 기간이 연장된 40주 행동 치료 프로그램을 비교한 결과, 두 프로그램의 치료 내용은 동일한데도 불구하고 40주로 연장 치료한 경우에는 체중 감소가 20주 프로그램보다 35% 정도 많았다고 보고하였다. 이 연구결과는 치료 기간이 길면 길수록 체중 감소를 위한 행동을 오랜 기간 동안 유지한다는 것을 보여 준다. 이 외의 다른 연구에서도 치료 기간을 연장한 경우(12.5개월)는 96.3% 유지, 치료 기간을 연장하지 않은 경우(20주)는 초기에 감소한 체중의 66.5%를 유지한 것과 같이 연장 치료가 체중 유지에 효과가 있음을 보여 주고 있다.

수 있도록 도와준다.

• 둘째, 주변 사람들이 관심을 가짐으로써 환자가 치료자와 함께 설정한 목표나 긍정적인 기대에 도달할 수 있도록 도와준다.

• 셋째, 치료 후 접촉은 환자에게 체중 유지에 어려움을 주는 장해물을 적절하게 다룰 수 있도록 도와줄 수 있다.

• 넷째, 환자가 비만과의 장기간 전쟁에서 지치는 것을 피하도록 도움을 주고, 치료에 계속 참가할 수 있도록 긍정적인 동기를 부여해 준다.

기술 훈련

비만 환자에게는 재발 위험이 증가할 수 있는 상황을 예방하고 대처하는 기술이 필요하다. 치료가 끝난 후에 환자는 더 많이 먹게 되고 운동을 적게 하며 치료 중에 습득한 자기 조절 기술을 포기할 수밖에 없는 상황에 직면하게 된다. 환자에게 재발 방지 기술을 치료 시작 시에 다루는 것은 장기적으로 보면 효과적이지 못하다는 연구결과가 있다. 그러나 치료가 끝난 후 추적 기간 중에 재발 방지 훈련을 체계적으로 전문가와 함께 시행한다면 장기적인 체중 유지에 효과가 있다.

말래트(Marlatt)와 고든(Gordon)의 재발 예방 전략

- 미리 위험 상황을 알고 이해할 수 있도록 가르쳐야 한다.
- 문제해결식 훈련으로 위험 상황에 대처할 수 있는 전략을 환자에게 제공해야 한다.
- 환자는 위험 상황에 대처할 수 있는 실제적인 방법을 필요로 한다.
- 만일 실패하거나 과오를 범하더라도 죄의식을 느끼지 않게 해야 한다. 인지·행동적 전략이나 문제해결 능력 기술 혹은 스트레스 관리 전략을 포함하는 재발 방지 훈련이 치료 후에 있을 수 있는 재발을 예방하고 최소화시킬 수 있는 방법이 될 수 있다.

사회적 지지 및 동료의 지지

환자의 사회적 환경 내 다른 사람들이 전문적 치료의 대체방법으로 감소된 체중을 유지하는 데 도움을 줄 수 있다. 비만자조집단(동지그룹)을 형성함으로써 다른 사람의 체중을 주시하면 자체적으로 체중 감소 과정을 격려하고 칭찬해 주며 자신들의 어려운 점에  대해서도 서로 의견을 교환하면서 문제를 해결할 수 있다. 비만 조절에서 동반자와 동료의 활용은 유용하며, 특히 협력적 동반자가 결과에 유익한 영향을 끼친다는 것은 연구결과에서도 밝혀진 바 있다.

운 동

운동은 장기간의 체중을 유지하는 성공적인 방법이 될 수 있다. 운동이나 신체 활동이 식사 조절만큼 즉각적이거나 커다란 효과는 없으나 체중을 유지하는 데는 상당히 중요하다. 운동을 꾸준히 유지하는 것을 도울 수 있는 방법은 다음과 같다.

집에서 운동하기

체중 감소나 운동 효과에 있어 단기 효과를 살펴보면 집에서 운동하기와 체계적인 집단운동 프로그램 사이에는 별 차이가 없다. 그러나 장기 효과, 특히 운동을 꾸준하게 유지하는 것과 장기적인 체중 조절에는 집에서 운동하는 것이 더 효과적이다.

단기운동

10분씩 짧게 하루 4번 운동하는 것과 하루 40분 동안 지속적으로 운동하는 것의 운동 유지, 체중 감소 및 건강 효과는 동등하다. 특히, 단기운동 시 집에 운동기구가 있는 경우 운동 유지 효과가 더 좋아지며, 12~18개월 사이에는 체중 감소뿐 아니라 활동을 그대로 유지하는 데 효과적이다.

치료 후에 운동에만 초점을 맞춘 프로그램

비만 치료 후 식사 조절과 운동 중 한 가지만을 택하여 체중 감량 프로그램에 참여하는 것보다 두 가지를 함께 실행하는 것이 눈에 띄게 지방 소비가 많아지고 체중 유지에도 효과가 있는 것으로 알려져 있다.

다면적 프로그램

다면적 프로그램은 계속적으로 전문가와 만나거나 상의하는 것, 문제해결 기술이나 재발 방지 기술 훈련, 동료 집단 네트워크를 통한 사회적 지지 및 일정 횟수 이상의 중등도 강도의 유산소운동 등을 포함한다.

알 아 두 기

성공적인 체중 유지에 중요한 것

- 자기 감시 : 매일 식사와 활동에 대한 일기를 쓴다.
- 신체 활동 : 신체 활동을 매일 하는 것은 성공적인 체중 유지에 중요하다.
- 문제해결 : 방해되는 요인을 발견하고 그것을 해결할 전략을 세우는 방법을 배운다.
- 스트레스 관리 : 스트레스의 유발 요소를 확인하고 스트레스를 감소시키거나 관리할 수 있는 기술이 필요하다. 신체 활동은 스트레스를 감소시키는 것으로 알려져 있다.
- 재발 방지 : 고위험 상황(외식, 회식, 등)을 인식할 수 있어야 하고 그 위험을 막거나 최소화할 수 있는 계획을 개발하고 실행한다. 재발한 경우 환자 자신이 스스로를 용서하고 재발을 학습 경험으로 인식하는 것이 중요하다.
- 사회적 영향에 대한 대처 : 다른 사람들의 지원을 유도하고 방해자를 지원자로 바꿀 수 있는 방법을 배운다.

알 아 두 기

성인의 건강 체중 유지를 위한 실천적 행동 전략

- 아침은 꼭 먹고, 저녁은 가볍게 먹자.
- 골고루 적당량을 먹자.
- 싱겁게 먹자.
- 술과 외식은 줄이자.
- 흡연하지 말자.
- 물을 많이 마시자(탄산음료, 커피 등은 피하자).
- 일주일에 3번 이상 운동하자.
- 녹황색 채소를 매끼 먹자.
- 저지방우유를 매일 마시자.
- 식사일지를 쓰자.

부 록

1. 음식 종류별 열량표

종 류		단 위	kcal	종 류		단 위	kcal
밥 류	쌀밥	1공기	300	면 류	메밀국수, 우동	1인분	400
	보리밥	1공기	300		칼국수, 돌냄비우동	1인분	500
	오곡밥	1공기	300		비빔국수, 스파게티	1인분	500
	검은콩밥	1공기	300		유부국수	1인분	525
죽 류	팥죽	1그릇	280	빵	식빵	1쪽	100
	흰죽	1그릇	250		곰보빵	1개	200
	전복죽	1그릇	250		마늘바게트	1쪽	200
	잣죽	1그릇	340		생크림케이크	1쪽	200
라면류	생생우동	1개	375		크림애플파이	1개	225
	짜파게티	1개	375		단팥빵, 핫도그	1개	250
	육개장사발면	1개	450		파운드케이크	1쪽	230
	김치사발면	1개	450		크로와상, 햄버거	1개	350
	새우탕사발면	1개	525		피자	1쪽	300
	신라면너구리	1개	525		감자크로켓	1개	450
	안성탕면	1개	560		햄치즈버거	1개	500
시리얼	콘플레이크	1그릇	350	견과류	땅콩	50g	290
					잣	2큰스푼	90
만 두	물만두	1접시	375	탕 류 (밥 포함)	대구매운탕	1인분	400
	고기만두	1접시	430		꽃게탕	1인분	425
	왕만두	3개	430		알탕	1인분	640
국 류	근대된장국	대접	50		육개장	1인분	595
	콩나물국	대접	50		삼계탕	1인분	825
	미역냉국	대접	50		설렁탕	1인분	535
	쇠고기미역국	대접	100		갈비탕	1인분	700
	쇠고기무국	대접	750	조림류	풋고추조림	1접시	25
	선지국	대접	750		감자조림	1접시	75
찌개류 (밥 포함)	순두부찌개	1인분	500		연근조림	1접시	75
	두부된장찌개	1인분	440		우엉조림	1접시	100
	김치찌개	1인분	425		콩조림, 어묵조림	1접시	100
	청국장	1인분	425		도미조림	1토막	100
	동태찌개	1인분	450		갈치무조림	1토막	125
나물류	미나리, 숙주	1접시	25		고등어무조림	1토막	225
	콩나물, 취나물	1접시	50	생채류	무생채	1접시	25
	시금치, 고사리	1접시	50		미역오이초무침	1접시	25
	호박나물	1접시	50		오이생채	1접시	50
	도라지나물	1접시	100		더덕생채	1접시	75
회	굴회	1접시	75		도라지생채	1접시	100
	생선모듬회	10조각	130	알 류	삶은 메추리알	1개	13
					삶은 달걀	1개	100

(계속)

종 류		단 위	kcal
구이류	김구이(인스턴트)	10장	25
	더덕구이	1접시	5
	꽁치구이	1토막	90
	갈치구이	1토막	100
	굴비구이	1마리	100
	북어양념구이	2토막	120
	삼치구이	1토막	125
	불고기	1인분(200g)	300
	쇠고기로스구이	1인분(200g)	300
	제육구이	1인분(200g)	450
	삼겹살	1인분(200g)	600
	쇠갈비구이	1인분(200g)	600
	장어구이	1토막(50g)	150
샐러드	양상추샐러드	1접시	100
	콘슬로	1인분	100
	채소샐러드	1접시	125
	감자샐러드	1접시	150
	옥수수샐러드	1인분	175
튀김류	맛탕	1접시	75
	프렌치프라이	1봉지	125
	새우튀김	3개	150
	오징어튀김	4개	175
	닭다리튀김	1개	175
	채소튀김	4개	200
잼 류	딸기잼	1큰스푼	50
	포도잼	1큰스푼	50
우유 및 유제품	우유(저지방)	1팩	100
	우유(보통, 초코)	1팩	125
	요구르트(액상)	1개	80
	요구르트(비피더스)	1개	75
	요플레	1개	100
	바이오거트	1개	125
	불가리스	1개	50
	아이스크림(딸기)	1컵	200
	밀크셰이크	1컵	325
	치즈	1장	70
야채류	양상추	5장	20
	깻잎	10장	20
	상추	10장	25
	오이	1개	25
	풋고추	5개	25
	양파	1개	90
	당근	1개	75

종 류		단 위	kcal
일품요리	떡국, 만둣국	1인분	600
	김치볶음밥	1인분	450
	김밥, 김초밥	1인분	400
	회덮밥	1인분	520
	비빔밥	1인분	600
	생선초밥	10개	300
	오므라이스	1인분	650
	카레라이스	1인분	680
양 식	생선가스정식	1인분	300
	돈가스정식	1인분	700
	함박스테이크정식	1인분	680
	안심스테이크정식	1인분	650
김치류	배추김치	1접시	20
	동치미, 나박김치	1대접	20
	깍두기, 총각김치	1접시	25
	오이소박이	1접시	25
	보쌈김치	1접시	50
중 식	해파리냉채	1인분	250
	팔보채	1인분	350
	자장면, 짬뽕, 울면	1인분	600
	양장피, 잡채	1인분	490
	난자완스	1인분	450
	볶음밥	1인분	475
	군만두	6개	475
	잡채밥	1인분	700
	깐풍기	1인분	550
	탕수육	1접시	1570
과일류	방울토마토	5개	30
	귤	1개	50
	딸기	6개	30
	수박	1쪽	50
	복숭아	1개	75
	오렌지	1개	75
	홍시, 단감, 곶감	1개	75
	건포도	1접시	75
	바나나	1개	100
	참외	1개	125
	사과	1개	150
	배	1개	150
	포도	1송이	175
육가공품	게맛살	3개	75
	참치통조림	1통	450
	런천미트통조림	1통	900

2. 체중 조절용 식품에서 사용을 금하거나 주의를 요하는 성분의 부작용과 사용 현황

성분명	부작용	사용 현황	사용 규제
컴프리	장 혈류 방해, 잠재성 간경화증 유발	차, 정제, 팅크제, 캡슐, 찜질제, 로션 형태로 사용	호주·캐나다·독일·영국에서 사용 규제, 위해성 천연 약초로 지정(미 FDA)
로벨리아	호흡 저하, 혈압 강하, 발한, 혼수 상태 유발, 자율신경계 작용을 동시에 증진 및 저하	인디언 담배로 불리며 흡연 또는 경구 복용	위해성 천연 약초로 지정(미 FDA)
요힘베	무력증, 신경과민, 마비, 피로, 위장 장애	남자의 최음제, 근육 강화제	위해성 천연 약초로 지정(미 FDA)
질경이	구토, 현기증, 정신착란, 저혈압, 심장마비, 시력 장애	심장 자극제로 처방에 의해 사용되는 심장질환 치료약	질경이가 함유된 다이어트 식품 등의 구매 금지(미 FDA)
질경이 씨앗		수분을 흡수하는 완화작용	식품 원료로 사용할 수 없는 식물(식품공전), 다이어트식품 등에 사용 금지
질경이 씨앗껍질	소양성 반점 및 발진 유발, 장폐색 위험	장청소제, 변비 치료, 궤양, 대장염, 다이어트 식품에 광범위하게 사용	
석결명	설사 및 복통 유발	장내 연동운동 증진, 변비 증상 완화, 하제 용도	
펜플루라민	나른함, 설사, 구갈, 폐고혈압증 유발	식욕 억제제로 사용	향정신성 마약으로 분류

3. 체중 조절용 시판 제품의 원료 성분과 소재

원료 성분 분류	소 재
섬유소	귀리식이섬유, 치커리식이섬유, 다시마분말, 감자식이섬유, 괄리셀, 차전자피, 폴리덱스트로스, 알긴산, 레반, 구아검, 결정셀룰로오스, 글루코만난, 베타글루칸, 키토산
단백질	대두분리단백, 유청단백, 콜라겐
한약재	인진쑥추출물, 두충, 숙지황, 상엽, 감초, 생지황, 당귀, 죽엽, 홍삼근, 홍미삼, 오미자농축액, 갈근농축액, 황기농축액, 백복령농축액, 맥문동농축액, 결명자농축액, 하수오농축액, 사삼농축액, 우슬농축액, 질경추출물, 가지추출물, 의이인추출물, 진피추출물, 천궁추출물
칼 슘	해조칼슘분말, 밀크칼슘, cpp, 젖산칼슘, 해조분(Ca)
생 식	현미, 보리, 호박, 대두, 신선초, 황화씨, 구기자, 솔잎분, 보리순분, 알파현미, 보리옥수수, 밤, 황태, 흑태, 발아보리, 배아현미, 율무, 현미찹쌀, 수수, 차조, 흑임자, 양배추, 당근, 케일, 표고버섯, 영지버섯, 다시마, 미역, 김, 톳, 포도씨분말
기 타	가르시니아 칼보지아, 녹차추출물, 홍차분말, L-카르니틴, 알로에베라겔분말, 고라나추출분말, 맥주효모, 스피루리나
감 미	솔비톨, 올리고당, 배즙, 사과분말, 아스파탐, 구연산, 오렌지맛 분말, 딸기맛 분말, 정제삼온당, 매실추출물, 자몽추출물

출처 : 식품의약품안전청(2003), 다이어트 관련 기능성 평가체계 구축.

참고문헌

국내문헌

김상만(2002). 체중감량 후 지속적인 체중유지법. 대한비만학회 제4회 연수강좌.

김영설(2003). 비만진료 매뉴얼. 한의학.

김은미 · 나미용 · 박미선 · 백희준 (1999) : 임상영양관리지침서. 사단법인 대한영양사회

김을상 · 이영남 · 노희경 · 임병순 · 김성환 · 이애랑 · 권순형 · 이정실 · 조금호(1999). 임상영양학. 수학사.

김재욱 · 조성환 · 금종화 · 이극로 · 위성언(2001). 식품화학. 문운당.

김화영 · 조미숙 · 장영애 · 원혜숙 · 이현숙(2001). 임상영양학. 신광출판사.

대한비만학회(2001). 임상비만학. 고려의학.

대한비만학회(2009). 비만치료지침.

모수미 · 이연숙 · 구재옥 · 손숙미 · 서정숙 · 윤은영 · 이수경 · 김원경(2002). 식사요법(제2개정판). 교문사.

모수미 · 이연숙 · 손숙미 · 서정숙(2002). 식이요법. 한국방송통신대학교 출판부.

보건복지부, 한국영양학회(2015). 2015 한국인 영양소 섭취기준.

손숙미 · 박희진(2001). 부천초등학교 비만아의 영양실태 및 부모참여여부에 따른 교육 후 효과. 대한지역사회영양학회 춘계학술대회 초록집.

식품의약품안전청(2003). 다이어트 관련 기능성 평가체계 구축. 한국보건산업진흥원.

양창순(2004). Mind-Open ; www.mind-open.co.kr.

오성천(1999). 현대식품화학. 효일문화사.

이경영(2000). 다이어트 레볼루션. 조선일보사.

이경영(2003). 28일 다이어트. 중앙 M&B.

이명천 · 김기진 · 김미혜 · 박현 · 이대택 · 차광석 공역(2001). 스포츠영양학. 라이프사이언스.

29미디어(1999). 다이어트 샐러드 & 소스. 효성출판사.

이양자 외 12명(2006). 고급영양학. 신광출판사.

이정원 · 이미숙 · 김정희 · 손숙미 · 이보숙(2001). 영양판정 수정증보판. 교문사.

이효진(2016). 건강나래웹진(http://hirawebzine.or.kr/)

中村良, 川岸舜朗, 渡邊乾二, 大澤俊彦, 崔東晟, 高賀永(1995). 식품기능화학. 지구문화사.

지성규(1992). 기능성식품. 광일문화사.

질병관리본부(2016). 2015 국민건강통계 : 국민건강영양조사 제6기 3차년도.

질병관리본부(2016). 청소년건강행태온라인조사 제12차.

최혜미 외(2016). 21세기 영양학(5판). 교문사.

황수관 · 성기홍(2000). 다이어트워킹. 푸른솔.

국외문헌

Bauer K., Sokolik C.(2001). Basic Nutrition Counseling Skill Development. Wadsworth, CA.

Blahnik J.(2003). Full-Body Flexibility. Human Kinetics.

Bray GA, Bouchard C., James WPT(2004). Handbook of Obesity. 2nd ed. Marcel Dekker, Inc..

Brown JE(2002). Nutrition Now. 3rd ed. Wadsworth, CA.

Cooper Z, Fairburn CG, Hawker DM(2004). Cognitive-Behavioral Treatment of Obesity : A Clinician's Guide, Guilford Press.

Gibson RS(1990). Principles of Nutritional Assessment. Oxford University Press, New York.

Heller RF(1991). The Carbohydrate Addict Diet. Penguin Books, New York.

Holli BB, Calabrese RJ(1998). Communication and Education Skills for Dietetics, Professionals. 3rd ed. Williams & Wilkins, Baltimore.

Isaacson D(2002). The Equation. St Martin's Press, New York.

Kim SH, Son SM(2002). Anthropometric data, nutrient intakes and food sources in overweight and obese Korean adult women. Journal of Community Nutrition, 4(1), 12-21.

Kirby J.(2004). Dieting for Dummies. 2nd ed. American Dietetic Association, IL.

Lee RD, Nieman DC(1996). Nutritional Assessment. 2nd ed. Mosby, St. Louis.

Lemay M, Everson C(2003). Essential Stretch : Gentle Movements for Stress Relief, Flexibility, and Overall Well-Being. Berkley Pub.

Mahan LK, Escott-Stump S(1996). Nutrition in bone health. In : Krause's Food, Nutrition & Diet Therapy. 9th ed. WB Saunders, Philadelphia.

Mahan LK, Escott-Stump S(2000). Krause's Food, Nutrition & Diet Therapy. 11th ed. WB

Saunders, Philadelphia.

Perri MG(1995). Maintaining weight loss. In : Brownell KD, Fairburn CG eds. Eating Disorders and Obesity, A Comprehensive Handbook. The Guilford Press, New York.

Rosenbloom CA(2000). Sports Nutrition. 3rd ed. The American Dietetic Association, Chiago, Illionis.

Sizer F, Whitney E (2014). Nutrition-concepts and Controversies. 9th ed. Wadsworth, CA.

Wadden TA, Osei S(2002). The treatment of obesity : An overview. In : Wadden TA, Stunkard AJ. eds. Handbook of Obesity Treatment. The Guilford Press, New York.

Wardlaw GM(2004). Perspectives in Nutrition. 6th ed. McGraw-Hill, New York.

Wardlaw GM, Insel PM, Seyler MF(2002). Contemporary Nutrition. 5th ed. McGraw-Hill, New York.

Whitney EN et al.(1998). Understanding Normal and Clinical Nutrition. 5th ed. Wadsworth. CA.

Williams MH(2002). Nutrition for Health, Fitness and Sport. 6th ed. McGraw-Hill, New York.

Zeman FJ(1991). Clinical Nutrition and Dietetics. 2nd ed. Macmillan Publishing Company, New York.

Zeman FJ, Ney DM(1996). Applications in Medical Nutrition Therapy. Prentice Hall Inc.

저자 소개

손숙미
서울대학교 식품영양학과(학사)
미국 노스캐롤라이나대학교 대학원 영양학 전공(박사)
미국 코넬대학교 방문교수
현재 가톨릭대학교 생활과학부 식품영양학전공 교수
저서 인간과 생활환경(1998), 영양판정(2001), 지역사회영양학(2001),
　　식사요법 제2개정판(2002), 영양학의 최신정보(2003),
　　임상영양학(2006), 식사요법 원리와 실습(2007)

이종호
연세대학교 식생활학과(학사)
연세대학교 대학원 식품영양 전공(석사)
미국 오레곤주립대학교 대학원 임상영양 전공(박사)
미국 오레곤 Sacred Heart Medical Center (임상영양사)
현재 연세대학교 생활과학대학 식품영양학과 교수
저서 고지혈증의 진단과 치료(2000), 임상비만학 제2판(2000),
　　고급영양학(2001), 건강노년의 길잡이(2002), 임상영양학(2006)

임경숙
서울대학교 식품영양학과(학사)
서울대학교 대학원 영양학 전공(석사)
서울대학교 대학원 영양학 전공(박사)
현재 수원대학교 생활과학대학 식품영양학과 교수
저서 21세기 영양학(1999), 21세기 영양학 원리(2000),
　　교양인을 위한 21세기 영양과 건강이야기(2002),
　　비만치료지침(2003), 스포츠영양학(2006)

조윤옥
덕성여자대학교 식품영양학과(학사)
덕성여자대학교 대학원 영양학 전공(석사)
미국 오레곤주립대학교 대학원 영양학 전공(박사)
미국 Oregon Health & Science University(임상영양사)
현재 덕성여자대학교 자연과학대학 식품영양학과 교수
저서 영양학의 최신정보(2003)

다이어트와 건강

2010년 8월 25일 초판 발행 | 2017년 2월 23일 2판 발행 | 2019년 9월 10일 2판 2쇄 발행

지은이 손숙미 · 이종호 · 임경숙 · 조윤옥 | 펴낸이 류원식 | 펴낸곳 **교문사**

편집부장 모은영 | 책임진행 김선형 | 디자인 신나리 | 홍보 이보람 | 영업 정용섭 · 송기윤 · 진경민

주소 (10881)경기도 파주시 문발로 116
전화 031-955-6111 | 팩스 031-955-0955
등록 1960. 10. 28. 제406-2006-000035호
홈페이지 www.gyomoon.com | 이메일 genie@gyomoon.com
ISBN 978-89-363-1635-8 (93590)
*잘못된 책은 바꿔 드립니다.
값 22,800원